“智慧农业前沿技术”系列教材

农业机械智能导航技术

张　漫　刘　刚　李民赞　主编

中国农业大学出版社
·北京·

内 容 简 介

智能农机装备是实施智慧农业的基础，而导航技术是智能农机装备的一个重要组成部分，在自动喷药、中耕除草、土地平整、插秧收割等许多方面有着广泛的应用，可以大大提高农机的作业精度和效率，减轻驾驶员的劳动强度，提高资源利用率，降低生产成本，有利于实现农田作业规模化发展。本书主要内容包括：基于GNSS、机器视觉和多传感器信息融合的导航定位方法的基本原理，智能导航决策控制、转向操纵控制的基本方法和研究成果，以及农业机械智能导航系统、多机协同及导航避障系统的开发设计实例。本书具有综合性、系统性和前瞻性，反映了作者及其研究团队近年来的重要科研成果，可以作为现代农业、智慧农业以及农业信息化等相关专业本科生、研究生的教材，也可以作为相关领域研究人员、技术人员的参考书。

图书在版编目(CIP)数据

农业机械智能导航技术/张漫，刘刚，李民赞主编. —北京：中国农业大学出版社，2020.11(2024.1 重印)

ISBN 978-7-5655-2312-0

Ⅰ.①农… Ⅱ.①张…②刘…③李… Ⅲ.①农业机械-导航系统-研究 Ⅳ.①S220

中国版本图书馆 CIP 数据核字(2020)第 005330 号

书　　名 农业机械智能导航技术
Nongye Jixie Zhineng Daohang Jishu

作　　者 张　漫　刘　刚　李民赞　主编

策划编辑 张苏明　　**责任编辑** 张苏明

封面设计 郑　川　李尘工作室

出版发行 中国农业大学出版社

社　　址 北京市海淀区圆明园西路 2 号　　**邮政编码** 100193

电　　话 发行部 010-62733489,1190　　读者服务部 010-62732336
编辑部 010-62732617,2618　　出　版　部 010-62733440

网　　址 http://www.caupress.cn　　**E-mail** cbsszs@cau.edu.cn

经　　销 新华书店

印　　刷 北京锦鸿盛世印刷科技有限公司

版　　次 2020 年 11 月第 1 版　2024 年 1 月第 2 次印刷

规　　格 787×1 092　16 开本　13.25 印张　330 千字

定　　价 42.00 元

前　　言

随着自动化、信息化、智能化等技术的快速发展，现代农业机械的发展呈现新的趋势，主要表现为作业速度越来越快，作业幅宽越来越大，作业质量要求越来越高。这对驾驶员的操作水平提出了越来越高的要求。在高速、宽幅作业机械行进过程中，作业机械要精确地沿着作物行间隙或预定路线行走，仅依靠驾驶员的判断和操纵是十分困难的。因此，农业机械智能导航技术正越来越受到关注。

精细农业是现代农业的发展趋势，是基于信息和知识的现代农业管理和经营理念，是实现农业可持续发展的重要途径之一。在精细农业技术体系中，有 4 项技术的应用与普及较广，即谷物自动测产系统、农机智能导航系统、GNSS 电子地图和变量施肥系统。美国农业部 2019 年的调查结果显示，主要农作物田间作业机械导航系统使用率达 90%。我国在新疆垦区进行棉花播种和铺膜的拖拉机 60%安装了导航系统。

农业机械智能导航系统具有以下优点：一是可以使农机驾驶员从单调重复、高强度的劳动中解放出来；二是可以提高作业精度，有效避免重播（或重施）、漏播（或漏施）现象；三是可提高农业资源利用率，降低生产成本，提高投入产出比；四是有利于实现农田作业规模化，提高农业生产效率。要实现农业机械的智能导航，需首先解决两方面的技术问题：一是定位，即精确判断车辆当前的绝对位置或相对于已知参考点的位置以及运动状态；二是控制，即确定必要的操纵控制量（如转向角度、行进速度等）并实施控制，使作业机械在预定的路线上行走。本书主要围绕上述两个技术问题展开讨论。

本书作者多年来致力于农业机械智能导航技术的研究、教育、推广与应用，从“十一五”时期开始就承担了与农业机械智能导航有关的国家自然科学基金项目、863 计划项目、国家科技支撑计划项目和国家重点研发计划项目等，先后开展了基于 GNSS、机器视觉和多传感器信息融合的导航定位技术研究，构建了拖拉机、农机具以及二者组合智能导航系统；承担的国家“十三五”重点研发计划项目主要研究基于激光雷达的导航避障和多机协同导航等关键技术；与国际上本领域著名科学家有着紧密的联系和深入的合作，了解本领域国际最新发展动态和前沿科技。作者总结多年的科研成果与教学实践经验，完成了本书的撰写，希望抛砖引玉，为我国现代农业的发展和智慧农业人才的培养作出力所能及的贡献。

本书由 10 章组成。第 1 章绪论，由李民赞、刘刚、张漫、李世超共同编写；第 2 章基于 GNSS 的导航定位技术，由张漫、项明、李晨阳编写；第 3 章基于机器视觉的导航定位技术，由张漫、魏爽、徐弘祯编写；第 4 章基于多传感器信息融合的导航定位技术，由刘刚、仇瑞承、季宇寒编写；第 5 章智能导航转向操纵控制技术，由张智刚、项明、李世超编写；第 6 章智能导航决策控制技术，由刘刚、张漫、曹如月编写；第 7 章基于 GNSS 及多传感器信息融合的导航定位方法研究，由张漫、李民赞、刘刚、季宇寒编写；第 8 章基于机器视觉的导航基准线快速检测方法研究，由李寒、张漫、刘刚、李婷编写；第 9 章农业机械智能导航系统设计与开发，由张漫、刘刚、李世超、李婷编写；第10章多机协同及导航避障系统研究，由张漫、李世超、季宇寒、徐弘祯、彭程编写。最后由张漫、李寒、刘刚、李民赞对全书进行了统稿。

本书的编写出版得到了国内同行和专家的大力支持，在此表示深深感谢。他们中有中国工程院院士、中国农业大学汪懋华教授，中国工程院院士、华南农业大学罗锡文教授，中国工程院院士、国家农业信息化工程技术研究中心主任赵春江研究员，国家农业智能装备工程技术研究中心主任陈立平研究员及该中心孟志军研究员、付卫强博士、安晓飞博士，华南农业大学赵祚喜教授、张智刚副教授、臧英教授，浙江大学何勇教授、蒋焕煜教授，福田雷沃国际重工股份有限公司孟惠艳主任、王进所长、滕利先生，中国农业机械化科学研究院张小超研究员、苑严伟研究员、张俊宁研究员，上海交通大学刘成良教授，河北农业大学司永胜博士、姜海勇博士，西北农林科技大学陈军教授，山东理工大学印祥博士等。

还要感谢中国农业大学“现代精细农业系统集成研究”教育部重点实验室从事农业机械智能导航技术研究的所有已毕业研究生：2009届博士生周建军、2011届博士生籍颖、2011届博士生刘兆祥、2014届博士生孟庆宽、2006届硕士生何月芳、2007届硕士生万晓君、2007届硕士生杨玉糯、2007届硕士生赵瑞娇、2008届硕士生孟祥健、2008届硕士生梁静娴、2009届硕士生纪超凤、2009届硕士生曹旻罡、2010届硕士生陈艳、2011届硕士生马文强、2012届硕士生吴琼、2013届硕士生李茗萱、2014届硕士生郇海燕、2015届硕士生何洁，他们的研究成果为本书的顺利编写奠定了坚实的基础。

本书受到国家重点研发计划项目“多机协同作业导航技术与装置(2017YFD0700403)”、国家自然科学基金项目“复式作业模式下主-从协同农机导航系统动态建模与避障策略研究(31571570)”、国家国际科技合作专项项目“拖拉机自动作业导航系统产业化技术的研究(2015DFG12280)”、中国农业大学研究生教改重点项目“面向‘智慧农业’新型交叉学科的专业型硕士融通培养模式创新(JG202026)”、中国农业大学研究生教材建设项目(JC201908)的资助。

中国农业大学出版社对本书的出版给予大力支持，责任编辑做了很多细致的工作，在此向出版社和责任编辑表示深深的敬意和衷心的感谢。

本书可供从事现代农业、智慧农业以及农业信息化技术研究开发的科技工作者和大专院校师生使用。在编写中我们精益求精、一丝不苟，努力把一部优秀图书奉献给读者，但是书中难免存在缺点乃至错误，恳请各位读者批评指正，也敬请各位专家、学者多提宝贵意见。

作　者
2020年7月

目　　录

第 1 章　绪论 …… 1

1.1　精细农业与智慧农业 …… 1

1.1.1　精细农业概述 …… 1

1.1.2　精细农业的发展——智慧农业 …… 3

1.2　农业机械自动导航 …… 4

1.2.1　概述 …… 4

1.2.2　导航定位 …… 5

1.2.3　导航路径规划 …… 7

1.2.4　导航控制 …… 8

1.3　智能导航及其发展趋势 …… 9

1.3.1　自主避障 …… 9

1.3.2　多机协同作业 …… 9

1.3.3　自诊断 …… 10

1.3.4　智能化作业 …… 10

参考文献 …… 11

第 2 章　基于 GNSS 的导航定位技术 …… 12

2.1　全球导航卫星系统(GNSS) …… 12

2.1.1　概述 …… 12

2.1.2　GPS …… 13

2.1.3　GLONASS …… 15

2.1.4　伽利略系统 …… 16

2.1.5　北斗系统 …… 17

2.1.6　卫星导航的差分和增强系统 …… 19

2.2　GPS 定位原理及其数据处理 …… 21

2.2.1　导航电文与卫星信号 …… 21

2.2.2　GPS 定位原理 …… 24

2.2.3　GPS 定位中的误差分析 …… 27

2.2.4　差分技术 …… 30

2.2.5　坐标系统 …… 32

2.3　GNSS 在智慧农业中的应用 …… 32

本章小结 …… 34
参考文献 …… 34

第 3 章 基于机器视觉的导航定位技术 …… 35
3.1 机器视觉导航路径识别流程…… 35
3.2 彩色模型选择及图像灰度化…… 36
3.2.1 RGB 彩色模型 …… 36
3.2.2 HSI 彩色模型 …… 37
3.2.3 YUV 彩色模型 …… 39
3.2.4 几种彩色模型分析比较…… 39
3.3 图像分割…… 40
3.3.1 边缘检测…… 41
3.3.2 阈值分割…… 41
3.3.3 聚类分割…… 44
3.3.4 几种图像分割方法分析比较…… 46
3.4 图像形态学去噪与特征点检测…… 47
3.4.1 膨胀…… 47
3.4.2 腐蚀…… 48
3.4.3 膨胀与腐蚀相结合…… 49
3.4.4 特征点检测…… 50
3.5 作物行检测及导航线提取…… 52
3.5.1 霍夫变换…… 52
3.5.2 最小二乘法…… 55
3.5.3 几种检测方法分析比较…… 56
本章小结 …… 56
参考文献 …… 57

第 4 章 基于多传感器信息融合的导航定位技术 …… 59
4.1 常用的导航定位传感器…… 59
4.1.1 惯性测量单元…… 59
4.1.2 激光雷达…… 60
4.2 多传感器信息融合…… 61
4.2.1 多传感器信息融合结构…… 62
4.2.2 多传感器信息融合级别…… 63
4.2.3 常用融合方法…… 64
4.3 传感器配准…… 66
4.3.1 时间配准…… 67
4.3.2 空间配准…… 71
4.4 卡尔曼滤波…… 75
4.4.1 卡尔曼滤波基本原理…… 75

4.4.2　扩展卡尔曼滤波 …… 77
4.4.3　无迹卡尔曼滤波 …… 79
本章小结 …… 80
参考文献 …… 80

第 5 章　智能导航转向操纵控制技术 …… 82
5.1　转向操纵控制方法 …… 82
5.1.1　PID 控制 …… 82
5.1.2　模糊控制 …… 84
5.1.3　滑模控制 …… 86
5.2　电液控制转向系统建模 …… 90
5.3　基于模糊滑模控制的转向操纵控制器 …… 92
5.3.1　模糊滑模控制基本原理 …… 93
5.3.2　带补偿的模糊滑模转向操纵控制器设计 …… 93
5.3.3　转向操纵控制试验 …… 95
本章小结 …… 97
参考文献 …… 97

第 6 章　智能导航决策控制技术 …… 98
6.1　导航作业路径规划 …… 98
6.1.1　全局路径规划 …… 98
6.1.2　行走方式与成本消耗 …… 99
6.1.3　全局路径规划指标 …… 102
6.2　拖拉机运动学模型 …… 102
6.2.1　运动学模型 …… 102
6.2.2　直线跟踪算法 …… 104
6.2.3　拖拉机离散跟踪模型 …… 104
6.2.4　惯性时间参数估计 …… 106
6.3　基于遗传算法的自适应模糊导航决策控制技术 …… 107
6.3.1　遗传算法基本原理 …… 107
6.3.2　自适应模糊控制器的设计 …… 109
6.3.3　路径跟踪仿真结果 …… 110
6.3.4　路径跟踪试验结果 …… 112
本章小结 …… 112
参考文献 …… 113

第 7 章　基于 GNSS 及多传感器信息融合的导航定位方法研究 …… 114
7.1　基于 NTRIP 的虚拟差分 GPS 接收系统 …… 114
7.1.1　VRS 网络无线传输协议 …… 114

7.1.2 系统硬软件设计 …… 115
7.1.3 试验结果与分析 …… 116
7.2 基于卡尔曼滤波的车辆导航定位系统 …… 119
7.2.1 系统硬件构成 …… 119
7.2.2 模型构建 …… 119
7.2.3 试验结果与分析 …… 120
7.3 基于 GPS 和机器视觉的组合导航定位系统 …… 121
7.3.1 系统硬件构成 …… 122
7.3.2 数据处理方法 …… 123
7.3.3 试验结果与分析 …… 125
7.4 基于 GPS 和 IMU 的组合导航定位方法 …… 126
7.4.1 系统硬件构成 …… 126
7.4.2 数据处理方法 …… 127
7.4.3 试验结果与分析 …… 127
本章小结 …… 129
参考文献 …… 129

第 8 章 基于机器视觉的导航基准线快速检测方法研究 …… 130
8.1 基于扫描滤波的农机具视觉导航基准线快速检测方法 …… 130
8.1.1 SF 算法设计 …… 130
8.1.2 基于 SF 算法的农机具导航线检测方案 …… 133
8.1.3 试验结果与分析 …… 134
8.2 基于边缘检测与扫描滤波的农机导航基准线提取方法 …… 136
8.2.1 导航基准线提取算法 …… 136
8.2.2 试验结果与分析 …… 140
8.3 基于改进遗传算法的农机具视觉导航基准线检测方法 …… 141
8.3.1 遗传算法的改进 …… 142
8.3.2 基于改进遗传算法的导航线检测方案 …… 143
8.3.3 试验结果与分析 …… 145
8.4 基于线性相关系数约束的作物行中心线检测方法 …… 146
8.4.1 作物行中心线识别算法 …… 146
8.4.2 试验结果与分析 …… 152
本章小结 …… 154
参考文献 …… 154

第 9 章 农业机械智能导航系统设计与开发 …… 155
9.1 基于 DSP 和 MCU 的农机具视觉导航终端 …… 155
9.1.1 系统总体设计 …… 155
9.1.2 导航终端硬件设计 …… 155

9.1.3　导航终端软件设计 …… 156
9.1.4　试验结果与分析 …… 157
9.2　基于CAN总线的农用车辆智能导航控制系统 …… 159
9.2.1　系统结构 …… 159
9.2.2　系统通信协议 …… 161
9.2.3　系统测试与导航试验结果 …… 163
9.3　基于改进粒子群算法优化模糊控制的农用车辆导航系统 …… 164
9.3.1　导航车辆横向控制模型 …… 164
9.3.2　改进粒子群算法优化模糊控制器设计 …… 166
9.3.3　试验结果与分析 …… 168
9.4　玉米中耕除草复合导航系统 …… 173
9.4.1　系统总体结构 …… 174
9.4.2　拖拉机导航系统硬件设计 …… 174
9.4.3　农具导航系统硬件设计 …… 175
9.4.4　拖拉机导航决策控制及作物行提取方法 …… 176
9.4.5　试验结果与分析 …… 178
本章小结 …… 180
参考文献 …… 180

第10章　多机协同及导航避障系统研究 …… 181
10.1　多机协同作业导航系统及导航避障概述 …… 181
10.2　跟随式农机主从导航系统 …… 182
10.2.1　系统整体设计 …… 182
10.2.2　车间通信协议设计 …… 183
10.2.3　主从导航自主跟随控制方法 …… 184
10.2.4　车载终端软件系统 …… 186
10.2.5　试验结果与分析 …… 186
10.3　基于激光雷达的农田环境点云采集系统 …… 190
10.3.1　采集系统硬件构成 …… 190
10.3.2　采集系统软件构成 …… 193
10.3.3　试验结果与分析 …… 194
10.4　基于特征点匹配的全景相机图像拼接方法 …… 195
10.4.1　系统构成 …… 195
10.4.2　全景图像拼接方法 …… 196
10.4.3　图像拼接性能评价 …… 198
10.4.4　试验结果与分析 …… 198
本章小结 …… 200
参考文献 …… 201

第1章 绪 论

1.1 精细农业与智慧农业

1.1.1 精细农业概述

20世纪90年代以来，随着全球导航卫星系统(Global Navigation Satellite System，GNSS)、地理信息系统(Geographical Information System，GIS)、农业应用电子技术以及农业生产管理决策支持系统(Decision Support System，DSS)的发展，基于信息和知识的现代农业管理与经营理念——"精细农业"应运而生。"精细农业"一词是国际上已经达成共识的学术名词"Precision Agriculture"的中文翻译，简称PA。精细农业可以有效地优化施肥、喷药、灌水等农田作业，显著减少农业生产对生态环境的破坏，提高农业生产效率并保护生态环境。精细农业的核心思想是实时感知个体、小群体或平方尺度小地块作物生长的实际情况，进而确定针对性投入(肥、水、药等)的最佳时机、最佳施用量和准确位置，一反传统农业大群体、大面积平均投入的做法，以最低的环境代价取得最优的生产效率。

精细农业技术体系可以概括为3个主要环节：数据采集与信息获取、数据分析与精细作业决策以及精细农田作业。

(1)数据采集与信息获取。精细农业通过产量和作物监测以及土壤采样等方法来获取农田数据和信息，以便了解农田作物生长环境的空间变异特性。①利用自动测产系统实现产量数据采集。测产系统在农作物收获的同时可实时记录每一小区的产量，记录数据还包括产量数据对应的位置信息和其他必要的农产品特性信息(例如谷物含水量等)。②土壤数据采集。土壤信息一般包括土壤含水率、土壤肥力、土壤有机质(soil organic matter，SOM)含量、土壤pH、土壤压实情况、耕作层深度等。土壤采样以及采集土壤特性数据时，也需要记录位置信息。③苗情、病虫草害数据采集。记录作物长势或病虫草害的分布情况。④其他数据采集。例如地块边缘测量，农田近年来的轮作情况、平均产量、耕作和施肥情况，作物品种、化肥、农药、气候条件也是精细农业体系必要的数据。

(2)数据分析与精细作业决策。采集的数据需要利用数学方法进行处理，生成空间分布图，例如产量分布图、土壤数据分布图、作物长势分布图、病虫害分布图等。根据这些不均衡空间分布数据及作物其他信息，经过决策分析，来确定控制投入方式和投入量。决策分析是精细农业的核心，直接影响精细农业技术的实施效果。GIS用于描述农田空间的差异性，而作物模型分析技术则用来描述某一位置上特定生长环境下的生长状态。只有将GIS与作物模型分析技术紧密地结合在一起，才能制订出切实可行的决策方案，形成田间管理处方图，指导精细田间作业。

(3)精细农田作业。精细农业的目的是科学管理田间小区,减少投入,提高生产效率,实现这一目的的关键手段就是由现代农业机械支撑的精细农田作业,包括精细收获、精细播种、精细施肥、精细除草以及精细灌溉等。

根据上述精细农业技术体系的主要环节可知,要想建立一个完整的精细农业技术体系,需要多种技术知识和先进技术装备的集成支持,概括起来有以下 5 种关键技术。

(1)全球导航卫星系统(GNSS)。在精细农业的数据采集与信息获取、数据分析与精细作业决策以及精细农田作业等 3 个主要环节中,都离不开精确定位。由于卫星定位技术可提供全天候、实时、高精度三维位置、速度以及精密的时间信息,精细农业广泛采用全球导航卫星系统进行信息获取和实时准确定位。

(2)地理信息系统(GIS)。地理信息系统是构成农作物精细管理空间信息数据库的有力工具,田间信息通过 GIS 系统予以表达和处理。地理信息系统与其他信息系统的主要区别在于其存储和处理的信息是经过地理编码的,地理位置及与该位置有关的地物属性信息成为信息检索的重要部分。

(3)遥感技术(remote sensing,RS)。遥感技术包括卫星遥感、航空遥感、地面遥感等 3 大类,是精细农业实践中支持大面积快速获得田间数据的重要工具,它利用高分辨率传感器,在不同的作物生长期实施全面监测,根据光谱信息进行空间定性、定位分析,为定位处方农作提供大量的田间时空变化信息。卫星遥感由于距离地面较远,其分辨率一直是制约精细农业发展的瓶颈之一。无人机技术的快速发展,使得快速获得农田高分辨率信息成为可能,为农田的精细管理与决策提供了有力保障。

(4)农田信息感知与处理技术。农田信息感知与处理技术是精细农业的基础,准确、快速地获取信息,才能实现“精细”决策和“精细”作业。随着信息与通信技术(information and communication technology,ICT)的发展,农田信息感知在光、声、电、磁应用的基础上,又引入了无线传感器网络技术(wireless sensor network,WSN)、移动互联技术、无人机技术等,提高了信息获取的泛在性和实时性。代表性的农田信息感知技术包括光谱分析技术(近红外和红外光谱分析技术、荧光光谱分析技术、太赫兹技术、激光诱导击穿光谱分析技术)、计算机图像分析技术、基于材料介电特性的感知技术、生物传感器技术等。信息处理技术在近年来广泛应用的人工神经网络技术(artificial neural network,ANN)、小波分析技术、支持向量机技术(support vector machine,SVM)等的基础上,引入了适应网络化时代的大数据技术(big data)、机器学习包括深度学习技术等。现代信息感知与处理技术的应用为精细农业的发展提供了坚实的基础。

(5)变量作业控制技术。变量作业控制技术(variable rate treatment,VRT)是精细农业的核心技术之一,包括基于作业处方图(map-based)的 VRT 和基于传感器(sensor-based)的 VRT。处方图是建立在试验分析基础上的,它与实际的农田需要(例如施肥需求量)总是存在一定差异,因此,人们期望在条件允许的情况下应用现代传感技术实时监测作物(或土壤)的特征(比如需肥量),实时控制机器实现更精细的因时、因地、按需作业(施肥)。

目前世界上许多国家非常重视精细农业技术的推广应用。精细农业不仅可以提高作物产量和土地资源利用效率,而且还能够降低农业生产对自然环境的破坏程度,对建立资源集约型、环境友好型的绿色农业发展起着重要作用。欧美等的发达国家在 20 世纪 90 年代开始对精细农业进行研究实践，经过近30年的发展取得了显著成效，在自动导航、产量自动监测、果实采摘、农田灌溉、田间除草等领域取得了广泛的应用。我国在精细农业领域的研究和应用虽然起步较晚，仍然取得了快速的发展，但与发展现代农业的需求还存在不小的差距，因此，需要根据我国实际国情开展精细农业技术研究和应用，不断推动我国农业生产的发展，实现我国农业现代化。

1.1.2 精细农业的发展——智慧农业

进入21世纪以来，科学技术飞速发展，给人类的生产和生活带来了深刻的变化。现代科学技术的三大支柱之一是信息与通信技术，信息与通信技术的主要代表是物联网、移动互联、大数据、云计算和云服务、机器人以及人工智能等技术。

物联网(internet of things，IoT)即"万物相连的互联网"，它将互联网与各种信息传感装置、各类设备结合起来，实现在任何时间、任何地点的数据采集、融合、处理，实现智能化的识别、定位、跟踪、远程监控和管理。移动互联网是移动通信和互联网融合的产物，继承了移动随时、随地、随身和互联网开放、分享、互动的优势，可利用电信基础网络同时提供语音、数据、图像、多媒体等高品质的网络信息服务。移动互联网已经从GPRS、3G、4G走进了5G时代，5G网络数据传输率最高可达10 Gbit/s，网络延迟低至1 ms，可以满足大量数据和高分辨率图像的实时传输。移动互联网促进了物联网技术的发展与应用，也是大数据和云计算的基础。信息与通信技术的发展产生了大量的数据，IDC(国际数据公司)发布的报告《数据时代2025》显示，到2025年全球每年产生的数据将从2018年的33 ZB增长到175 ZB，相当于每天产生491 EB的数据($1\ ZB=1\ 024\ EB=1\ 024^2\ PB=1\ 024^3\ TB=1\ 024^4\ GB$)，对如此大规模的数据进行获取、存储、管理、分析的技术就是大数据技术。

利用大数据和物联网技术的无人驾驶汽车就是与人类生活和生产都密切相关的前沿技术，在不远的未来无人驾驶汽车将走入我们的日常生活。云计算是大数据时代的一种分布式计算，是一种全新的网络应用概念。云计算的核心概念就是以互联网为中心，在网站上提供快速且安全的分布式计算服务与数据存储，让每一个使用互联网的人都可以利用网络上的庞大计算资源与数据中心。机器人是自动执行工作的机器装置，是智能化的机器。人工智能(artificial intelligence，AI)是研究、开发用于模拟、延伸和扩展人的智能的理论、方法、技术及应用系统的一门新的技术科学，人工智能研究的一个主要目标是使机器能够胜任一些通常需要人类智能才能完成的复杂工作。

上述信息与通信技术的发展，同样极大地促进了精细农业技术的发展。物联网技术为农田信息获取与数据采集提供了强有力的工具，使得信息获取更快速及时、更准确。移动互联技术是农业物联网的基础，5G技术使得同时监控多台智能农机作业成为可能。大数据和云计算为准确、快速实施精细农业决策提供技术支持，是精细农业发展和普及必不可少的工具。农业机器人和人工智能是实现高精度变量作业控制的保证，具有自动导航控制功能的农业机械则是农业机器人的代表之一。信息与通信技术促进了精细农业技术体系的更新换代，新时代的精细农业技术体系被称为精细农业2.0，也被称为"智慧农业"(Smart Agriculture，SA)。

世界主要先进国家都对智慧农业的研究、开发、应用给予了高度重视。美国农机制造商以智慧农机为着力点，持续推进农业机械全自动化发展。约翰迪尔公司将全自动化的发展过程概括为 7 个阶段：自动导向、农具控制、农机农具整体控制、远程信息网络、机群调整、高度自动化和全自动化。目前为止，前 5 个阶段已经完全成熟并走向商业化，农具控制、协调控制、机身协调等技术在欧美已得到应用推广，全自动的无人驾驶也有较显著的进展。另外一个着力点是，构建农机大数据平台，开启农业大数据时代，以智能的手段完成农业作业，大幅降低农业生产的成本，提高农产品质量。

随着人工智能、大数据、物联网等前沿技术的发展，农业生产方式从机械化向自动化、智能化迅速迈进，农业机器人发展不仅越发多元化、智能化，还推动了“无人农场”等新兴概念的实现。全球首个“无人农场”诞生在英国，哈珀亚当斯大学(Harper Adams University)与精准决策公司(Precision Decision Company)合作，推出了“Hands Free Hectare”项目，实现了全球首例全程没有人工介入的大麦种植管理，在 1 hm^2 的试验田内，实现了全过程自动化，整个种植过程全部由自动导航的智能农机来完成：采用无人机遥感进行作物长势监测，采用自动导航机器人进行土壤采样，采用自动导航拖拉机实现施肥、播种、喷药等田间管理，采用自动导航联合收割机进行收获。整个过程中任何人不用进入农田，只需要通过移动互联网完成这些工作。“无人农场”项目还处于试验研究阶段，但迈出了第一步，成为未来农业的发展方向。

日本在政府的支持下，也开展了智慧农业的研究与示范，在智慧农场示范区推广应用日本研发的智慧农业先进技术。主要技术包括：远程操控无人驾驶农业机械，无人机感知和人工智能相结合的精准施肥施药技术，适应无人智能农机的土地整治，农田水利设施的 ICT 应用，智能手机在种植和养殖中的应用，农业大数据的共享与应用。

我国从自己的农业发展实际出发，大力研究、推广、应用智慧农业技术，我国北斗卫星导航系统的建设，助推了智慧农业特别是农机导航技术的发展。农机导航技术的研发与应用成为我国发展智慧农业的亮点。在黑龙江垦区和新疆垦区，由于作业面积、作物类型、作业要求的特点，农机导航装备得到了广泛应用。特别是在新疆棉花产区，棉花实施穴播，播种、测深施肥、铺膜、铺设滴灌管同时完成，这些农艺特点对作业位置精度提出了较高的要求，人工驾驶很难满足，农机导航装备成为不可缺少的配置。

智慧农业将精细农业和物联网、大数据、人工智能等现代信息与通信技术相结合，同时发挥知识和信息的作用，构建现代化农业生产和管理体系，以获得最佳的综合效益。智慧农业可实现更完备的信息化基础支撑、更透彻的农业信息感知、更集中的数据资源获取、更广泛的互联互通、更深入的智能控制、更贴心的公众服务，对农业科技创新实力提升具有重要意义。

1.2 农业机械自动导航

1.2.1 概述

随着现代农业快速发展，农业机械呈现出如下发展趋势：一是作业速度越来越快，二是作业幅宽越来越大，三是作业质量要求越来越高。这种发展趋势对驾驶员的操作水平提出了越来越高的要求，在高速、宽幅作业机械行进过程中，要求驾驶员操纵作业机械必须精确地沿着作物行间隙或预定路线行走，这大大增加了驾驶员的劳动强度，甚至影响农田作业效率和作业质量。农业机械自动导航是精细农业关键支撑技术之一，可以显著提高作业效率和作业精度，降低劳动者的工作强度，具有灵活性高、应用范围广等特点。因此，农业机械自动导航技术越来越受到农业多个领域的关注。

农业机械自动导航技术具有以下优点：一是可以使农机驾驶员从单调重复、高强度的劳动中解放出来；二是可以提高作业精度，有效避免重播（或重施）、漏播（或漏施）现象；三是可提高农业资源利用率，降低生产成本，提高投入产出比；四是有利于实现农田规模化生产，提高农业生产效率。

经典的农机自动导航包括导航位姿信息获取、导航路径规划和导航控制等关键环节。导航位姿信息的准确、可靠获取是路径规划与车体控制的前提条件；优化的导航路径可有效减少重复、遗漏作业和地头转弯路径，减少资源浪费，提高作业效率，同时高效合理的作业路径能够降低对控制跟踪算法的性能要求；导航控制的性能直接影响导航作业的最终效果，快速、稳定的导航控制能够应对农田复杂土壤表面环境，实现对导航路径的准确跟踪。

随着传感器技术、计算机科学等的高速发展，不仅农机作业速度不断提高，作业任务也逐渐复杂，因此，智能农机导航逐渐成为发展趋势。智能农机导航在经典农机自动导航框架的基础上，结合传感器、物联网、云计算、深度学习等技术，一方面要保证智能农机在复杂农田环境与作业场景下的作业安全，另一方面要提高智能机群的协同作业效率，提高农机在导航作业过程中的安全性与协同性。

1.2.2 导航定位

20 世纪 30 年代，发达国家的工程师们就开始了对农田作业机械自动导航技术的研究，先后出现了沿犁沟、田垄、农作物行的机械触杆导航，预埋引导电缆的有线导航，地磁导航，无线或者激光导航，惯性导航（inertial navigation）等多种导航方式。随着科学技术的不断发展，目前对农田作业机械自动导航定位的研究主要集中在全球导航卫星系统（GNSS）导航、机器视觉（machine vision，MV）导航、惯性导航、激光导航等几个方面。为弥补单一传感器的不足，越来越多的研究采用多传感器信息融合的方式来提高导航定位精度。

1）全球导航卫星系统导航

GNSS 是一种空间无线电定位系统，包括一个或多个卫星星座，可为地球表面、近地表和地球外空任意地点用户提供 24 小时三维位置、速率和时间信息。GNSS 包含美国的全球定位系统（Global Positioning System，GPS）、俄罗斯的格洛纳斯系统（Global Navigation Satellite System，GLONASS）、欧盟的伽利略系统（Galileo Navigation Satellite System，GALILEO）和中国的北斗系统（Compass 或 Beidou Satellite Navigation System，BDS）等，可用的卫星数目达到 100 颗以上。其中，北斗系统自 2012 年正式向亚太大部分地区提供区域服务，2019 年进入全球组网冲刺期，2020 年可按计划提供全球范围的定位、导航、授时等服务。

为实现农机自动驾驶过程中的精细作业，需要获取分米级甚至厘米级的定位数据。GNSS 包含空间段、控制段、用户段 3 个子系统，用户可选择的部分是用户段，即 GNSS 接收机。GNSS 需要视线范围内分布有 4 颗以上的卫星才能实现三维绝对定位，不合理的卫星分布会导致较大的定位误差，而且卫星信号传输过程中往往被遮挡或被减弱，这也会影响定位精度。所以，GNSS 接收机单点定位通常无法获得足够小的精度衰减因子（dilution of precision，DOP），即无法满足农机精细作业的需求。为提高定位精度，常采用差分技术，通过将由位置已知的基准站测量的伪距修正值或者相位信息发送给移动站来提高精度。前者称为伪距差分，具有分米级定位精度；后者称为载波相位差分，具有厘米级定位精度，而且可以进行实时运算，也被称为 RTK-GNSS（real-time kinematic GNSS），可满足精细作业中农机导航定位的要求。

2）机器视觉导航

与 GNSS 相比，机器视觉（MV）具有探测范围广、信号丰富等特点，目前多用于中耕除草、对行收获等导航作业。机器视觉是一种被动式导航定位方式。农田环境具有一定的结构特性，作物的行、垄等就是自然的导航路标，通过视觉传感器感知这些自然路标，可获得田间作业机械相对于这些路标的定位信息，从而实现农业机械的导航定位。

农机采用视觉导航时，通常将视觉传感器安装在驾驶室前上方，采集农机前方图像信息，通过图像预处理、作物行检测，最终提取导航基准线。其中，图像预处理包括作物行对比度增强、阴影处理和感兴趣区域提取等操作，主要是为了消除农田环境下天气、杂草、阴影、非目标区域等因素对作物行检测产生的干扰，增强目标作物行信号，减小运算量，提高检测准确度。关于作物行检测，目前国内外已展开了大量研究，主要方法有垂直投影、霍夫变换、线性回归、立体视觉等。

通过机器视觉获取导航基准线，有时可能因为农田作物植株缺失、农田有大面积杂草、太阳光迎光照射等，影响导航效果，甚至导致导航系统失效；振动和尘土等对机器视觉也有较严重的影响，使得机器视觉系统的可靠性和鲁棒性大大降低。因此，机器视觉传感器常与其他传感器结合使用。

3）惯性导航

惯性导航是基于航位推算（dead reckoning，DR）的一种导航定位方法，即从一已知点的位置根据连续测得的车辆航向角和速度推算出其下一点的位置，因而可连续测出车辆的当前位置。惯性导航系统（inertial navigation system，INS）是以陀螺仪和加速度计为敏感元件的导航相对参数解算系统，根据陀螺仪的输出建立导航坐标系解算出车辆的角速度及角度，根据加速度计输出解算出车辆在导航坐标系中的速度和位置。理论上，惯性导航系统不依赖于外部信息，也不向外部辐射能量。

陀螺仪基于惯性原理，即使在宇宙空间也能够测量角速度，通过对一段时间的角速度积分，可获得这段时间内的角度变化。目前广泛应用的陀螺仪主要包括机械陀螺仪、光纤陀螺仪和微机电陀螺仪。由于陀螺仪测量角度的本质在于对角速度积分，故具有漂移误差，且陀螺仪受温度影响较大，需要对温度变化进行补偿。

加速度计基于惯性原理，不受外界环境影响，输出参考轴向的加速度，通过对一段时间内的加速度积分，计算出速度，再次对时间积分，计算出位移。加速度计类型较多，基本原理大致相同，通过弹性形变物体将参考质量与外壳相连，当参考质量具有参考轴向的加速度时，会相对平衡位置产生偏移，造成弹簧的变形，通过敏感元件测得弹簧拉伸或压缩的大小，即可得到对应加速度矢量。加速度计具有较好的偏差稳定性，以及冲击、振动和温度适应性，且成本较低，因而广泛应用于惯性测量系统。

与其他导航方法相比，惯性导航具有其独特的导航性能，例如工作环境不受外界电磁干扰的影响；除了提供车辆的位置和速度信息外，还能提供航向信息和姿态角信息；数据更新率高，短期导航精度高、稳定性好。但是，根据惯性导航自身的积分原理，导航定位误差随时间积累，长时间导航精度较差，且不能给出时间信息，一般不能单独使用进行导航定位，多是和其他定位系统组合使用。

4)激光导航

激光雷达(light detection and ranging,LiDAR)是一种主动传感器,通过探测周围环境中目标点与自身的距离,结合测量角度,获得目标点的极坐标位置。激光雷达根据其机械结构,可分为机械和固态2种类型;根据测量维度,可分为二维和三维2种类型;根据测距原理,可分为基于飞行时间、结构光和三角测距3种类型。基于飞行时间原理的三维机械式激光雷达,能够适应农田复杂多变的光照情况,并提供高精度、高速率、广视角的三维点云,但其成本高昂,因此国内外的智能农机平台多采用二维激光雷达。目前研发高线数、低成本的固态三维激光雷达已成为行业发展趋势。

激光导航技术具有测量距离远、精度高、能以较高频率提供大量准确的距离信息等优点,在农业机械智能导航研究中得到较为广泛的应用。目前,激光导航多用于移动机器人避障,激光雷达采集的点云,需经过点云配准、滤波算法预处理,再通过分割、聚类算法检测障碍物,最终应用分类、跟踪算法实现障碍物识别。例如在果园环境下,果树可以看作是障碍物,可以利用激光扫描获取果树位置数据作为导航信息,实现果园环境下移动机器人的智能导航。

5)多传感器信息融合导航

在农田复杂的非结构化环境中,地形、光照、气候条件多变,使用GNSS、机器视觉、INS单独提供的农机位姿信息均有一定局限性,如GNSS卫星受遮挡产生信号丢失,INS随时间推移不可避免地产生漂移,机器视觉易受外界光照和阴影的影响等。因此,单传感器难以应对复杂的农田环境,多传感器信息融合是必要手段。

多传感器信息融合,利用各传感器的优势特征,构成数据冗余或数据互补特性,可提高测量结果的鲁棒性和准确性。GNSS/INS具有良好的数据互补特性,适用于农机在农田环境中的定位测姿。为降低设备成本,使用航位推算代替完整的INS与GNSS进行融合的系统也受到广泛关注。

多传感器信息融合是一个多层次、多级别的处理过程,根据数据和处理的复杂程度,融合级别可分为数据级融合、特征级融合和决策级融合。3个级别的融合各有利弊,根据系统所需的融合精度与实时性需求合理选择融合级别是实际应用的关键。融合方法是多传感器信息融合的重要研究内容。在得到各传感器数据后,使用滤波算法对数据进行滤波。合适的滤波算法可以校正各传感器的误差,提高系统的定位精度和鲁棒性。信息融合方法可概括为随机类和人工智能类,随机类有加权平均法、卡尔曼滤波法、贝叶斯估计法、统计决策法、聚类分析法、小波变换法及D-S(Dempster-Shafer)证据推理法等,人工智能类有模糊控制理论、专家系统、神经网络等。目前,在导航系统中使用最多的是卡尔曼滤波法,包括卡尔曼滤波(KF)、扩展卡尔曼滤波(extended Kalman filter,EKF)和无迹卡尔曼滤波(unscented extended Kalman filter,UKF)等。

1.2.3 导航路径规划

路径规划即根据已知作业信息和环境信息,并结合农机自身传感器对动态环境信息的感知,按照某一性能指标(如距离、时间等),为农机规划出一条安全无碰撞的运动路线,同时高效地完成作业任务。路径规划需要解决两方面的问题:一是使农机从初始位置运动到目标位置;

二是绕开障碍物，并且经过某些目标位置完成相应的作业任务。在完成以上任务的前提下，还需进行作业路线优化。

路径规划问题包括农业机械自身的定位，以及在给定环境信息情况下如何实现避障，是一个多约束条件下的优化问题。根据环境信息掌握情况，可以分为环境信息完全已知的全局路径规划方法和环境信息完全未知或部分未知的局部路径规划方法。

全局路径规划是建立在环境信息已知的情况下，即农机工作环境的障碍物分布情况确定，地图信息固定，不随农机运动情况改变，因此可以看作是一种基于先验完全信息的路径规划方法。全局路径规划算法注重寻求最优解，设计标准是尽量使规划效果达到最优，主要包括可视图法、切线图法、自由空间法和栅格法等。

在很多情况下，农机作业环境具有不确定性（非结构性、动态性等），无法建立全局环境模型，而只能根据传感器信息实时建立局部环境模型，然后依据农机自身位置信息以及动态障碍物信息来进行局部路径规划，直到农机到达终点位置并完成相应作业任务。因此，局部路径规划以提高农机的避障能力为主，目前已经提出和应用的方法主要有动态窗口法、人工势场法、模糊控制算法、人工神经网络、遗传算法、模拟退火算法、蚁群优化算法和粒子群算法等。

1.2.4 导航控制

农业机械利用导航定位装置，如 GNSS、机器视觉、惯性测量单元等实时获取农机的位置、姿态以及运动参数，将当前的位置、航向信息与预定路径进行比较，确定农机相对预定导航路径的横向偏差和航向偏差，通过导航决策控制器，计算出合适的控制量，即转向轮期望转角，交由转向操纵控制器执行，转向操纵控制器控制转向轮跟踪期望转角，从而完成自动导航工作。

1）导航决策控制

田间作业环境复杂多变，农机在导航过程中容易受到建模误差、参数摄动以及外部干扰等不确定因素的影响，而且农机本质上属于一种大延迟、大惯性和高度非线性的系统，这就要求导航决策控制算法具备一定的自适应性和鲁棒性。

农业机械导航决策控制是指根据农机的横向偏差、航向偏差以及农机状态方程，利用相应的决策控制算法计算出控制量，输入到机械执行机构，对目标路径跟踪偏差进行调整。常用的农机导航控制方法包括 PID 控制、模糊控制、纯追踪控制、滑模控制、最优控制和预测模型等。导航决策控制是导航系统的核心，期望转角的决策是否合理，直接影响后续的转向执行动作，进而影响整个导航系统的性能。

2）转向操纵控制

在农机导航系统中，转向操纵控制系统属于执行机构，目前较常用的转向方式有两种，一种是采用直流电机或者步进电机结合齿轮机构传动实现农机转向，另一种是采用电液控制系统实现农机转向。转向操纵控制器接收来自导航决策控制器的控制命令——转向轮期望转角，通过安装在转向轮上的角度传感器实时检测转向轮当前转角，并与期望转角相比较；转向操纵控制器以二者之差作为输入，根据设定控制算法，计算出合适的控制量并控制电动方向盘或电控液压阀动作，实现农机转向轮的偏转。

1.3 智能导航及其发展趋势

如前所述，智能农机导航在经典农机自动导航框架的基础上结合了传感器、物联网、云计算、深度学习等技术，旨在提高农机在导航作业过程中的安全性与协同性。因此，自主避障与多机协同技术是智能导航技术重要的组成部分，前者保证了智能农机在复杂农田环境中的作业安全，后者提高了智能农机的作业效率。

1.3.1 自主避障

农机自动驾驶的安全性是重要的性能之一，需要考虑包括人在内的障碍物识别以及乘坐者安全的自我诊断等功能。在作业环境下识别障碍物，常用的农田环境感知传感器有激光雷达、毫米波雷达、超声波阵列、RGB/深度相机和红外相机、接触传感器等，要求农机自身能检出障碍物并停止，发出警报，进行适当的危险回避。自主避障技术使农机在复杂农田环境中，通过车载传感器感知、检测、识别障碍物，在具体作业需求与全局任务规划的约束下完成局部路径的实时规划，保证作业安全并兼顾作业效率。

农田是典型的非结构化环境，具有地面不平整、障碍物种类多样等特点，增加了传感器环境感知、障碍物检测与识别、避障行为决策等环节的难度。以激光雷达为例，对采集的数据进行点云配准、去噪等预处理后，识别并区分动、静态障碍物，构建增量式局部地图，完成当前观测信息帧与已有地图的匹配或两个连续观测信息帧间的匹配，实现动态环境模型的建立；当探测到近距离的动态障碍物并获取其状态信息后，综合考虑障碍物速度的动态变化、碰撞时间、碰撞距离等多方面因素，建立冲突区域，构建速度空间，合理选择速度矢量，实现动态避障。

另一方面，因为在农机作业环境中存在农作物等不能被视为障碍物的物体，防止错误动作系统也很重要。此外，从确保安全性的角度考虑，还需具备应对传感器不稳定性的对策。例如，采用GPS作为定位传感器时，定位精度会受能观测卫星个数和DOP的影响，有可能出现定位精度降低或者定位数据丢失的问题。此外，震动、灰尘、温度等使用环境，也会对电子元件性能产生影响。

1.3.2 多机协同作业

多机协同作业模式逐渐成为大规模农机装备应用的发展趋势，可分为跟随型协同作业模式和命令型协同作业模式。

跟随型协同作业，即以多台农机中的一台农机为主机，其他农机为从机，从机以预定的相对距离和角度跟随主机作业。例如，多台同种旋耕机可以进行跟随型协同作业，以其中一台作为主机，其余旋耕机作为从机，以不同相对位置跟随主机协同完成旋耕任务。

命令型协同作业，即由远程监控平台下发总体任务，使各农机到达指定工作区域。主机根据作业任务，进行任务规划和全局路径规划，并考虑自身需求给从机发布子任务。从机接到子任务后，进行任务完成代价对比，优选代价最低的从机完成相应子任务。例如，打捆机利用自身导航系统确定草捆的位置，并通过无线通信网络发送给草捆运送机；各运送机根据自身的位置及草捆的位置信息进行路径规划，路径最优者获得该任务，并通过自身导航系统完成草捆运送，实现协同作业。

多机协同导航系统可有效提高作业效率，但需要重点考虑以下问题：多个农机相互成为障碍物，障碍物的动态识别与避障问题；任务分配和路径规划的动态性、实时性问题；农机-任务的供需匹配问题等。

1.3.3 自诊断

农业机械结构复杂，工作环境恶劣，工作负荷波动较大，致使其作业性能不稳定，故障率较高。为确保具有自动导航功能的农机安全作业，需具有故障监测装置和工作状态监测调控装置，结合现代传感技术和移动通信新技术，建立农机运维远程监控管理平台，对作业农机进行定位跟踪、实时作业监控、设备安全管理、故障诊断报警和维修提醒等通知服务，为管理人员提供远程故障诊断、机械维护保养提醒，使设备故障事后维修变成预维护，从而减少设备故障发生率，确保系统的安全性。

1.3.4 智能化作业

随着互联网技术与人工智能技术的发展，农机自动导航系统也将更加人性化和智能化。人工智能技术的不断开发为无人驾驶汽车提供了原动力。如何更好地实现系统感知、信息处理和指令执行等，是农机无人驾驶的关键所在，因此需要用到深度学习、图像处理、数据处理等人工智能技术。

(1)人工智能在图像处理中的应用。首先是图像语义分割。在图像领域，语义指的是图像的内容，图像语义分割就是让计算机根据图像的内容来进行分割，使得计算机能够分析输入图像，输出像素级语义标记。其次是目标检测，也称为目标提取，是对目标几何和统计特征进行的图像分割。在这个过程中，图像的分割和识别对立统一、高度准确和实时交互是非常重要的，特别是在纷乱复杂的情景下，自动提取和识别多个目标并能够实时精准处理尤为重要。最后是立体视觉匹配，其目标是从不同的图像、不同的角度匹配到相应的视点。立体视觉匹配的关键点是不同的图像之间存在匹配歧义，需要正确选择它们相互间可能存在的若干相似特征。自动导航不断研究并提高这样的技术，以应对自动行驶农机在道路上遇到的突发情况，机器要模仿人类的大脑在相似图像中选择出正确的匹配点，作出突发事故的正确判断，及时解决问题。

(2)人工智能在农机无人驾驶信息共享中的应用。无人驾驶农机并不是道路上的“信息孤岛”，在网络信息时代必将通过无线网络分享其他农机提供的交通信息，分享大数据中心提供的数字场景。在保证信息安全的基础上，通过农机信息交换所收集的数据是很庞杂的，如果这些数据未能得到及时有效的处理和运用，农机的智能系统将会被迅速“淹没”。因此，有必要通过数据挖掘、人工智能提取等方式，并考虑信息的时间和空间的关联性，及时有效地过滤掉无用的信息，吸纳有效信息。一台农机可以把自己的位置、作业环境信息实时分享给所信任的其他农机，以便其他农机的自动驾驶系统在收到信息后作出相应调整。

参考文献

[1] 张漫,季宇寒,李世超,等.农业机械导航技术研究进展[J].农业机械学报,2020,51(4):1-18.

[2] 谢斌,武仲斌,毛恩荣.农业拖拉机关键技术发展现状与展望[J].农业机械学报,2018,49(8):1-17.

[3] 汪懋华,李民赞.现代精细农业理论与实践[M].北京:中国农业大学出版社,2012.

[4] 姬长英,周俊.农业机械导航技术发展分析[J].农业机械学报,2014,45(9):44-54.

[5] SCHIMMELPFENNIG D, EBEL R. On the doorstep of the information age: Recent adoption of precision agriculture[J]. Economic Research Service, Paper No. EIB-80, 2011.

[6] 戴增辉,何凤琴.智能农机自动导航系统应用研究[J].农机化研究,2018,40(2):202-206.

[7] 近藤直,门田充司,野口伸.农业机器人:Ⅰ　基础与理论[M].乔军,陈兵旗,译.北京:中国农业大学出版社,2009.

[8] 蔡自兴,徐光祐.人工智能及其应用[M].4版.北京:清华大学出版社,2010.

[9] 朱大奇,颜明重.移动机器人路径规划技术综述[J].控制与决策,2010,25(7):961-967.

[10] 季宇寒,徐弘祯,张漫,等.基于激光雷达的农田环境点云采集系统设计[J].农业机械学报,2019,50(S):1-7.

[11] 曹如月,李世超,季宇寒,等.基于蚁群算法的多机协同作业任务规划[J].农业机械学报,2019,50(S):34-39.

[12] 李世超.跟随式农机主从导航系统设计与开发[D].北京:中国农业大学,2018.

[13] 于金霞,王璐,蔡自兴.未知环境中移动机器人自定位技术[M]:北京:电子工业出版社,2011.

[14] 张子迎.多机器人协作及环境建模技术研究[D].哈尔滨:哈尔滨工程大学,2009.

[15] 田光兆,安秋,姬长英,等.基于Gray-EKF算法的智能农业车辆同时定位与地图创建[J].农业工程学报,2012,28(19):17-25.

[16] 张斌,李淑红.基于环境知识遗传算法的机器人路径规划方法[J].郑州轻工业学院学报(自然科学版),2009,24(3):20-23.

[17] 孟志军,刘卉,王华,等.农田作业机械路径优化方法[J].农业机械学报,2012,43(6):147-152.

[18] 沈林成,徐昕,朱华勇,等.移动机器人自主控制理论与技术[M].北京:科学出版社,2011.

第2章 基于GNSS的导航定位技术

2.1 全球导航卫星系统(GNSS)

2.1.1 概述

人类利用天体来辅助确定某个位置的历史,可以追溯到6 000多年以前,古波利尼西亚人通过卫星测量地面点与天体的夹角,在推算天体位置的基础上,对远处的点进行导航定位。1957年10月世界上第一颗人造地球卫星发射成功,不仅为卫星通信、卫星气象、卫星遥感等提供了新的平台,而且由于卫星位置可以通过卫星轨道参数计算求得,也为卫星导航定位系统的发展奠定了基础。

世界上第一个导航卫星系统启用于1964年1月,它是在美国海军授权下由霍普金斯大学应用物理实验室开发的用于美国海军舰队导航与定位的卫星系统,即海军导航卫星系统(Navy Navigation Satellite System,NNSS)。由于该系统的卫星轨道均通过地极,因此也被称为"子午卫星系统"。利用该系统,不论在地球表面任何地方,在任何气候条件下,1 h内均能测定位置,因此该系统是一种简便可靠的全天候全球导航卫星系统。但是该系统也存在着较大的缺陷,如其定位精度随观测卫星次数的不同而不同(1～500 m);卫星数目较少(6个),会出现卫星发送的无线电信号突然间断、观测时等待卫星出现需时较长(35～100 min)的现象;高精度定位的定位精度虽然可以达到1 m,但需要40次以上的卫星观测(花数天时间),且需要使用精密星历;等等。这些都不能满足实时、动态、精确定位的需要。1973年12月17日,美国国防部批准建立新的卫星导航定位系统的计划,即全球定位系统(GPS)。1978年第一颗试验卫星发射成功,1994年顺利完成了24颗卫星的布设,1995年宣布达到全运行工作能力,历经20年。该系统集成了以前所有的单用途卫星系统,开拓了更广泛的用途。

在美国开发建立GPS系统的同时,苏联、欧洲和中国等也相继开始研制和建立各自的卫星导航定位系统。苏联于1978年开始研制GLONASS系统,1982年10月开始发射导航卫星。欧洲航天局在2005年12月27日发射了第一颗GALILEO卫星,标志欧洲的全球导航卫星系统的开发工作迈出了第一步。我国从20世纪70年代就开始了导航卫星系统的论证和研究工作,陆续建设了北斗一号、北斗二号和北斗三号系统。北斗系统是全天候、全天时、全覆盖提供卫星导航信息的导航系统,它的建成,标志着我国在卫星应用方面摆脱了对国外导航卫星系统的依赖。

2.1.2　GPS

目前世界上广泛采用的卫星定位系统，是美国的"卫星授时与测距导航系统"(Navigation by Satellite Timing and Ranging Global Positioning System，NAVSTAR GPS)，简称全球定位系统(GPS)。GPS 是美国继阿波罗登月计划和航天飞机之后的第三大空间工程。GPS 在 1994 年建成，共发射了 24 颗卫星，之后发射替代卫星(替代失效卫星)和广域增强卫星。截至 2019 年 9 月，GPS 在轨卫星有 32 颗(其中有 2 颗不健康)。卫星轨道的平均高度约为 20 200 km，运行周期为 11 h 58 min。

GPS 由 3 个部分组成，即卫星(空间部分)、地面监控系统(地面监控部分)和接收机(用户部分)。空间部分至少由 24 颗工作卫星和 3 颗备用卫星组成。地面监控部分包括主控站、注入站和监测站，主要负责收集数据、编算导航电文、诊断状态及调度卫星。用户部分即 GPS 接收机，主要负责接收、跟踪、变换和测量 GPS 信号，随使用目的不同，用户所需的 GPS 接收机也各有差异。

GPS 接收机之所以能进行定位，就在于它能接收 GPS 卫星所发射的无线电信号。GPS 卫星发播两个频率的载波无线电信号：L_1＝1 575.42 MHz，L_2＝1 227.6 MHz。L_1 上调制有 1.023 MHz 的粗捕获码(C/A 码)、10.23 MHz 的精码(P 码)及每秒 50 bit 的导航电文，L_2 上仅调制了 P 码和导航电文。对应于 C/A 码和 P 码，GPS 提供两种定位服务——标准定位服务(standard positioning service，SPS)和精密定位服务(precision positioning service，PPS)。目前，SPS 对一切用户开放，也不直接向用户收费；PPS 的服务对象限于美国军事用户以及与国防部有专门协定的美国的同盟国政府的军事部门、政府部门，它能提供高精度的定位、定时和测速服务。

2.1.2.1　GPS 卫星(空间部分)

用于定位的 GPS 卫星共 24 颗，分布在 6 个轨道面内，每个轨道面上分布 4 颗卫星。图 2-1 示出了 GPS 星座的卫星分布。同一观测站每天出现的卫星分布图形相同，只是每天提前约 4 min。GPS 卫星的上述空间配置，保障了在地球上任何地点、任何时刻均至少可以同时观测到 4 颗卫星，最多可达 11 颗。卫星信号传播和接收不受天气影响。因此，GPS 是全球性、全天候的连续实时定位系统。但个别地区在短时间内(如数分钟)可能因观测到的 4 颗卫星图形结构较差，不能达到定位精度要求，这段时间称为"间隙段"。

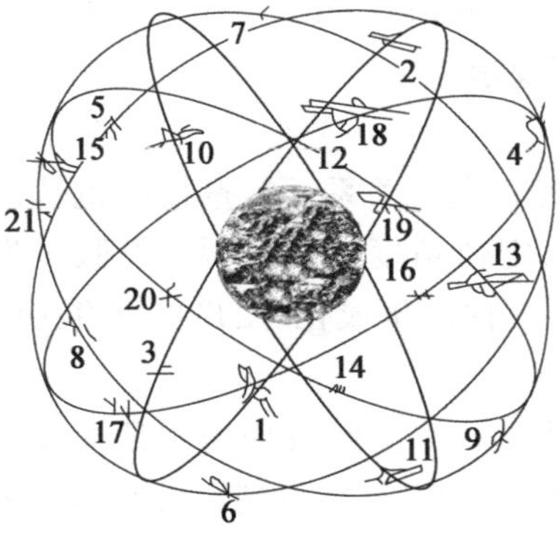

图 2-1　GPS 工作卫星星座示意图

2.1.2.2　GPS 地面监控系统(地面监控部分)

导航定位首先必须知道卫星的位置，此位置根据卫星星历来计算。地面监控系统负责测量和计算每颗卫星的星历，编辑成电文发送给卫星，然后由卫星实时地播发给用户。这就是卫星提供的广播星历。地面监控系统(图 2-2)包括 1 个主控站、3 个注入站和 5 个监测站。监测站的主要任务是对每颗卫星进行观测，并向主控站提供观测数据，这 5 个监测站提供的观测数据形成了 GPS 卫星实时发布的广播星历；主控站是整个地面监控系统的管理中心和技术中心，具备监测站的功能，负责协调和管理地面监控系统；注入站除具备监测站的全部功能外，还负责将主控站推算和编制的导航电文注入相应的 GPS 卫星中，然后由 GPS 卫星发送给广大用户。

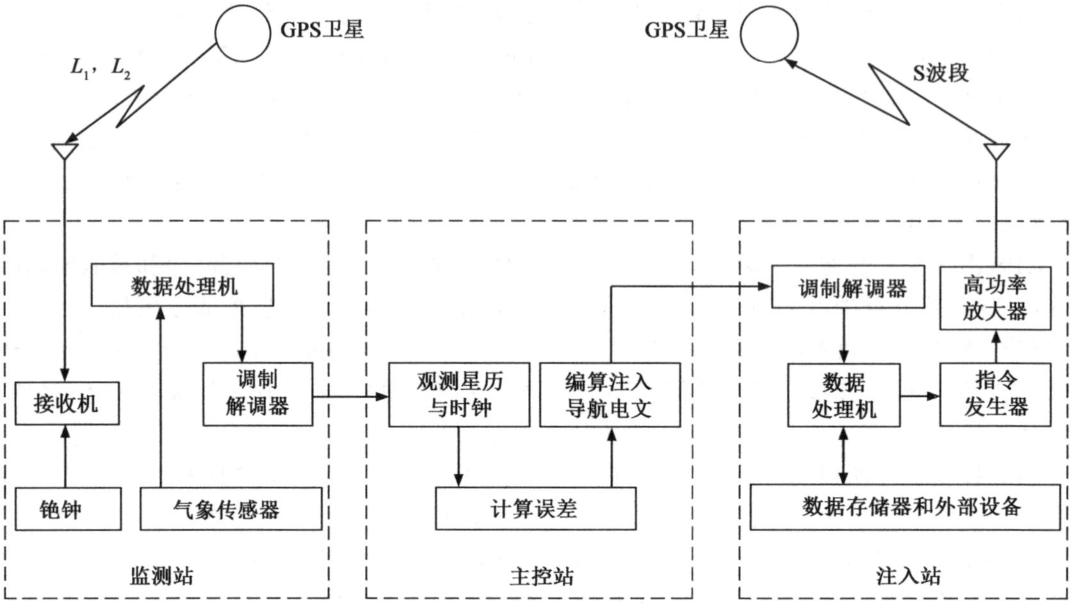

图 2-2 GPS 地面监控系统框图

主控站位于科罗拉多斯平士(Colorado Spings)的法尔孔(Falcon)空军基地，3 个注入站分别设在大西洋、印度洋和太平洋的 3 个美国军事基地上，即大西洋的阿松森(Ascension)岛、印度洋的迪戈·加西亚(Diego Garcia)岛和太平洋的卡瓦加兰(Kwajalein)岛，5 个监测站分别设在主控站、注入站和夏威夷，保证了全球 GPS 定位的精度要求。

2.1.2.3 GPS 接收机(用户部分)

GPS 接收机是用户接收卫星信号的设备，定位质量与其有直接关系。衡量接收机性能的指标主要有信号跟踪的通道数、跟踪信号种类、跟踪卫星数、定位精度、重捕信号时间、工作温度与湿度、体积、重量、天线类型及用途等。现在接收机主要部件已集成化，用户可以直接购买接收机的集成芯片。

对接收机采集到的数据进行处理，有实时和后处理两种方式。实时数据处理是指接收机接收卫星信号后，在测站点直接通过微处理器进行数据运算与平差运算，得到三维测站点坐标信息。数据后处理是将采集到的数据存入存储器，在室内通过 GPS 解析软件进行计算。

GPS 接收机也可称为用户装置，主要由天线单元、接收单元、微处理机和输入输出部分组成，其主要结构(单频接收机)如图 2-3 所示。

天线单元由接收天线和前置放大器组成。目前，GPS 接收机天线有定向天线、偶极子天线、微带天线、一(二、四)线螺旋天线和圆锥螺旋天线等；前置放大器是一种关键性元件，直接影响着接收信号的信噪比，因此要求它具有噪声系数小、增益高和动态范围大的特点。

接收单元一般由变频器、信号通道、存储器、计算和显示控制模块及电源等部分构成。变频器接收来自天线单元的信号，经过变频、放大、滤波等一系列处理过程，实现对 GPS 信号的跟踪、锁定、测量，提供计算位置的数据信息。为了满足差分定位和相对定位事后处理的要求，

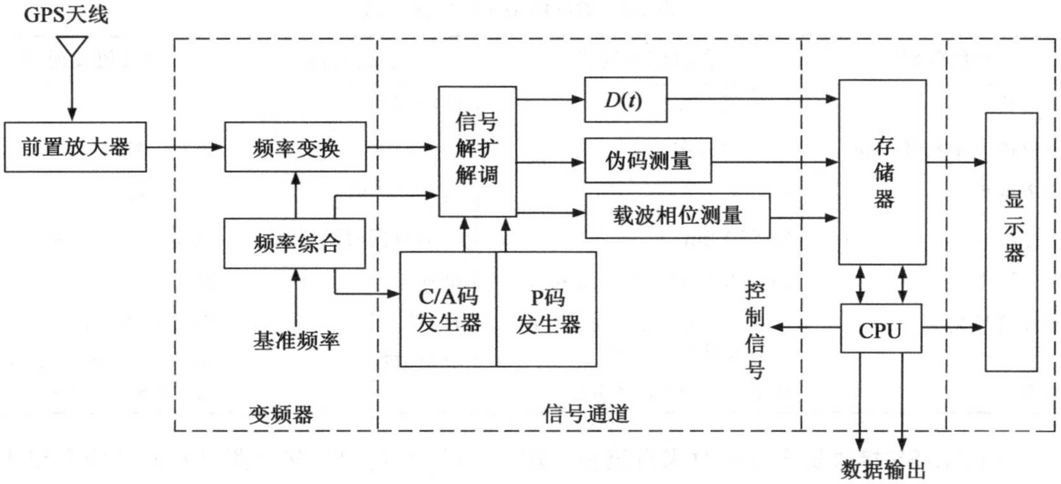

图 2-3　GPS 接收机结构框图

一些接收机将实时定位的各种数据、原始观测量以及计算结果存储至存储器,供事后处理用。计算和显示控制模块的主要功能包括:工作开始时自检;根据采集到的卫星星历、伪距观测值计算三维坐标和速度;人机对话,输入航路进行自动导航。GPS 接收机采用直流供电,可将蓄电池装在接收机内,也可外接蓄电池。

2.1.3　GLONASS

GLONASS 是苏联从 20 世纪 80 年代开始建设的与美国 GPS 类似的卫星定位系统,也由卫星、地面监控站和用户设备 3 部分组成,现由俄罗斯空间局管理。1982 年初开始发射首颗卫星,1995 年成为拥有 24 颗卫星(21 颗运行,3 颗备用)的完整系统,耗资 30 多亿美元。

GLONASS 卫星运行在 19 100 km 高空轨道内(稍低于美国的 GPS 卫星),每颗卫星绕轨一周约需 11 h 15 min。卫星在轨间距经过设定,特定时间点至少有 5 颗卫星在视线之内。GLONASS 的单点定位精度,水平方向为 16 m,垂直方向为 25 m。俄罗斯目前对 GLONASS 采用的是军民合用、不加密的开放政策。

俄罗斯的第 2 代、长寿命 GLONASS 卫星称为 GLONASS-M,设计寿命为 7 年,旨在减轻 GLONASS 卫星补网的压力。在 2004 年左右进行了 GLONASS-M 的飞行试验。2005 年 12 月 25 日,携带 3 颗 GLONASS 卫星的质子-K 火箭发射升空,其中 2 颗卫星属于 GLONASS-M 系列,1 颗属从前系列。俄罗斯在 2005 年开始设计名为 GLONASS-K 的第 3 代卫星,寿命在 10 年以上,质量只有现运行卫星的 1/2。

与美国的 GPS 不同的是,GLONASS 采用频分多址(frequency division multiple access, FDMA)方式,根据载波频率来区分不同卫星。GLONASS 卫星传送 SP(standard precision)和 HP(high precision)两种类型的信号,载波频率分别为:$L_1=(1\ 602+0.562\ 5n)$MHz,$L_2=(1\ 246+0.437\ 5n)$MHz,其中 $n=1\sim24$,为卫星的频率编号。通过接收卫星连续传送的导航无线电报文,GLONASS 用户可以完成三维位置、速度和时间测量。

GLONASS 的主要参数见表 2-1。

表 2-1 GLONASS 的主要参数

参数名称	参数值及说明	参数名称	参数值及说明
轨道数	3,间隔 120°	调制码	C/A,P
每轨道卫星数及分布	8,均匀分布	码率(P)	5.11 MHz
轨道倾角	64.8°	码率(C/A)	511 kHz
轨道半径	25 510 km	星历数据表示方式	大地直角坐标系
轨道周期	8/17 恒星日(11 h 15 min)	坐标系	PZ-90
载波信号频率	(1 602+0.562 5n) MHz n 为卫星频率编号	时钟数据	时钟和频率偏移
编码	所有卫星相同,频分制	轨道数据	卫星位置、速度和加速度,每隔 0.5 h 一次

GLONASS 接收机自动接收来自至少 4 颗卫星的导航信号,然后测量它们的伪距和速度,同时还会从卫星信号中选择处理导航信息。GLONASS 接收机根据这些数据计算出三维坐标值、精确时间值和三维速度向量。GLONASS 星座的运行通过地面基站控制体系(ground control system,GCS)监控,该体系包括一个系统控制中心和几个分布于俄罗斯大部分地区的指挥跟踪台站(control trace system,CTS)。这些台站主要用来跟踪 GLONASS 卫星,接收卫星信号和遥测数据,然后由信号处理中心处理这些信息,以确定卫星时钟和轨道姿态,并及时更新每个卫星的导航信息。这些更新信息再通过跟踪台站传到各个卫星。

GLONASS 导航电文包括:①广播星历;②相应 GLONASS 时间和 UTC(SU)的卫星时间变换比例;③时间标记;④GLONASS 历书。星历用于计算卫星在 PZ-90 空间参考系统中的精确坐标。历书保存了所有 GLONASS 卫星的信息和所在轨道的开普勒参数、相对于 GLONASS 的粗略变换时间比例和卫星健康状态标志。

2.1.4 伽利略系统

欧盟较早就开始了对新一代导航卫星系统(GNSS-2)的研究。GNSS-2 被称为 GALILEO 计划,是欧洲导航卫星系统(European Navigation Satellite System,ENSS)的重要组成部分和未来发展目标。

GALILEO 计划的目标是建设欧洲自主的民用全球卫星导航服务系统(伽利略导航卫星系统),从欧洲广域差分系统引申发展而来。2005 年第一颗卫星发射成功;2014 年 8 月,伽利略系统第二批第一颗卫星发射升空,与太空中已有的 6 颗正式的伽利略系统卫星组成网络,初步发挥地面精确定位的功能。截至 2019 年 5 月,共有在轨卫星 26 颗,其中工作卫星 23 颗。该系统的卫星星座由分布在 3 个轨道上的 30 颗中等高度卫星组成,每个轨道上有 10 颗卫星,其中 9 颗正常工作,1 颗备用。轨道倾斜角 56°,轨道高度 23 616 km,运行周期 14 h 4 min。卫星质量为 675 kg,设计寿命 12 年以上。地面部分主要完成导航控制、星座管理、完好性监测和分发。导航控制和星座管理部分包括导航系统控制中心、15 个地面监测站和 4 个遥测遥控站;完好性监测和分发部分由若干个完好性监视站、完好性注入站和完好性控制中心组成。伽利略系统的主要参数见表 2-2。

表 2-2　伽利略系统主要参数

参数名称	参数值及说明	参数名称	参数值及说明
每轨道卫星数	10(9 颗工作,1 颗备用)	运行周期	14 h 4 min
卫星分布轨道面数	3	卫星寿命	12 年以上
卫星总数	30 颗(27 颗工作,3 颗备用)	卫星质量	675 kg
轨道倾斜角	56°	供电要求	1.5 kW
轨道高度	23 616 km	射电频率	1 202.025 MHz;1 278.750 MHz 1 561.098 MHz;1 589.742 MHz

伽利略系统能针对不同要求的用户提供不同的服务,一般可分为 3 种:公开服务、商业服务和公共事业服务(表 2-3)。其中公开服务是完全免费的,提供能够被用户免费使用的定位、导航和时间信号,此服务对应于大众化应用,比如车载导航和移动电话定位等,也能提供固定地点的精确时间服务;商业服务相对公开服务增加了许多附加功能,并支持定位应用和无线通信网络的完整性;公共事业服务主要包括生命保险、公众控制、寻找救援等系列服务。伽利略系统提供 5 套定位导航信号,其中 2 套信号提供公开服务、商业服务和公共事业服务,1 套提供地区性高精确度再开发服务,还有 2 套受控信号由欧盟控制,为特殊用途服务,如面向警察、国民警卫队等。

表 2-3　伽利略系统提供的服务

项目	公开服务	商业服务		公共事业服务	
覆盖范围	全球	全球	局部	全球	局部
精度	15～20 m(单频) 5～10 m(双频)	5～10 m(双频)	<10 cm～1 m	4～6 m(双频)	1 m(局部增大)
访问控制	免费访问	附加值数据的受约访问	局部修正数据的受约访问	导航码和(或)附加值数据的受约访问	局部修正数据的受约访问
服务保证	无	可能的服务担保		提供认证以及可能的服务担保	

2.1.5　北斗系统

我国从 20 世纪 70 年代开始导航卫星的论证和研究工作,20 世纪 90 年代初期启动了区域卫星定位系统工程,即北斗一号工程(BD-Ⅰ)。2003 年 6 月,我国自主研发的北斗一号系统正式开通,这标志着我国已经拥有了完全自主的卫星导航系统。2004 年启动北斗二号(BD-Ⅱ)系统建设,这是继北斗一号系统后的中国新一代卫星导航系统。北斗二号系统克服了北斗一号系统存在的缺点,同时具备通信功能,其建设目标是为我国及周边地区的军民用户提供陆、海、空导航定位服务,促进卫星定位、导航、授时服务功能的应用;为航天用户提供定位和轨道测定手段,满足武器制导的需要,也满足导航定位信息交换的需要。2009 年启动北斗三号(BD-Ⅲ)系统建设,原计划 2020 年年底前完成 30 颗卫星发射组网,现已全面建成。

2.1.5.1 BD-Ⅰ系统

BD-Ⅰ卫星定位系统由 2 颗地球静止卫星、1 颗在轨备份卫星、中心控制系统、标校系统和各类用户机等部分组成，它是覆盖我国本土的区域导航系统，覆盖范围约东经 70°～140°，北纬 5°～55°。BD-Ⅰ发射的第 3 颗星上面安装了激光反射镜，用于精确定位，属 BD-Ⅱ系统的基准星。BD-Ⅰ卫星轨道高度为 36 000 km，运行在与地球同步的赤道平面，卫星位置分别为：E80°、E140°和 E110.5°。BD-Ⅰ构成如图 2-4 所示，第 3 个位置量需要借助其他方式获得。该系统可向我国及周边地区的用户提供定位、通信服务。

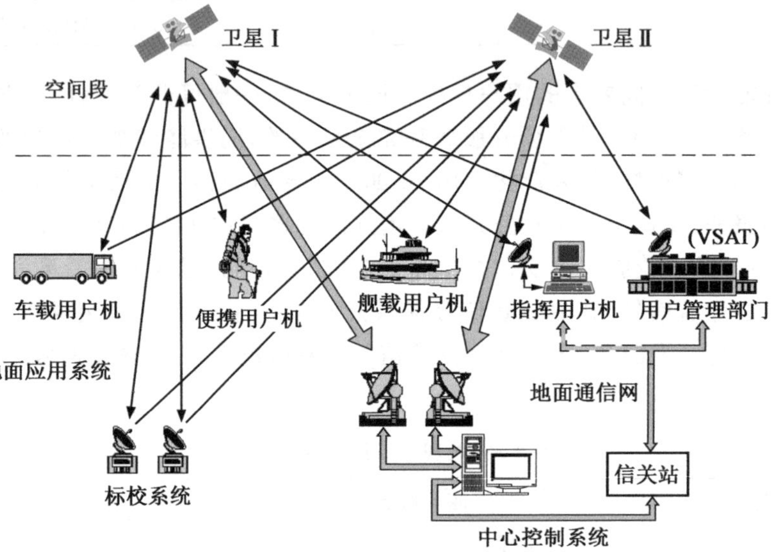

图 2-4 BD-Ⅰ卫星定位系统工作原理示意图

BD-Ⅰ系统的主要功能包括：①定位。快速确定用户所在地的地理位置，向用户及主管部门提供导航信息。②通信。用户与用户、用户与中心控制系统间均可实现双向简短数字报文通信。③授时。中心控制系统定时播发授时信息，为定时用户提供时延修正值。BD-Ⅰ系统水平定位精度为 100 m，设立标校站之后为 20 m。系统能容纳的用户数为 540 000 户/h。

BD-Ⅰ系统的工作过程与定位原理是：①由中心控制系统向卫星Ⅰ和卫星Ⅱ同时发送询问信号，经卫星转发器向服务区内的用户广播。用户响应其中 1 颗卫星的询问信号，并同时向 2 颗卫星发送响应信号，经卫星转发回中心控制系统。中心控制系统接收并解调用户发来的信号，然后根据用户申请的服务内容进行相应的数据处理。②对定位申请，中心控制系统测出 2 个时间延迟，一是从中心控制系统发出询问信号，经某一颗卫星转发到用户，用户发出定位响应信号，经同一颗卫星转发回中心控制系统的延迟；二是从中心控制发出询问信号，经上述同一颗卫星到达用户，用户发出响应信号，经另一颗卫星转发回中心控制系统的延迟。③由于中心控制系统和 2 颗卫星的位置均是已知的，因此由上面 2 个延迟量可以算出用户到第 1 颗卫星的距离及用户到第 2 颗卫星距离之和，从而知道用户处于以第 1 颗卫星为球心的球面和以 2 颗卫星为焦点的椭球面的交线上。④中心控制系统从存储在计算机内的数字化地形图查寻到用户高程值，依据已知的用户处于某一与地球基准椭球面平行的椭球面上，再由中心控制系统最终计算出用户所在点的三维坐标，这个坐标经加密后发送给用户。

2.1.5.2 BD-Ⅱ系统

2007年4月14日，我国成功发射了第一颗北斗二号导航卫星。BD-Ⅱ导航系统空间段由35颗卫星组成，包括5颗地球静止轨道卫星、27颗中地球轨道卫星、3颗倾斜地球同步轨道卫星。5颗静止轨道卫星定点位置为东经58.75°、80°、110.5°、140°、160°，中地球轨道卫星运行在3个轨道面上，轨道面之间相隔120°均匀分布。北斗卫星导航系统具有连续实时无源三维定位测速能力、高精度授时能力和用户位置报告能力。卫星设计寿命8年。星钟采用我国自行研制的铷原子钟，频标稳定度为10^{-11} Hz。

从2011年11月27日开始，北斗卫星导航系统向中国及周边地区提供连续的导航定位和授时服务。目前，北斗系统可提供正式运行服务，覆盖区内定位精度达到10 m。2014年11月23日，国际海事组织海上安全委员会审议通过了对北斗卫星导航系统认可的航行安全通函，这标志着北斗卫星导航系统正式成为全球无线电导航系统的组成部分，取得面向海事应用的国际合法地位。

2.1.5.3 BD-Ⅲ系统

北斗三号卫星新信号采用自主创新的调制方式和信道编码，相比老信号性能进一步提升，并实现了与其他GNSS的兼容与互操作，用户体验更加优异。目前在全球已具备一定的服务能力，在位置精度因子(position dilution of precision，PDOP)$\leqslant 6$的条件下，可用性优于87%，实测定位精度均值为水平约2.4 m，高程约4.3 m；测速精度约0.06 m/s；授时精度约19.9 ns。2019年发射了10颗卫星，2020年6月30日最后一颗卫星入轨，北斗三号系统全面建设完成。

北斗三号系统继承北斗有源服务和无源服务两种技术体制，能够为全球用户提供基本导航(定位、测速、授时)、全球短报文通信、国际搜救服务，中国及周边地区用户还可享有区域短报文通信、星基增强、精密单点定位等服务。

北斗系统空间段采用3种轨道卫星组成的混合星座，与其他卫星导航系统相比，高轨卫星更多，抗遮挡能力强，尤其低纬度地区性能特点更为明显；北斗系统可提供多个频点的导航信号，能够通过多频信号组合使用等方式提高服务精度；北斗系统将导航与通信能力相融合，具有实时导航、快速定位、精确授时、位置报告和短报文通信服务五大功能。

2.1.6 卫星导航的差分和增强系统

目前卫星定位导航系统民用精度一般能达到10 m左右，在许多民用导航中，如近海和海洋船舶航行、直升机导航、民航机航路导航和近着陆、精细农业导航、城市车辆调度等，有时需要更高精度的实时导航定位。为了满足这些需求，常采用差分增强技术，即在正常的GNSS外附加(差分)修正信号，由基准站发送改正数，由用户站接收并对测量结果进行改正，以获得更精确的定位结果。

增强系统有两种，一种为本地增强系统(local area augmentation system，LAAS)，另一种为广域增强系统(wide area augmentation system，WAAS)。广域增强系统是基于卫星建立的，也称为星基增强系统(satellite based augmentation systems，SBAS)。LAAS系统由于采用伪距差分，其差分精度随着用户接收机与基站距离的增大而降低，当用户接收机距基准站100 km以上时，差分精度明显降低。WAAS系统是将测量误差中与空间分布相关的误差(如电离层延迟误差)及与空间分布不相关的误差(如卫星星历误差、星钟误差等)分别计算和修正，这样只需再布置少量基准站就能满足大面积差分的要求。

目前，美、俄、欧分别建有星基增强系统（WAAS、SDCM 和 EGNOS），日本和印度也建设了自己的区域系统（QZSS 和 IRNSS）。GNSS 所包括的导航系统和增强系统如表 2-4 所示。

表 2-4 GNSS（全球导航卫星系统）所包括的导航系统和增强系统

导航系统名称	建设国或组织	覆盖范围	建设状态	卫星数量（标称值）	备注
GPS(全球定位系统)	美国	全球	已建成	30 个(MEO)	现有 31 颗工作卫星
WAAS(广域增强系统)	美国	区域	已建成	3 个(GEO)	2003 年开始工作，2008 年完全工作
GLONASS(全球导航卫星系统)	俄国	全球	已建成	24 个(MEO)	2008 年 18 颗星，2010 年 24 颗星
SDCM(卫星差分改正监测系统)	俄国	区域	已建成	2 个(IGSO)	2011 年建成
GALILEO 系统(全球导航卫星系统)	欧盟	全球	已建成	30 个(MEO)	2013 年建成
EGNOS(欧洲静地导航重叠服务)	欧盟	区域	已建成	3 个(GEO)	2009 年工作
BDS(北斗卫星导航系统)	中国	全球	已建成	24 个(MEO) 3 个(GEO) 3 个(IGSO)	2010 年建成区域系统，2020 年全部建成
QZSS(准天顶卫星系统)	日本	区域	已建成	3 个(IGSO)	2018 年建成
MSAS(多功能卫星增强系统)	日本	区域	已建成	2 个(GEO)	2007 年建成
IRNSS(印度区域导航卫星系统)	印度	区域	已建成	3 个(GEO) 4 个(IGSO)	2012 年建成
GA GAN(GPS 辅助型静地轨道增强导航系统)	印度	区域	已建成	3 个(GEO)	2010 年建成
NigComSat-1	尼日利亚	区域	已建成	1 个(GEO)	2008 年建成

注：MEO—中高度地球轨道，GEO—地球静止轨道，IGSO—倾斜地球同步轨道。

2.1.6.1 美国 WAAS 系统

美国联邦航空局（Federal Aviation Administration，FAA）部署了一个覆盖全美国及太平洋、大西洋地区的 WAAS 系统。WAAS 由地面段（ground segment）、空间段（space segment）和用户段（user segment）3 部分组成，其中地面段由 38 个广域参考站（wide-area reference station，WRS）、3 个位于美国本土大陆两端的广域主控站（wide-area master station，WMS）、6 个地面上行注入站（ground uplink stations，GUS）、2 个系统运行中心（operational centers，OC）以及陆地通信网络（terrestrial communication network，TCN）组成。WAAS 空间段利用 3 颗 GEO 卫星组成，实时转发由地面 WMS 生成的增强信息。WAAS 用户段通常配置嵌入 WAAS 模块的 GPS 接收机，能够在接收 GPS 信号的同时接收 GEO 卫星播发的增强信息，通信协议需要满足 RTCA MOPS DO 229 等 SBAS 相关标准。

FAA 把 WAAS 看作民用航空无缝卫星导航系统战略目标的关键组成部分，它可以提高覆盖区域内 GPS 的精度（通过差分技术）、完好性（提供及时的报警能力）和可用性（通过附加测距信号）。WAAS 的目标是使 GPS 能够成为民航飞机从起飞至Ⅰ类精密进场阶段的主用导航方式。

WAAS的工作过程为：由广泛分布于美国及其周边区域内的广域参考站(WRS)收集GPS及GEO卫星发来的数据。广域主控站(WMS)汇集来自各WRS的数据并进行处理，以确定每颗被监测卫星的完好性、差分校正适量值、残差和电离层信息，并产生GEO卫星的导航参数。这些信息传到上行注入站(GUS)，随同GEO卫星导航参数一起上行传给GEO卫星。GEO卫星上的转发器在L_1频率上以与GPS卫星相同的调制方式下行传送这些数据。同时GEO卫星还发射C/A码测距信号，以增加用户可用的测距卫星源，这样可大大提高系统的导航精度、可用性及完好性。

2.1.6.2 日本MSAS系统

MSAS(Multi-functional Satellite Augmentation System)是日本运输省部署的覆盖日本陆地和近海的卫星增强系统，是由日本民航局为民用航空应用而开发的对GPS进行区域性星基增强的系统。MSAS系统原理与美国WAAS系统相似，并与美国WAAS系统兼容。MSAS从1996年开始实施，它包括2个空间转发器(MTSAT-1和MTSAT-2卫星)、2个基准站和2个主控站，覆盖范围为日本飞行服务区，也同时覆盖了大部分亚太地区，在我国境内都可以接收到MSAS卫星信号，精度为1～3 m。

MTSAT是多功能传送卫星(multi-functional transport satellite)的缩写，它可为飞机提供通信和导航服务，并可为亚太地区的机动用户发送气象数据。1999年发射了MTSAT-1，2000年进入初始运行阶段，2004年发射MTSAT-2，2007年已进入全面运行阶段。

2.1.6.3 欧洲EGNOS系统

EGNOS(European Geostationary Navigation Overlay Service)是欧洲地区广域星基导航增强系统，已于2009年9月开始使用。EGNOS系统由地面部分、空间部分、用户部分和支持系统组成。空间部分包括3颗GEO卫星，搭载导航增强转发器，播发导航增强信号。其中2颗是INMARSAT-3卫星(1颗在大西洋东部上空，1颗在印度洋上空)，还有1颗是在非洲上空的地球同步通信卫星Artemis。这3颗卫星的轨道分别为西经15.5°、东经65.5°、东经21.3°。地面系统包括主控制中心、测距与完好性监测站和陆地导航地球站。用户部分包括用于空间信号性能验证的EGNOS接收机，以及水运、空运和陆运用户专用设备等。支持系统包括EGNOS广域差分网以及系统开发验证平台等。EGNOS系统通过提高GPS和GLONASS两个系统的定位精度，来满足高安全用户的需求。

2.2 GPS定位原理及其数据处理

GPS作为最早建成的全球导航卫星系统，已广泛地应用于各行各业。本节以GPS为例，介绍卫星定位原理和数据分析处理技术。

2.2.1 导航电文与卫星信号

2.2.1.1 导航电文格式

导航电文是用来定位和导航的数据基础，它包含该卫星的星历、工作状况、时钟改正、电离层时延改正、大气折射改正以及由C/A码捕获P码等导航信息，也就是由卫星信号中解调出来的数据码$D(t)$。这些信息以50 bit/s的数据流调制在载波上，数据采用不归零制(NRZ)的二进制码。

导航电文结构如图 2-5 所示。每主帧电文长度为 1 500 bit，播送速率为 50 bit/s，所以发播一帧电文需要 30 s 时间。

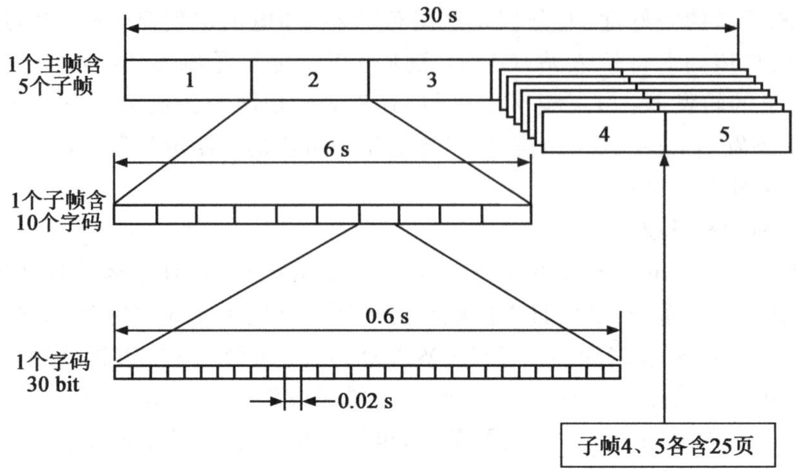

图 2-5　导航电文的格式

一套完整的电文由 25 主帧构成，共有 37 500 bit，要 750 s 才能够传送完。每帧导航电文包括 5 个子帧，每子帧长 6 s，共含 300 bit。第 1、2、3 子帧各有 10 个字码，每个字码为 30 bit，这 3 个子帧的内容每 30 s 重复一次，每小时更新一次。第 4、5 子帧各有 25 页，共有 15 000 bit，其内容仅在卫星注入新的导航数据后才更新。

2.2.1.2　导航电文内容

导航电文的内容包括遥测码（telemetry word，TLW）、转换码（hand over word，HOW）、第一数据块、第二数据块和第三数据块等 5 部分。

（1）遥测码（TLM）。每个子帧的第 1 个字码都是遥测码，作为捕获导航电文的前导。其中所含的同步信号为各个子帧提供了一个同步起点，使用户便于解释电文数据。具体码位如下：第 1～8 位为同步码（10001001），第 9～22 位为遥测电文，包括地面监控系统注入数据时的状态信息、诊断信息和其他信息，以此指示用户是否选用该卫星。第 23、24 位无意义，第 25～30 位为奇偶检验码。

（2）转换码（HOW）。每个子帧的第 2 个字码是转换码，它的主要作用是帮助用户从捕获的 C/A 码转换到 P 码。第 1～17 位表示 Z 计数，它表示从每星期六或星期日午夜零时起算的对 P 码中时钟信号 $PN_1(t)$（周期 1.5 s）的累计数，量程为 0～403 200。通过已知的 Z 计数，就可知道观测时刻 P 码在周期中的准确位置，以此较快地捕获 P 码。第 18 位表明卫星注入电文后是否发生滚动动量矩卸载现象。第 19 位用于指示数据帧的时间是否与 $PN_1(t)$ 时钟信号同步。第 20～22 位是子帧识别标志。第 23、24 位无意义。第 25～30 位为奇偶检验码。

（3）第一数据块。第一子帧的第 3～10 个字码为第一数据块。它的主要内容是：①标识码，指明载波 L_2 的调制波类型、星期序号和卫星的健康状况等；②数据龄期；③卫星时钟改正系数。

（4）第二数据块。第 2 和第 3 子帧共同构成第二数据块，它表示 GPS 卫星的星历。

(5)第三数据块。第三数据块由第4和第5两个子帧构成,提供GPS卫星的历书数据。当接收机捕获到某颗卫星后,利用第三数据块提供其他卫星的概略星历、时钟改正、码分地址和卫星工作状态等数据。用户不仅能选择工作正常和位置适当的卫星,而且还可根据所在的位置选择最佳星座。

2.2.1.3　卫星信号

GPS定位的基本观测量是观测站(用户接收天线)至GPS卫星(信号发射天线)的距离(或称信号传播路径),它是通过测定卫星信号在该路径上的传播时间(时间延迟)或测定卫星载波信号相位在该路径上变化的周数(相位延迟)来计算的。GPS卫星所发播的信号如图2-6所示,包括载波、测距码和数据码(或称D码)。

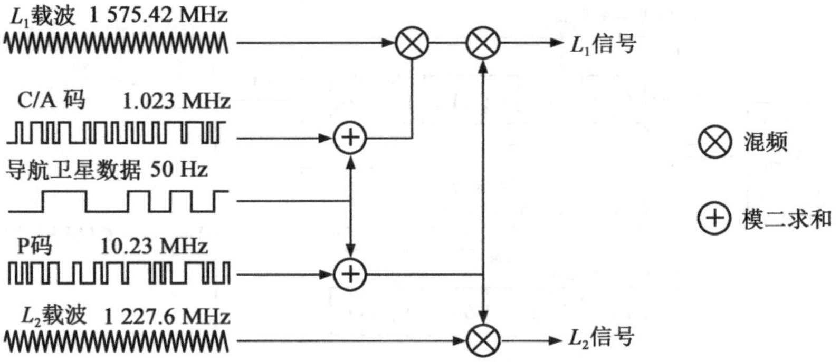

图2-6　GPS卫星信号

1)码的基本概念

(1)码。表达不同信息的二进制数及其组合。在二进制中,一位二进制数叫一个码元或一比特(bit)。

(2)比特率,也叫数码率。每秒钟传输的比特数,单位为bit/s或bps。

(3)随机码。码元幅值是完全无规律的码序列称为随机码序列,或随机噪声码序列。它是一种非周期序列,无法复制。

(4)伪随机噪声码(pseudorandom noise code,PRN码,又称伪随机码或伪码)。GPS采用伪随机噪声码,如图2-7所示,这种码具有随机码的良好自相关性和某种确定的编码规则,且容易复制。

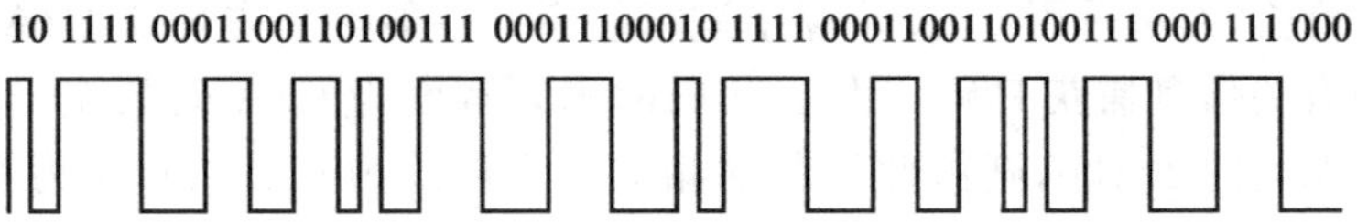

图2-7　伪随机噪声码

2)伪随机噪声码的产生

伪随机码由多级反馈移位寄存器产生。移位寄存器由一组连接在一起的存储单元组成,每个存储单元只有0或1两种状态。移位寄存器可在时钟脉冲和置“1”脉冲的控制下工作。

例如,由4个存储单元组成的4级反馈移位寄存器,当时钟脉冲加到该移位寄存器之后,每个存储单元的内容都顺序地由上一单元移到下一单元，最后一个存储单元的内容则输出。与此同时，将其中某几个单元，如 3 和 4 单元的内容进行模二相加，反馈给第一个存储单元。

随着反馈移位寄存器级数的增大，其自相关系数将很快趋近于 0。所以，伪随机码既具有与随机码相类似的良好自相关性，又是一种结构确定、可以复制的周期性序列。这使用户接收机容易复制卫星所发射的伪随机码，以便通过接收码与复制码的比较，来准确地测定其间的时间延迟。

3）GPS 测距码

（1）C/A 码。C/A 码是由 2 个 10 级反馈移位寄存器相组合而产生的，如图 2-8 所示。

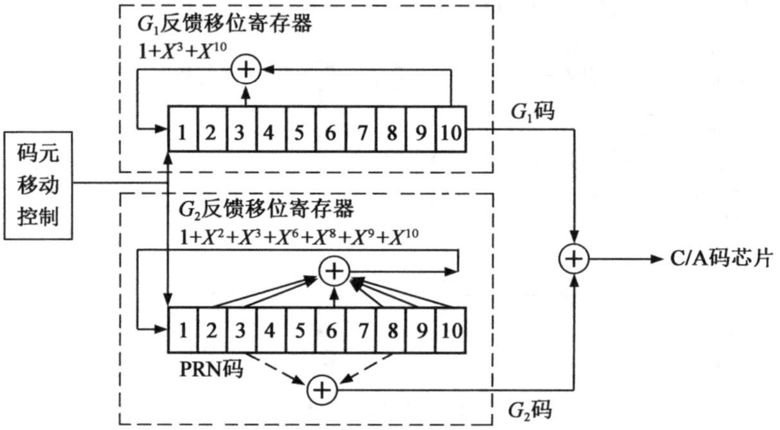

图 2-8　C/A 码产生示意图

C/A 码的码长较短，易于捕获，且通过 C/A 码提供的信息又可方便地捕获 P 码。

C/A 码的码元宽度较大，假设 2 个序列的码元对齐误差为码元宽度的 1/100，则相应的测距误差达 2.9 m，因此也称粗码。

（2）P 码。GPS 卫星发射的 P 码，其产生的基本原理与 C/A 码相似，但其发生电路是由 2 个 12 级反馈移位寄存器构成的，情况更为复杂，线路设计细节均是保密的。

P 码周期被分为 38 部分（每一部分的周期为 7 天，码长约为 6.19×10^{12} bit），其中 1 部分闲置，5 部分给地面监控站使用，32 部分分配给不同的卫星。这样，每颗卫星所使用的 P 码不同部分便都具有相同的码长和周期，但结构不同。

P 码的码长较长，无法采用 C/A 码逐个进行搜索。一般都是先捕获 C/A 码，然后根据导航电文中给出的有关信息捕获 P 码。由于 P 码的码元宽度为 C/A 码的 1/10，若取码元的对齐误差仍为码元宽度的 1/100，则由此引起的相应距离误差为 0.29 m，仅为 C/A 码的 1/10。所以 P 码定位精度高，故也称为精码。

2.2.2　GPS 定位原理

利用 GPS 进行定位的方法较多，有绝对定位（单点定位）和相对定位，静态定位和动态定位等。概括来说，主要有伪距法、干涉测量法和载波相位测量法等。干涉测量法和载波相位测量法可以获取非常精确的定位精度，但干涉法测量费用相对较高，难以推广应用。这里主要介绍伪距法和载波相位测量法。

2.2.2.1　伪距法

卫星至测站的距离是通过测定卫星信号传播时间计算出来的。由于卫星信号并不是在真空中传播，因此有大气传播延迟误差，通过这种卫星信号测出的距离不是真实的星站距离，称为伪距。伪距法是利用GPS进行导航定位的最基本方法，其原理是在某一瞬时利用GPS接收机测定至少4颗卫星的伪距，采用距离交会法，即可求得接收机的三维坐标和卫星时钟改正数。伪距法测量原理简述如下。

设：ρ 为卫星至测站的真实距离，$\tilde{\rho}$ 为卫星至测站的伪距，(x_i, y_i, z_i) 为卫星 i 的位置坐标，(X_j, Y_j, Z_j) 为测站 j 的位置坐标，T_j 为测站 j 根据接收机时钟所获得的时间，t^i 为卫星 i 根据卫星钟所获得的时间，τ 为GPS标准时间。

显然，T_j 和 t^i 皆为 τ 的函数，即 $T_j = T_j(\tau)$，$t^i = t^i(\tau)$。

测得卫星信号（电磁波）传播的时间，即可得知传播路径的距离。因此，伪距测量实际上是测定时间差，即

$$T_j(\tau) - t^i(\tau) = \frac{1}{c}\tilde{\rho}_j^i \tag{2-1}$$

或

$$\begin{aligned}\frac{1}{c}\tilde{\rho}_j^i &= T_j(\tau_b) - t^i(\tau_a) \\ &= [\tau_b - \tau_b + T_j(\tau_b)] - [\tau_a - \tau_a + t^i(\tau_a)] \\ &= [\tau_b - \tau_a] + [\tau_a - t^i(\tau_a)] - [\tau_b - T_j(\tau_b)] \\ &= [\tau_b - \tau_a] + V_{t_i} - V_{T_j}\end{aligned} \tag{2-2}$$

式中：$\tilde{\rho}_j^i$ 为卫星 i 至测站 j 的伪距；c 为真空光速；τ_a 是卫星钟的读数为 t^i 瞬间的GPS标准时，$[\tau_a - t^i(\tau_a)] = V_{t_i}$ 为卫星时钟改正数；τ_b 为接收机时钟读数为 T_j 瞬间的GPS标准时，$[\tau_b - T_j(\tau_b)] = V_{T_j}$ 为接收机时钟改正数；$(\tau_b - \tau_a)$ 是没有误差的时钟所测定的信号自卫星 i 到测站 j 的实际传播时间。

设 $(\delta\rho_j^i)_{ion}$ 和 $(\delta\rho_j^i)_{trop}$ 分别表示大气电离层和对流层的折射改正数，则

$$\tau_b - \tau_a = \frac{1}{c}[\rho_j^i - (\delta\rho_j^i)_{ion} - (\delta\rho_j^i)_{trop}] \tag{2-3}$$

因此伪距 $\tilde{\rho}_j^i$ 和真正距离 ρ_j^i 之间的关系为

$$\begin{aligned}\tilde{\rho}_j^i &= c[T_j(\tau_b) - t^i(\tau_a)] \\ &= \rho_j^i - (\delta\rho_j^i)_{trop} - (\delta\rho_j^i)_{ion} + cV_{t_i} - cV_{T_j}\end{aligned} \tag{2-4}$$

或

$$\rho_j^i = \tilde{\rho}_j^i + (\delta\rho_j^i)_{ion} + (\delta\rho_j^i)_{trop} - cV_{t_i} + cV_{T_j} \tag{2-5}$$

卫星 i 与地面测站 j 之间的空间距离 ρ_j^i 可表示为

$$\rho_j^i = \sqrt{(x_i - X_j)^2 + (y_i - Y_j)^2 + (z_i - Z_j)^2} \tag{2-6}$$

假设通过正确的模型或其他适当的方法，大气电离层和对流层对电磁波传播中的距离误差 $(\delta\rho_j^i)_{ion}$ 和 $(\delta\rho_j^i)_{trop}$ 可以正确改正，卫星位置 (x_i, y_i, z_i) 为已知，那么从式(2-5)和式(2-6)中可以看出，方程式的未知数共有5个，即地面测站坐标 (X_j, Y_j, Z_j)，卫星时钟改正数 V_{t_i}，接收

机时钟改正数 V_{T_j}。要想精确获得任一观测瞬时的时钟改正数必须采用原子钟计时。对于有限数目的卫星来说，配备昂贵的原子时钟是可行的，即 V_{t_i} 为常数，可以测得；对于众多的用户接收机，配备原子时钟是不现实的，接收机时钟改正数 V_{T_j} 仍为未知数。因此，方程仍有 4 个未知数：X_j、Y_j、Z_j、V_{T_j}。用户同时观测 4 颗卫星，建立 4 个方程式，可解出这 4 个未知数。这也正是 GPS 卫星系统需要保证在全球的任意地点、任意时刻至少同时观测到 4 颗卫星的一个原因。

伪距法定位较快，几秒至几十秒即可，定位精度可达 20 m。利用 C/A 码和 P 码，在动态绝对定位和静态绝对定位中都可以采用伪距法进行定位。

2.2.2.2 载波相位测量法

由于测距码的波长较载波长，P 码为 29.3 m，C/A 码为 293 m，而载波 L_1 波长为 19 cm，L_2 波长为 24.4 cm，因而载波相位的观测精度远高于码相位的观测精度。载波相位观测是目前最精确的观测方法，载波 L_1 的测量误差为 2.0 mm，L_2 的测量误差为 2.5 mm。

载波相位测量法是测量接收机收到的载波信号与接收机发出的参考信号之间的相位差，该相位差是星地距离的函数。由于伪码和数据码调制在载波上，载波相位测量首先要进行载波相位信号的提取。重建载波的方法有 2 种：一种是“三因素法”，即在掌握 P 码和 C/A 码结构的前提下，消去 P 码和 C/A 码，提取载波信号；另一种是“白噪声法”，即对载波信号进行平方运算，得到原载波信号频率的 2 倍的伪载波信号。

某一瞬间载波相位测量的观测值是指在该瞬间接收机发出的基准载波信号的相位与接收到的卫星载波信号的相位之差。

设 T_j 为接收机 j 的时钟获得的时间，t^i 为卫星 i 的时钟获得的时间，τ 为 GPS 标准时间。接收机在 T_j 时刻(相应的 GPS 标准时为 τ_b)发出的信号相位为

$$\begin{aligned}\Phi(T_j) &= \Phi_0 + F_i T_j \\ &= \Phi_0 + F_j \tau_b + F_j(T_j - \tau_b) \\ &= F_j \tau_b + \widetilde{\Phi}(T_j)\end{aligned} \tag{2-7}$$

式中：Φ_0 为 $T_j=0$ 时载波信号的初相；F_j 为接收机发出的信号频率；$\widetilde{\Phi}(T_j)=\Phi_0+F_j(T_j-\tau_b)$，是由接收机钟差而造成的信号相位误差。

接收机在 T_j 时刻收到的来自卫星 i 的载波相位，显然应和卫星在 t^i 时刻发出的相位相同，则

$$\begin{aligned}t^j &= \tau_a + (t^i - \tau_a) \\ &= \tau_a + t^i - \tau_a - (\tau_b - \tau_b) \\ &= \tau_b - (\tau_b - \tau_a) + (t^i - \tau_a) \\ &= \tau_b - \frac{1}{c}[\rho_j^i - (\delta\rho_j^i)_{\text{ion}} - (\delta\rho_j^i)_{\text{trop}}] + (t^i - \tau_a)\end{aligned} \tag{2-8}$$

式中：τ_a 为卫星钟的读数为 t^i 瞬间的 GPS 标准时；τ_b 为接收机时钟读数为 T_j 瞬间的 GPS 标准时；ρ_j^i 为星地的真实距离；$(\delta\rho_j^i)_{\text{ion}}$ 和 $(\delta\rho_j^i)_{\text{trop}}$ 分别为大气电离层和对流层的折射改正数；$\frac{1}{c}[\rho_j^i-(\delta\rho_j^i)_{\text{ion}}-(\delta\rho_j^i)_{\text{trop}}]$ 为信号从卫星传播到接收机所需的时间。卫星 i 在时刻 t^i 发出的

载波信号的相位为

$$\begin{aligned}\varphi(t^i) &= \varphi_0 + f^i t^i \\ &= \varphi_0 + f^i \tau_b - \frac{f^i}{c}[\rho_j^i - (\delta\rho_j^i)_{ion} - (\delta\rho_j^i)_{trop}] + f^i(t^i - \tau_a) \\ &= f^i \tau_b - \frac{f^i}{c}\rho_j^i + \frac{f^i}{c}[(\delta\rho_j^i)_{ion} + (\delta\rho_j^i)_{trop}] + \widetilde{\varphi}(t^i)\end{aligned} \tag{2-9}$$

式中：φ_0 为 $t^i=0$ 时卫星信号的初相；f^i 为卫星信号频率；$\widetilde{\varphi}(t^i)=\varphi_0+f^i(t^i-\tau_a)$，是由卫星钟差引起的信号相位误差。

于是载波相位测量的观测值为

$$\begin{aligned}\varphi_j^i &= \Phi(T_j) - \varphi(t^i) \\ &= (F_j - f^i)\tau_b + \frac{f^i}{c}\rho_j^i - \frac{f^i}{c}[(\delta\rho_j^i)_{ion} + (\delta\rho_j^i)_{trop}] + \widetilde{\Phi}(T_j) - \widetilde{\varphi}(t^i)\end{aligned} \tag{2-10}$$

令 $F_j=F^0+\delta F_j$，$f^i=f^0+\delta f^i$，$(F_j-f^i)\tau_b=(\delta F_j-\delta f^i)\tau_b$ 可以认为是由接收机时钟与卫星时钟的相对钟速引起的载波相位测量的误差。由于接收机观测到的相位只是载波的除整波长的剩余部分，无法测出整周波长数 N_j^i，所以实际上载波相位测量的观测值为

$$\widetilde{\varphi}_j^i = \varphi_j^i - N_j^i \tag{2-11}$$

因而式(2-10)可以写为

$$\widetilde{\varphi}_j^i = \frac{f^i}{c}\rho_j^i - \frac{f^i}{c}[(\delta\rho_j^i)_{ion} + (\delta\rho_j^i)_{trop}] + (\delta F_j - \delta f^i)\tau_b + \widetilde{\Phi}(T_j) - \widetilde{\varphi}(t^i) - N_j^i \tag{2-12}$$

在载波相位测量中，相位测量本身可以达到较高的定位精度。由于载波相位测量改正后的残余误差 $[\widetilde{\Phi}(T_j)-\widetilde{\varphi}(t^i)]$ 以及接收机时钟和卫星时钟改正后的残余误差 $[\delta F_j-\delta f^i]$ 等因素的影响，定位精度将大大降低。在实际应用中，通常利用求差模型来消除上述误差的影响。

目前，GPS 快速定位的关键在于整周未知数的确定，这方面的研究方法包括传递整周未知数法、估计整周未知数法及搜索整周未知数法等。

2.2.3　GPS 定位中的误差分析

GPS 的定位精度受卫星轨道误差、卫星钟误差及信号传播误差等因素的综合影响，为了提高定位精度，必须对误差的来源、分类及减小误差的方法有所了解。

2.2.3.1　精度的评定

GPS 定位精度是指用 GPS 信号所测定的点位坐标与其实际点位坐标之差，常用定位误差或误差范围表示。GPS 定位误差 σ 取决于测距误差 σ_0 和精度衰减因子 DOP 两个因素，其值为二者的乘积：

$$\sigma = \sigma_0 \cdot \mathrm{DOP} \tag{2-13}$$

因此，测距精度越高、定位的几何条件越好，则定位精度越高。若想提高定位精度，则需提高测距精度(或减小测距误差)和卫星分布几何精度。

图 2-9 是 GPS 定位精度示意图，其中

$$\mathrm{DRMS}=\sqrt{\sigma_{\lambda}^{2}+\sigma_{\varphi}^{2}} \tag{2-14}$$

式中：DRMS 为距离均方根差，常称为距离中误差或标准差，它的探测概率以置信椭球来表示；σ_{λ} 和 σ_{φ} 分别为经度和纬度方向的坐标标准差。

DRMS 的一倍标准差（1σ）、二倍标准差（2σ）和三倍标准差（3σ）的概率值分别是 68.3%、95.5%和 99.7%。例如，1σ 意味着在某次定位中，68.3% 以上的点位坐标落在以 DRMS 为半径的圆内，经常表述为±DRMS(1σ)，或者用 2DRMS(1σ)来表述，二者具有同样的含义。

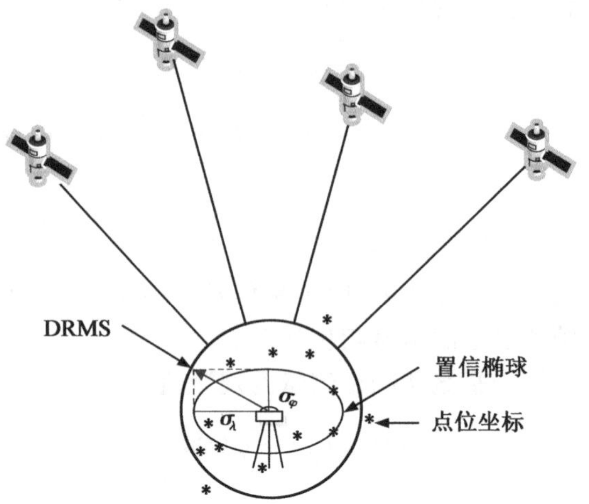

图 2-9　GPS 定位精度示意图

2.2.3.2　误差的分类

按照误差来源，GPS 定位误差可以分为 3 类：与卫星有关的误差、与信号传播有关的误差和与接收设备有关的误差。与卫星有关的误差主要包括卫星星历误差、卫星钟差和相对论效应等。与信号传播有关的误差主要包括电离层折射、对流层折射及多路径误差等。与接收设备有关的误差主要包括接收机钟差、天线相位中心位置偏差、硬件延迟与噪声等。此外，其他因素诸如地球固体潮误差和海洋潮汐误差等，对高精度 GPS 测量也有影响。

1）*与卫星有关的误差*

（1）卫星星历误差。广播星历或其他轨道信息所给出的卫星位置与卫星的实际位置之差称为星历误差。在一个观测时间段中（1～3 h）主要呈现系统误差特性。

星历误差的大小主要取决于卫星跟踪系统的质量，如跟踪站的数量及空间分布、观测值的数量及精度、轨道计算时所用的轨道模型及定轨软件的完善程度等。此外和星历的预报间隔（实测星历的预报间隔可视为零）也有直接关系。卫星星历误差对相距不远的两个测站的定位结果产生的影响大体相同，各个卫星的星历误差一般看成是互相独立的。

（2）卫星钟差。卫星上虽然使用了高精度的原子钟，但它们仍不可避免地存在着误差。这种误差既包含系统性的误差（由钟差、频偏、频漂等产生的误差），也包含随机误差。系统误差远比随机误差大，但前者可以通过模型加以改正，因而随机误差就成为衡量卫星钟的重要标志。卫星钟差主要取决于卫星钟的质量。

两个测站对卫星进行同步观测时，卫星钟差对两站观测值的影响是相同的。各卫星钟的误差一般也被看成是互相独立的。

（3）相对论效应。相对论效应是由于卫星钟和接收机钟所处的状态（运动速度和重力位）不同而引起的卫星钟和接收机钟之间产生相对钟差的现象。严格地说，将其归入与卫星有关的误差不完全准确。但由于相对论效应主要取决于卫星的运动速度和重力位，并且是以卫星钟差的形式出现的，因此将其归入此类误差。

与卫星有关的误差对伪距测量和载波相位测量所造成的影响相同。

2）*与信号传播有关的误差*

（1）电离层折射。电磁波信号通过电离层时传播速度会产生变化，致使测量结果产生系统

性的偏离。电离层折射的大小取决于外界条件(时间、太阳黑子数、地点等)和信号频率。在伪距测量和载波相位测量中,电离层折射的大小相同,符号相反。

(2)对流层折射。电磁波信号通过对流层时传播速度要发生变化,从而使测量结果产生系统误差。对流层折射的大小取决于外界条件(气温、气压、温度等)。对流层折射对伪距测量和载波相位测量的影响相同。

(3)多路径误差。经某些物体表面反射后到达接收机的信号,会和直接来自卫星的信号叠加进入接收机,使测量值产生系统误差。多路径误差对伪距测量的影响比载波相位测量的影响严重。该项误差取决于测站周围的环境和接收天线的性能。

载波相位测量中残留在观测值中的整周跳变(未被发现或错误地进行修复所造成的)以及不正确的整周未知数,都会使载波测量产生系统的偏差,它们通常也被归入与传播有关的误差中。

3)与接收机有关的偏差

(1)接收机的钟误差。接收机中一般使用精度较低的石英钟,因此比卫星钟的误差更大。该项误差的大小主要取决于石英钟的质量,也和使用环境有一定关系。它对伪距测量和载波相位测量的影响是相同的。同一台接收机对多颗卫星进行同步观测时,接收机钟差对各相应观测值的影响是相同的,各接收机的钟差之间可视为相互独立。

(2)接收机的位置误差。在进行授时和定轨时,接收机的位置(指接收机天线的相位中心)是已知值,它们的误差将使授时和定轨的结果产生系统误差。该项误差对伪距测量和载波相位测量的影响也是相同的。

(3)接收机的噪声。指由于仪器设备及外界环境影响而引起的随机测量误差,其值取决于接收机性能和作业环境。接收机噪声与接收机振荡器及其他硬件有关,通常是由电子器件引起的,也与码相关模式、接收机机动状态、所处环境以及卫星仰角等有关系。接收机噪声水平是反映接收机质量的一个重要指标,因而可通过改进接收机硬件降低噪声水平。

2.2.3.3 消除、削弱误差的措施和方法

上述各项误差中的系统误差,对测距的影响可达数十米,有时甚至超过百米,比观测噪声大几个数量级。因此必须加以消除和削弱。消除或削弱这些误差主要有以下方法。

1)建立误差改正模型

误差改正模型既可以是通过对误差特性、产生机制等原因进行研究分析、推导而建立起来的理论公式(例如利用电离层折射的大小与信号频率有关这一特性而建立起来的双频电离层折射改正模型),也可以是通过大量观测数据的分析、拟合而建立起来的经验公式,在多数情况下是同时采用这两种方法建立的综合模型(例如各种对流层折射模型大多属于综合模型)。

由于改正模型本身以及所获取的改正模型各参数有误差,使得一部分偏差残留在观测值中,这些残留的偏差通常仍比偶然误差要大得多。

不同的误差模型,其修正精度也不同。有的误差改正模型效果较好,例如双频电离层折射改正模型的残余偏差约为总量的1%或更小;有的效果一般,如多数对流层折射改正公式的残余偏差约为总量的5%~10%;有的改正模型则效果较差,如由广播星历所提供的单频电离层折射改正模型,残余偏差高达30%~40%。

2)求差法

仔细分析误差对观测值或平差结果的影响,安排适当的观测方法和数据处理方法(如同步

观测、相对定位等),利用误差在观测值之间的相关性或在定位结果之间的相关性,通过求差来消除或削弱其影响的方法,称为求差法。

例如,当两站对同一卫星进行同步观测时,观测值中都包含了共同的卫星钟误差,将观测值在接收机间求差即可消除此项误差。同样,一台接收机对多颗卫星进行同步观测时,将观测值在卫星间求差即可消除接收机钟误差的影响。

又如,目前广播星历的误差可达数十米,这种误差属于起算数据的误差,并不影响观测值,不能通过观测值相减来消除。利用相距不太远的两个测站上的同步观测值进行相对定位时,由于两站至卫星的几何图形十分相似,因而星历误差对两站坐标的影响也很相似。利用这种相关性在求坐标差时就能把共同的坐标误差消除掉,其残余误差(即星历误差对相对定位的影响)一般可用下列经验公式估算:$\Delta b = b \times \Delta s / \rho$。当基线长度(测站至基准站的距离)$b = 5$ km,测站至卫星的距离 $\rho = 25\ 000$ km 时,即使卫星星历误差 Δs 的绝对值较大(例如 $\Delta s = 50$ m),它对基线的影响 Δb 也很小,只有 1 cm。

求差法中使用最多的是差分技术,下面将专门介绍。

3)选择较好的硬件和较好的观测条件

有的误差(如多路径误差)既不能采用求差法来削弱,也无法建立改正模型,削弱它的唯一办法是选用较好的天线,仔细选择测站,远离反射物和干扰源。

上述方法也可结合使用,例如采用大气传播延迟改正模型进行改正,再用求差法来消除无法用模型改正却具有相关性的残余误差。

2.2.4 差分技术

利用 GPS 进行单点定位,是根据一组卫星的伪距、星历、卫星发射时间等观测量来实现的。因此,要获得地面点的三维坐标,至少要接收到 4 颗 GPS 卫星的观测信号。在这一定位过程中,主要存在着三部分误差:一是每一个用户接收机所共有的,包括卫星钟差、星历误差、电离层误差、对流层误差等;二是不能由用户测量或由校正模型来计算的传播延迟误差;三是为各用户接收机所固有的误差,例如内部噪声、通道延迟和多路径误差等。利用差分技术,第一部分误差完全可以消除,第二部分误差大部分可以消除,这主要取决于基准接收机和用户接收机的距离,第三部分误差则无法消除。

差分 GPS(differential GPS,DGPS)是在基准站上进行 GPS 观测,利用已知的基准站精确坐标计算出与基准站实测坐标之间的误差改正数,并将这一改正数实时发送出去;用户接收机在进行 GPS 观测的同时接收基准站的改正数,求解出用户接收机的精确位置(图 2-10)。

DGPS 由一台基准站 GPS 接收机和一台或多台用户站 GPS 接收机组成。基准站是一已知准确大地坐标的点,在此点上架设 GPS 天线与用户站 GPS 同时接收 GPS 卫星观测量,并由基准站计算出误差改正数,传递给用户站 GPS 并对用户站 GPS 观测量进行差分改正,获得用户站 GPS 的高精度定位数据。用户站与基准站之间距离越近,同步观测相同卫星的情况下,卫星的轨道误差、卫星钟差、接收机钟差、电离层和对流层延迟误差等对观测量的影响具有越大的相关性,经差分改正后就可以有效地消除或减弱上述误差的影响,从而较大地提高相对定位精度。

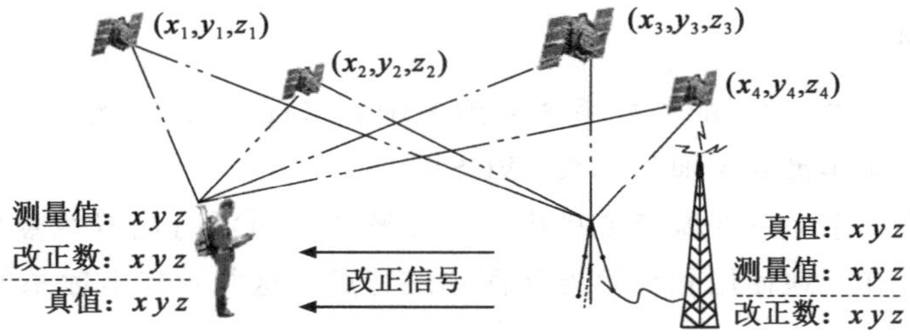

图 2-10　差分 GPS 定位原理图

根据 DGPS 基准站发送到测站的信息的不同，可将差分方法分为位置差分、伪距差分和载波相位差分 3 类，发送的误差改正数的具体内容不同，差分的精度也不同。其中位置差分是最简单的差分方法，误差较大（>10 m）。载波相位差分是最复杂的差分方法，精度最高，静态定位可达 5 mm$\pm 10^{-6}\times b$（b 为基线长度），实时动态差分系统（real time kinematic，RTK）可达厘米级（1～2 cm$\pm 10^{-6}\times b$）的定位精度，但价格较贵，系统也较复杂。伪距差分是用得最多的差分方法，精度为米级。

(1)位置差分。任何一种 GPS 接收机均可改装和组成这种差分系统。安装在基准站上的 GPS 接收机观测 4 颗卫星后便可进行三维定位，解算出基准站的坐标。由于存在轨道误差、时钟误差、大气影响、多路径误差以及其他误差，解算出的坐标与基准站的已知坐标是不一致的。基准站利用数据链将此改正数发送出去，由用户站接收，并且对其解算的用户站坐标进行改正。最后得到的改正后的用户坐标已消去了基准站和用户站的共同误差，如卫星轨道误差、大气影响等，提高了定位精度。这种方法有效的先决条件是基准站和用户站观测的是同一组卫星。位置差分法适用于用户与基准站间距离在 100 km 以内的情况。

(2)伪距差分。这是目前用途最广的一种技术，几乎所有的商用差分 GPS 接收机均采用这种技术。国际海事无线电委员会推荐的 RTCM SC-104 标准也采用了这种技术。

在基准站上的接收机需要求出它自身至可见卫星的距离，并将计算出的距离与含有误差的测量值加以比较，利用一个 $\alpha-\beta$ 滤波器将此差值滤波并求出其偏差，然后将所有卫星的测距误差传输给用户，用户利用此测距误差来改正测量的伪距，再利用改正后的伪距来解出本身的位置，就消去了公共误差，提高了定位精度。

与位置差分相似，伪距差分能将两站公共误差抵消，但随着用户到基准站距离的增加又出现了系统误差，这种误差是用任何差分法都不能消除的。

(3)载波相位差分。又称为 RTK 技术，是建立在实时处理两个测站的载波相位的基础上的，它能实时提供观测点的三维坐标，并达到厘米级的测量精度。

与伪距差分原理相同，由基准站通过数据链实时将其载波观测量及站坐标信息一同传送给用户站。用户站接收 GPS 卫星的载波相位和来自基准站的载波相位，组成相位差分观测值进行实时处理，能实时给出厘米级的定位结果。

实现载波相位差分 GPS 的方法分为两类：修正法和差分法。前者与伪距差分相同，基准站将载波相位修正量发送给用户站，以改正其载波相位，然后求解坐标。后者将基准站采集的载波相位发送给用户站进行求差，解算坐标。

2.2.5 坐标系统

在我国 GPS 应用中，常用的坐标系统有地方独立坐标系、1954 年北京坐标系、1980 年国家大地坐标系和 1984 年世界大地坐标系（WGS-84）等。

（1）地方独立坐标系。一些城市或矿山由于保密或当时没有高等级点位而自己独立建立的坐标系统，它具有在当地使用和计算方便简单的特点。这些独立坐标系的投影一般为高斯-克吕格投影。

（2）1954 年北京坐标系。20 世纪 50 年代初，为了迅速开展我国的测绘事业，鉴于当时的实际情况，将我国一等锁与苏联远东一等锁相连接，然后以连接处呼玛、吉拉宁、东宁基线网扩大边端点的苏联 1942 年普尔科沃坐标系的坐标为起算数据，平差到我国东北及东部区一等锁，这样转换过来的坐标系就定名为 1954 年北京坐标系，简称北京 54 坐标系。它是一个采用克拉索夫斯基椭球的参心大地坐标系。

（3）1980 年国家大地坐标系。这一坐标系是为了进行全国天文大地网整体平差而建立的。根据椭球定位的基本原理，在建立 1980 年国家大地坐标系时有以下先决条件：

①大地原点在我国中部，具体地点选在陕西省泾阳县永乐镇，位于西安市西北方向约 60 km 处，简称西安原点。

②它是参心坐标系，椭球极短轴 Z 轴平行于地球质心指向地极原点 JYD1968.0 的方向；大地起始子午面平行于格林尼治平均天文台子午面，X 轴在大地起始子午面内与 Z 轴垂直，指向经度 0 方向，Y 轴与 Z、X 轴构成右手坐标系。

③椭球参数采用 IUGG（国际大地测量和地球物理学联盟）1975 年大会推荐的参数。

（4）1984 年世界大地坐标系（WGS-84）。GPS 卫星定位系统输出数据采用的坐标系是 WGS-84（World Geodetic System 1984）大地坐标系。地球椭球的中心与地球质心重合，椭球的短轴与地球自转轴重合，椭球的起始子午面与格林尼治起始子午面重合。地面上任一点的大地坐标，可以用大地经度、大地纬度和大地高来描述。大地经度（L）为过该点的椭球子午面与格林尼治起始子午面的夹角，大地纬度（B）为过该点的椭球法线与椭球赤道面的夹角，大地高（H）是该点沿椭球法线方向至椭球面的距离。

它的直角坐标系的定义为：原点 O 与地球质心重合，Z 轴指向地球北极，X 轴指向格林尼治子午面与地球赤道的交点，Y 轴垂直于 XOZ 平面并与 Z 轴、X 轴构成右手坐标系。地面上任一点的位置用坐标（X，Y，Z）表示。

在 GPS 实际应用中，为了实现数据的空间一致性，坐标转换是必须要做的工作，具体采用哪种方式和哪些参数，要根据原始资料情况进行具体分析，但在精度、时效性、可行性等方面需要满足实际要求。

2.3 GNSS 在智慧农业中的应用

农机智能导航技术是智慧农业的重要组成部分，在智慧农业实践的各个环节发挥着重要作用，包括土地平整、自动播种、变量施肥、按需喷药和产量监测等。如图 2-11 所示，基于 GNSS 的土地平整作业，根据 GNSS 测量的三维地形，可实现移动土方量最少、作业效率最高；基于 GNSS 的自动播种作业，可实现大规模、高精度的大田播种；基于 GNSS 的变量施肥作业，可根据作物需求实现精准施肥，既保护了环境，又降低了成本；基于 GNSS 的产量监测系统，在收获的同时同步记录位置信息和单位面积的产量信息，对于产量数据空间分析、农田管理区的划分具有重要意义。

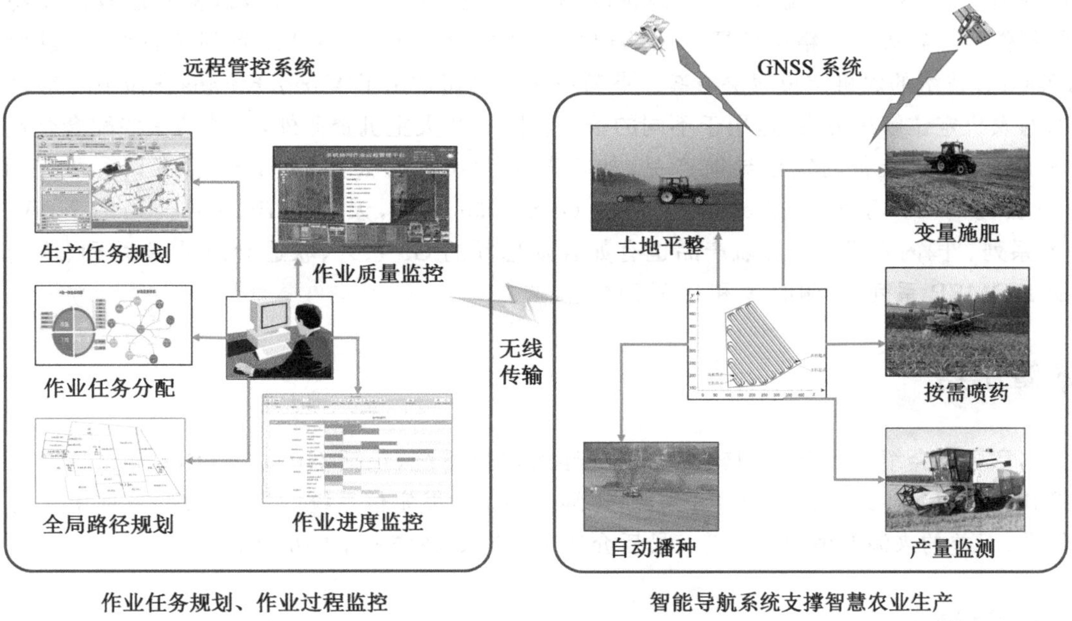

图 2-11 智慧农业与 GNSS 的应用

随着人工智能、大数据、物联网等前沿技术的发展，农业生产方式从机械化向自动化、智能化迅速迈进。拖拉机无人驾驶是自动驾驶发展的最高阶段，发展无人驾驶的一个瓶颈是实现拖拉机的无级变速和动力换挡。约翰迪尔(John Deere)、爱科(AGCO)、凯斯(Case IH)和道依茨法尔(DEUTZ-FAHR)等世界一流农机企业都推出了具有无级变速功能的大马力拖拉机，但无人驾驶的农业装备目前停留在概念机阶段，较为典型的没有驾驶室的无人驾驶拖拉机有凯斯公司的 Magnum[图 2-12(a)]和中国一拖集团有限公司的超级拖拉机 1 号[图 2-12(b)]。中国一拖集团有限公司在 2016 年中国国际农业机械展览会上展出了超级拖拉机 1 号，这是中国首台真正意义上的无人驾驶拖拉机。

(a) 凯斯公司的 Magnum

(b) 中国一拖的超级拖拉机 1 号

图 2-12 没有驾驶室的无人驾驶拖拉机

除了这些概念机外，国内外相关企业也推出了各自的相关 GNSS 定位导航产品。凯斯公司的 AFS 解决方案中包含了 AFS ACCUSTAR 系列 GPS 定位接收机，可以和 AFS 系列的监控终端 AFS Pro 700 连接，配合 AFS AccuGuide 程序完成农机的定位导航。科乐收(CLASS)公司推出了 GPS PILOT 解决方案，高精度 GPS 接收机配合激光传感器，检测已收割作物和未收割作物之间边缘的精确位置。约翰迪尔公司推出了 Radio RTK 系列接收机，提供使用 RTK-GPS 技术的农机定位解决方案。芬特(Fent)公司推出了 Vario、Katana、Rogator 等多个系列的农机定位解决方案，适用于不同的场合。除了几大主机企业外，国外的一些配套企业也开发了用于农机装备的定位导航产品，如拓普康(Topcon)公司的 Hiper、NET 系列，AutoFarm 公司的 GR 系列，AgLeader 公司的 GPS 6000 系列，天宝(Trimble)公司的 NAV 和 GFX 系列。国内农机装备导航产品也有如合众思壮的 G9 系列、联适导航的 R 系列、博创联动的 HOMER 系列、华测的 X 和 T 系列等。

本章小结

本章主要介绍了目前使用较多的卫星导航定位系统，包括 GPS、GLONASS、GALILEO 系统和我国的北斗系统，并以 GPS 为例，详细介绍了导航定位系统的定位原理、导航电文与卫星信号、误差的来源及消减方法等，最后介绍了 GNSS 在农业中的应用。

参考文献

[1] 汪懋华. 精细农业[M]. 北京：中国农业大学出版社，2011.
[2] 承继成. 精准农业技术与应用[M]. 北京：科学出版社，2004.
[3] 刘文焘，幸璐璐，梁宏，等. 星基增强系统接收机中的导航比特同步设计与性能仿真[J]. 电讯技术，2008，48(7)：54-56.
[4] 魏二虎，黄劲松. GPS 测量操作与数据处理[M]. 武汉：武汉大学出版社，2004.
[5] 徐绍铨，张华海，杨志强. GPS 测量原理及应用[M]. 武汉：武汉测绘科技大学出版社，1998.
[6] 冉承其. 北斗卫星导航系统建设与发展[J]. 卫星应用，2019(7)：8-11.
[7] 郭晗. 北斗应用成效显著，国际合作稳步推进：《北斗卫星导航系统发展报告(3.0 版)》发布[J]. 卫星应用，2019(1)：24-27.
[8] 何在勇. 全球导航定位系统 GNSS 的技术与应用[J]. 科学技术创新，2018(28)：14-15.
[9] 匡远配，易梦丹. 精细农业推进现代农业发展：机理分析和现实依据[J]. 农业现代化研究，2018，39(4)：551-558.
[10] 欧盟 2017 年《全球卫星导航系统市场报告》之精准农业应用[R/OL]. [2020-02-02]. http://www.beidou.gov.cn/yy/cy/201710/t20171023_3820.html.

第3章 基于机器视觉的导航定位技术

机器视觉系统主要包括图像采集和图像处理两个部分。图像采集即利用摄像机实时观测农田环境，将采集到的图像传输到计算机；图像处理即从采集到的图像中，按照应用需求对图像进行分析处理。机器视觉导航的路径识别依据采集到的农田图像，经过分析处理，提取导航路径。本章主要从图像处理过程及主要算法入手，介绍机器视觉导航理论与方法。

3.1 机器视觉导航路径识别流程

考虑到农业机械作业环境和图像信息处理的特点，以玉米中耕机械行间除草为例，导航路径识别流程如图 3-1 所示。

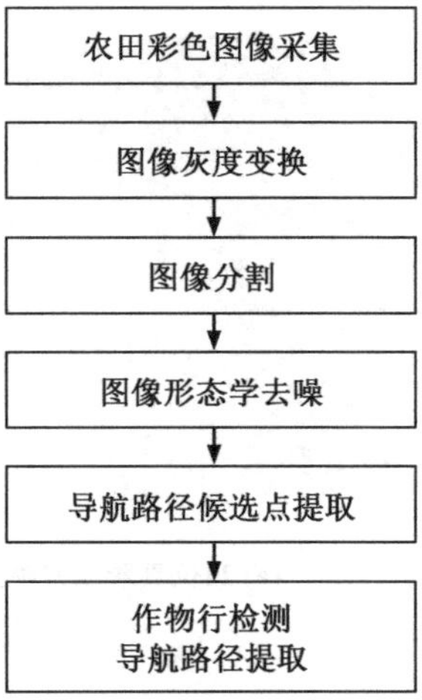

图 3-1 机器视觉导航路径识别算法流程

(1)农田彩色图像采集。由安装在农机上的数码相机采集得到。

(2)图像灰度变换。根据导航作业类型不同，可选择不同的彩色模型。彩色图像在计算机中存储时一般为三维，即红、绿、蓝。为了便于进行图像分割，将其转换为一维，即进行灰度变换。本例根据农田中绿色作物与农田土壤表面在颜色上的区别，对图像进行灰度变换。

(3)图像分割。通过设定阈值，将作物行区域和农田土壤表面区域分开，分割后的图像中只有黑、白两种灰度值，即 0(全黑)和 255(全亮)。图像分割也称为图像二值化。

(4)图像形态学去噪。农田中往往存在一些杂草等，因此分割后的图像中存在着大量的噪声点。为了剔除杂草的影响，得到理想的图像效果，需要对图像进行去噪处理。多采用形态学的膨胀和腐蚀等去噪方法。

(5)导航路径候选点提取。目标区域是由很多白色或黑色的像素团块组成的，为了减少直线提取的计算量，要从图像中确定出一系列候选点，减少无用信息。这些候选点代表作物行的特征。

(6)作物行检测及导航路径提取。将得到的候选点利用直线拟合的方法进行处理，得到作物行，进而可以计算出导航路径。作物行检测和导航路径提取方法需综合考虑检测精度、处理时间和计算量等因素。

3.2 彩色模型选择及图像灰度化

彩色模型(也称颜色模型或色彩空间)指某个三维颜色空间中的一个可见光子集,它包含某个颜色域的所有颜色。彩色模型的种类有很多,图像处理中常用的彩色模型主要有 RGB、HSI 和 YUV 彩色模型。

3.2.1 RGB 彩色模型

3.2.1.1 RGB 彩色模型

RGB 彩色模型是最基本、面向硬件的彩色模型,使用红(R)、绿(G)、蓝(B)三种相互独立的原色,按照不同比例混合来表示不同的颜色。在 RGB 彩色模型中,每种分量(R、G、B)的取值范围为 0～255,自然界任何一种色光都可以由 R、G、B 三基色按不同的比例相加混合而成,当三基色分量都为 0 时混合为黑色,当三基色分量都为 255 时混合为白色光。同样,自然界任何一种光都可以分解为红、绿、蓝三种色光。根据三基色原理,在 RGB 彩色模型中,任意色光 L 都可以表示为:$L=r[R]+g[G]+b[B]$,其中 r、g、b 为三色系数,$r[R]$、$g[G]$、$b[B]$ 为 L 的三个分量。图 3-2(a)为 RGB 24 位真彩立方模型,图 3-2 (b)为 RGB 彩色立方模型,展示几种原色的分布情况(参见二维码 3-1)。

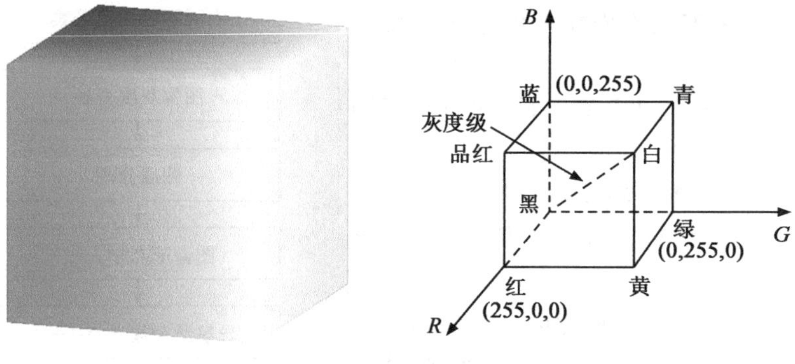

(a) 24位真彩立方模型　　(b) RGB彩色立方模型

图 3-2　RGB 彩色模型

二维码 3-1

3.2.1.2 RGB 彩色模型应用

以玉米苗为例。图 3-3 的 4 幅图像分别为玉米苗真彩图像及其 R、G、B 三个分量的灰度图像(参见二维码 3-2)。可以看出,由于玉米绿色特征突出,其 G 分量图像中玉米苗部分偏白,而 R 分量和 B 分量的图像中,玉米苗部分偏黑。

RGB 彩色模型由于各个基色对光照变化非常敏感,直接用于自然光照条件的色彩识别时作物识别的精确度相对较低。Woebbecke 早期对农田作物的颜色特征做过详细研究,提出了“超绿颜色特征”,即将 $2G-R-B$ 用于作物识别,取得了非常好的效果。图 3-4 为玉米苗图像的超绿颜色特征 $2G-R-B$ 的图像,可以看出,这种方法能很好地将玉米苗从背景中分离出来,即有效地实现了图像的灰度化。

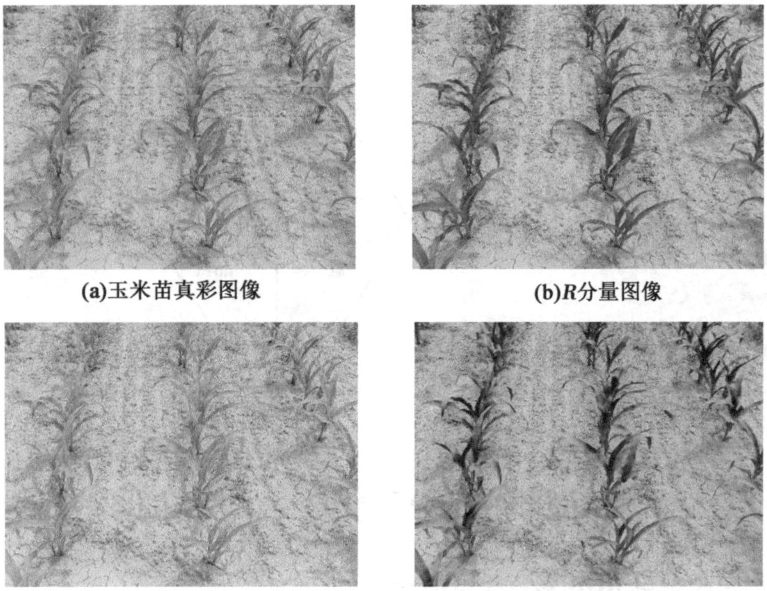

(a)玉米苗真彩图像　(b)*R*分量图像

(c)*G*分量图像　(d)*B*分量图像

图 3-3　玉米苗真彩图像及 *R*、*G*、*B* 分量图像

二维码 3-2

图 3-4　玉米苗超绿颜色特征($2G-R-B$)图像

3.2.2　HSI 彩色模型

3.2.2.1　HSI 彩色模型

HSI 彩色模型从人类视觉系统出发,用色调(hue)、饱和度(saturation)和亮度(intensity)3 个分量描述颜色,H 表示不同颜色,S 表示颜色深浅,I 表示颜色明暗程度,I 与图像颜色信息无关。图 3-5 用一个双圆锥模型表示 HSI 彩色模型(参见二维码 3-3),其中:H 分量描述了颜色本身,取值范围为 0～360°,0°表示红色,60°表示黄色,120°表示绿色,180°表示青色,240°表示蓝色,300°表示品红色;S 分量描述了颜色的鲜明程度,取值范围为 0～1,S 分量越高颜色越深;I 分量从下锥顶点 0 逐渐变化到上锥顶点 1,0 表示黑色,1 表示白色。

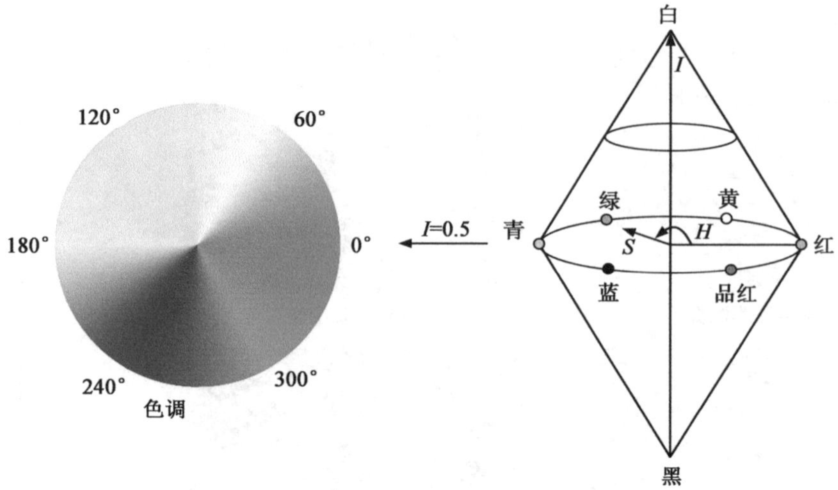

图 3-5 基于圆形彩色平面的 HSI 彩色模型

二维码 3-3

3.2.2.2 HSI 彩色模型与 RGB 彩色模型的转换

HSI 彩色模型和 RGB 彩色模型只是同一物理量的不同表示法，因而它们之间存在着转换关系：

$$H=\begin{cases}\theta & B\leqslant G\\ 360^\circ-\theta & B>G\end{cases} \tag{3-1}$$

$$S=1-\frac{3}{R+G+B}[\min(R,G,B)] \tag{3-2}$$

$$I=\frac{1}{3}(R+G+B) \tag{3-3}$$

其中

$$\theta=\arccos\left\{\frac{[(R-G)+(R-B)]/2}{[(R-G)^2+(R-G)(G-B)]^{1/2}}\right\} \tag{3-4}$$

虽然 HSI 彩色模型比 RGB 彩色模型更符合人的视觉特性，但是 HSI 彩色模型与 RGB 彩色模型的转换关系为非线性且转换易造成图像失真。

①当 $R=G=B=0$ 时，S 变得没有意义。

②当 $R=G=B$、$S=0$ 时，对应无色的中心点，此时 H 变得没有意义。当一个像素点的 R、G、B 取值相同或者相近的时候，该像素点由 RGB 彩色模型转换到 HSI 彩色模型后是不确定的，也就是奇异点。

3.2.2.3 HSI 彩色模型应用

仍以玉米苗图像为例，图 3-6 中 4 幅图像分别为玉米苗的真彩图像及对应的 HSI 彩色模型中的 3 个分量图像（参见二维码 3-4）。H 分量的图像引入了许多白色噪声点；S 分量较好地区分了作物和背景，但是作物部分存在缺失现象；I 分量是亮度分量，难以应对光照变化。

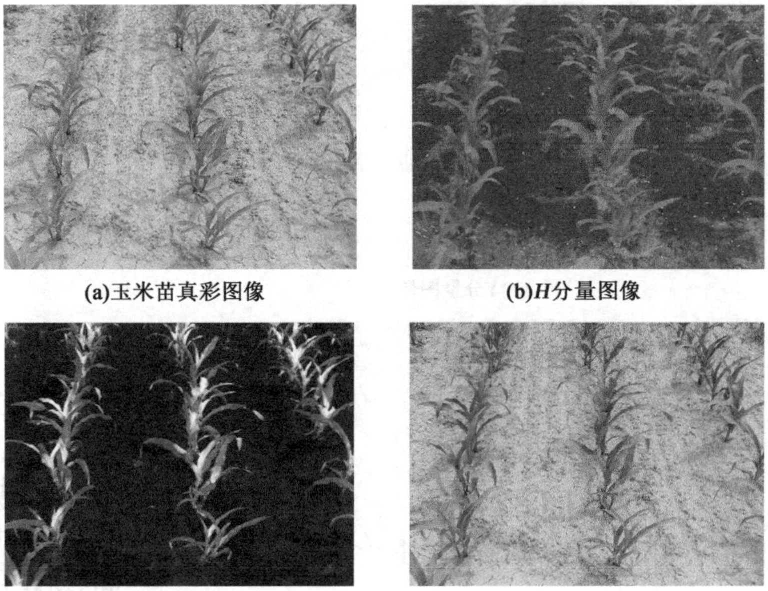

(a)玉米苗真彩图像　(b)*H*分量图像

(c)*S*分量图像　(d)*I*分量图像

图 3-6　玉米苗真彩图像及 *H*、*S*、*I* 分量图像

二维码 3-4

Woebbecke 提出了一种修正的 HSI 彩色模型，使用修正后的色调分量 H 作为颜色特征来进行作物识别，取得了比超绿颜色特征 $2G-R-B$ 更好的效果。但是，由于 HSI 与 RGB 彩色模型之间的转换是非线性的，计算量较大，而且在转换的过程中会引起图像失真，所以该模型无法应对实时性要求较高的田间作业。

3.2.3　YUV 彩色模型

3.2.3.1　YUV 彩色模型

YUV 彩色模型和 HSI 彩色模型类似，将颜色信息和亮度信息进行了分离，其中 Y 表示亮度，U、V 表示色度。YUV 彩色模型也适合用于光照变化条件下的图像处理。$\mathrm{YC_rC_b}$ 是 YUV 彩色模型中最普遍使用的一种。$\mathrm{YC_rC_b}$ 彩色模型是用于彩色电视信号传输的一种编码方式，Y 表示亮度，C_r 和 C_b 表示色度，分别为 RGB 输入信号红色分量和蓝色分量与信号亮度之间的差，$C_r=R-Y$，$C_b=B-Y$。$\mathrm{YC_rC_b}$ 彩色模型亮度信号与色度信号相分离，适于处理易受光照变化影响的图像。

3.2.3.2　YUV 彩色模型应用

图 3-7 展示了玉米苗真彩图像和 $\mathrm{YC_rC_b}$ 彩色模型 3 个分量的图像（参见二维码 3-5），从图中可以看出 Y、C_r、C_b 3 个分量都不能很好地将作物和背景分离。在农田环境中，绿色是作物的特征颜色，而 YUV 彩色模型中缺乏表示绿色特征的信息。

3.2.4　几种彩色模型分析比较

以上 3 种彩色模型各有优缺点，需要根据实际情况选择合适的模型用于图像灰度化和图像分割，以提高导航系统在自然光照条件下的适应能力。RGB、HSI 和 $\mathrm{YC_rC_b}$ 彩色模型的特点可以总结如下：

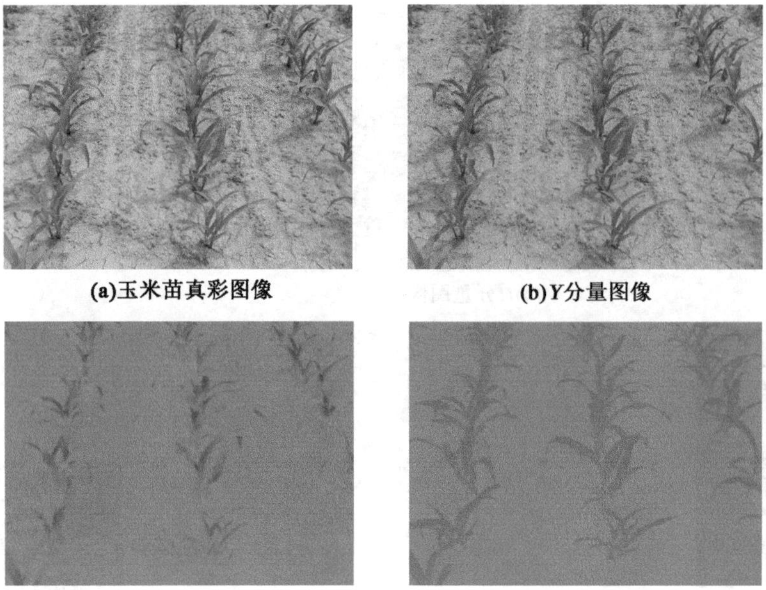

(a)玉米苗真彩图像　(b)Y分量图像

(c)C_r分量图像　(d)C_b分量图像

图 3-7　玉米苗真彩图像和 Y、C_r、C_b 分量图像

二维码 3-5

①RGB 彩色模型各基色具有较强的相关性，对亮度变化敏感。农田作业时，采集的图像经常受到光照变化干扰，如果使用 RGB 彩色模型进行图像处理，容易造成图像分割信息不明确，降低导航路径检测精度。

②HSI 彩色模型颜色和亮度相互分离，H 分量对光照变化不敏感，且可以识别不同颜色的物体，适合处理对光照变化较为敏感的图像。但 H 分量与 RGB 彩色模型各分量的转换关系为非线性，易造成图像失真，且转换算法复杂，计算量较大。

③YC_rC_b 彩色模型中，颜色、亮度与色度相分离，适合处理易受光照变化影响的图像。但农田作物行绿色分量占较大比重，而 YC_rC_b 彩色模型中缺少 RGB 彩色模型中绿色信号与亮度差异的描述，所以不能直接用于机器视觉导航系统中的图像处理。

因此，这 3 种彩色模型在用于自然条件下农田图像处理时，仍需要进一步改进。孟庆宽等针对基于机器视觉的农业导航机器人在图像处理时易受光照变化影响和常规导航线检测算法实时性、稳健性不高等问题，提出了 YC_rC_g 彩色模型，该模型的 C_g 分量能够很好地描述农田作物行中的绿色分量，并且对光照亮度差异不敏感，便于在多种光照条件下进行后续图像处理。同时，该彩色模型由 RGB 彩色模型经过矩阵线性转换得到，算法简单，计算量小，能够较好地识别出农田作物行。

3.3　图像分割

图像分割就是把图像分成若干个特定的、具有独特性质的区域并提取出感兴趣的目标区域。图像分割是图像处理分析中的一个关键步骤，没有正确的分割就不可能有正确的识别。由于图像像素值是图像分割的主要依据，只能通过分析图像像素的颜色、亮度等信息进行图像分割，光照不均匀、噪声干扰、阴影都会影响到图像的分割效果。

农田图像分割的主要目标是将作物区域从土壤背景中提取出来，常用的图像分割方法有边缘检测、阈值分割和聚类分割等。

3.3.1　边缘检测

图像中的边缘大多具有局部像素灰度值不连续的特点，边缘检测的实质是对图像灰度值进行分析，搜索图像中灰度值变化剧烈的区域，利用图像一阶导数的极值或者二阶导数过零点的信息，对边缘进行提取。图像中变化缓慢的区域，相邻像素灰度值变化不大，因而梯度较小；而在图像边缘地带，相邻像素灰度值变化剧烈，梯度较大，所以用一阶导数的极值可以确定边缘位置。同理，二阶导数的符号可以用来判断一个像素是在边缘亮的一边还是暗的一边，过零点的位置就是边缘位置。常用的边缘检测算子有 Roberts 算子、Sobel 算子、Prewitt 算子和 Laplacian-Gauss 算子等。

边缘检测算法仅仅利用了图像中像素灰度值的突变特征，无法对封闭区域内的特征进行判断，对于扰噪声也比较敏感。在农田作物图像中，作物茎叶错落交叠，边缘信息丰富，使用边缘检测分割方法检测到的边缘像素通常是孤立的或者只有一小段连续，无法形成闭合的边缘。另外，边缘检测容易受到杂草噪声干扰，检测效果不理想。

3.3.2　阈值分割

根据图像中像素灰度级的不同，可以将图像分为目标区域和背景区域两部分。阈值分割的过程就是通过比较阈值和图像像素的灰度值，将像素分为两类，并得到二值图像，其基本原理如式(3-5)所示。设原始图像灰度值为 $f(x,y)$，二值化图像灰度值为 $g(x,y)$，设定分割阈值为 T，对图像中像素点进行遍历，灰度值大于 T 的点归为目标区域，灰度值小于 T 的点归为背景区域，从而将一幅灰度图像转换为二值图像。

$$g(x,y)=\begin{cases}0 & f(x,y)<T\\1 & f(x,y)\geqslant T\end{cases}\tag{3-5}$$

图像阈值分割算法具有原理简单、分割效果好等特点，能用封闭且连通的边界定义不交叠的区域。阈值分割效果的好坏关键在于确定一个最优阈值，如果阈值选择过高，则有些目标区域将被误分至背景区；如果阈值选择过低，则有些背景区将被误分至目标区。阈值分割方法较多，常用的有固定阈值分割和最大类间方差分割两种。

3.3.2.1　固定阈值分割

固定阈值分割方法中的阈值选取，大多依赖于图像灰度图的直方图。当直方图呈现出两个波峰的时候，选择其中间波谷的位置作为阈值，即可将图像中目标物与背景进行分割。例如图 3-8(a)为小麦田的原始图像，图 3-8(b)为其灰度图像，由直方图[图 3-8(c)]可以看出，峰谷位置像素灰度值约为 30，将分割阈值 T 设为 30 对灰度图像进行分割，得到小麦田二值图像，如图 3-8(d)所示(参见二维码 3-6)。

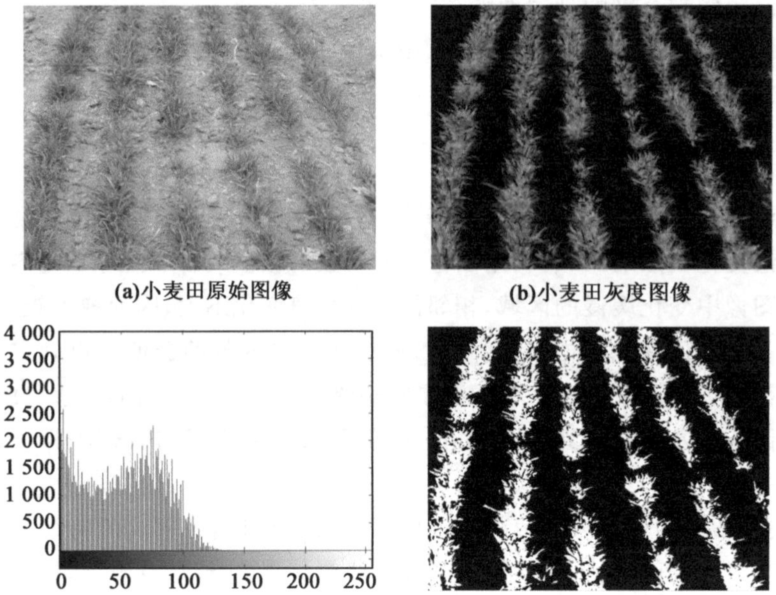

(a)小麦田原始图像 (b)小麦田灰度图像

(c)小麦田图像灰度直方图 (d)小麦田二值图像

图 3-8 基于固定阈值的小麦田图像分割

二维码 3-6

但是在较多情况下，作物图像灰度直方图并不会呈现出理想的波峰，如图 3-9 所示(参见二维码 3-7)，直方图中并没有出现明显的波峰、波谷。这种情况下，只能根据经验或通过不断尝试来寻找阈值。本例中选取阈值为 105，从图像分割结果看，虽然作物和背景被区分开来，但是作物行也发生了明显的缺失。

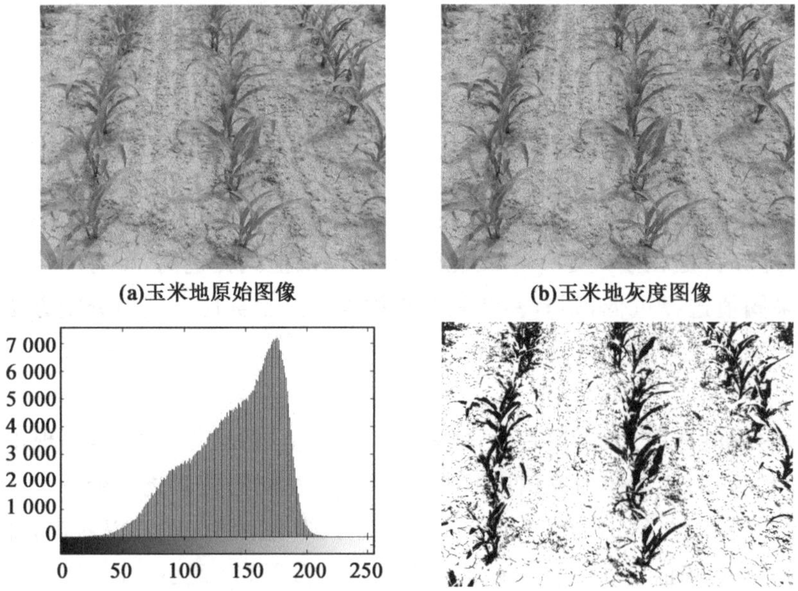

(a)玉米地原始图像 (b)玉米地灰度图像

(c)玉米地图像灰度直方图 (d)玉米地二值图像

图 3-9 基于固定阈值的玉米地图像分割

二维码 3-7

3.3.2.2 最大类间方差分割

最大类间方差分割法也称为 Otsu 法，是日本学者大津展之提出的，是一种使类间方差最大的自适应阈值分割方法。其基本思想是按照图像灰度特性，将待分割图像分为背景类和目标类两部分，利用方差来衡量目标和背景之间的差别，使目标类和背景类的类间方差最大的灰度级即认为是最佳阈值。

设图像大小为 $M \times N$，灰度范围为 $[0, L-1]$，灰度值为 i 的像素个数为 n_i，则灰度值为 i 的概率为

$$p_i = \frac{n_i}{M \times N} \tag{3-6}$$

将图像中的像素按照灰度值用阈值 T 分成两类 C_0 和 C_1，C_0 对应灰度值在 $[0, T-1]$ 之间的像素，C_1 对应灰度值在 $[T, L-1]$ 之间的像素。设 w_0 为某像素属于 C_0 的概率，w_1 为某像素属于 C_1 的概率，则 w_0、w_1 分别为

$$w_0 = \sum_{i=0}^{T-1} p_i \tag{3-7}$$

$$w_1 = \sum_{i=T}^{L-1} p_i = 1 - w_0 \tag{3-8}$$

设 u_0 为 C_0 中各像素灰度值的均值，u_1 为 C_1 中各像素灰度值的均值，则 u_0 和 u_1 的表达式为

$$u_0 = \sum_{i=0}^{T-1} i p_i / w_0 \tag{3-9}$$

$$u_1 = \sum_{i=T}^{L-1} i p_i / w_1 \tag{3-10}$$

整个图像的灰度均值 u 为

$$u = w_0 u_0 + w_1 u_1 \tag{3-11}$$

C_0 与 C_1 之间的灰度值方差为

$$\sigma = w_0 (u_0 - u)^2 + w_1 (u_1 - u)^2 = w_0 w_1 (u_0 - u_1)^2 \tag{3-12}$$

令 T 在 $[0, L-1]$ 范围内以步长 1 依次递增取值，当 σ 最大时对应的 T 即为最佳阈值。图 3-10 为基于此法得到的玉米地图像分割效果图，经计算得到的分割阈值为 45。可以看出，作物与背景很好地被区分开，作物行缺失相对较少。

(a)玉米地灰度图像

(b)玉米地二值图像

图 3-10 基于最大类间方差分割法的玉米地图像分割

3.3.3 聚类分割

聚类分析是以相似性为依据，按照一定的规则对事物进行区分和分类，使得同一类的事物具有相同或者相似的属性，而不同类的事物属性差别较大。基于聚类分析的图像分割方法是一种非常重要且应用广泛的方法。聚类分割不需要先验知识，属于无监督分割方法，这大大提高了分割的自动化程度。常用的聚类分割方法包括 K 均值聚类算法和模糊 C 均值(FCM)聚类算法等。

3.3.3.1 *K* 均值聚类算法

K 均值聚类算法的基本思想是：对于一个给定的数据空间，要将其划分为 K 个类 $C_i(i=1,2,\cdots,K)$，先从数据空间中选择 K 个对象作为初始的 K 个聚类中心；计算数据空间中剩余各个对象到每一个聚类中心的距离，把每个对象划分到距离它最近的聚类中心所在的类，对划分后的新类进行平均值计算，将计算得到的均值作为这个类新的聚类中心。重复上面过程，如果每个类的聚类中心连续两次不再发生变化，则说明该聚类算法已经收敛。

K 均值聚类算法一般用欧氏距离来划分类。对象 $\boldsymbol{x}_i$ 到聚类中心 $\boldsymbol{x}_j$ 的欧氏距离

$$d(\boldsymbol{x}_i,\boldsymbol{x}_j)=\sqrt{\sum_{k=1}^{m}(x_{ik}-x_{jk})^2} \tag{3-13}$$

式中 m 为数据空间的维度。

聚类完成后使用误差平方和准则函数来评价聚类性能，其定义如下：

$$E=\sum_{i=1}^{K}\sum_{x\in C_i}\|\boldsymbol{x}-\boldsymbol{\mu}_i\|^2 \tag{3-14}$$

其中

$$\boldsymbol{\mu}_i=\frac{1}{|C_i|}\sum_{x\in C_i}\boldsymbol{x}$$

式中：E 为数据空间中所有对象与相应聚类中心之差的平方和，$\boldsymbol{x}$ 为数据空间中的一个对象，$\boldsymbol{\mu}_i$ 为第 i 个类的均值，$|C_i|$为第 i 个类中的数据数。K 均值聚类过程如图 3-11 所示(参见二维码 3-8)。

图 3-12 为采用 K 均值聚类算法对玉米地图像进行分割的效果图(参见二维码 3-9)。从图 3-12(c)中可以看出，当 $K=2$ 时分割效果比较好，图像划分为土壤背景类和作物类；当 $K=3$ 时图像划分为 3 个类，分割效果变差，作物边缘信息被提取出来，无法形成完整的作物类，对后续图像处理影响较大。用于机器视觉导航，当采用 K 均值法进行农田作物图像分割时，$K=2$ 分割效果最佳。

3.3.3.2 模糊 *C* 均值聚类算法

模糊 C 均值聚类算法(FCM 算法)最早由 Ruspini 和 Bezdek 于 1981 年提出，经过多年发展，已经在较多领域广泛应用。FCM 用于图像分割时，根据图像像素与聚类中心的加权相似测度，通过迭代使目标函数最小，获取最佳聚类。

设聚类类别数为 C，$\boldsymbol{X}=\{\boldsymbol{x}_1,\boldsymbol{x}_2,\cdots,\boldsymbol{x}_n\}\in\mathbf{R}^p$ 表示图像中 n 个像素样本，每个样本取 p 个特征，$\boldsymbol{x}_j=(x_{1_j},x_{2_j},\cdots,x_{p_j})^{\mathrm{T}}$。图像的分割转化为将这 n 个样本分成 C 类的聚类问题，FCM 目标函数和约束条件分别为

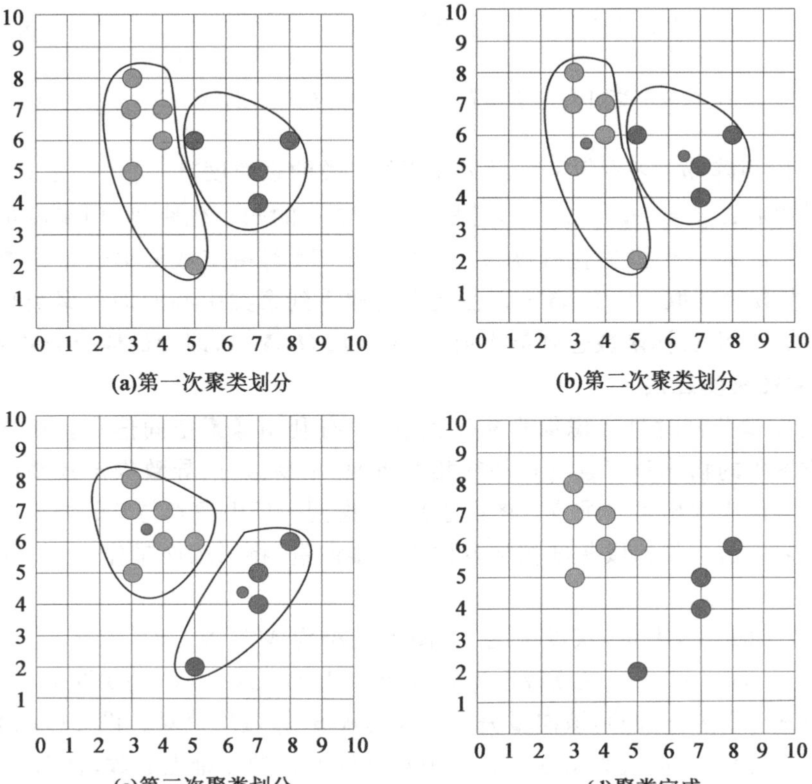

(a)第一次聚类划分　(b)第二次聚类划分

(c)第三次聚类划分　(d)聚类完成

图 3-11　*K* 均值聚类算法示意图

二维码 3-8

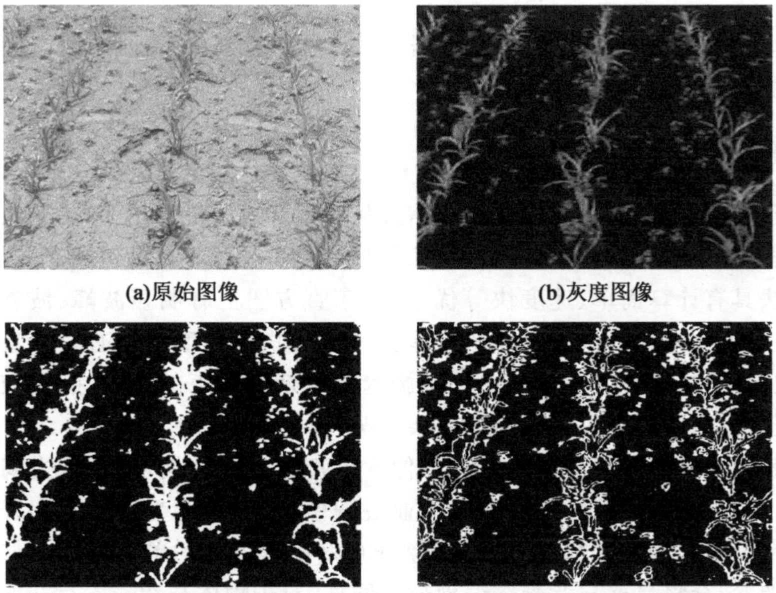

(a)原始图像　(b)灰度图像

(c)*K*=2时的分割效果　(d)*K*=3时的分割效果

图 3-12　基于 *K* 均值聚类算法的玉米地图像分割效果

二维码 3-9

$$J_m(\boldsymbol{U},\boldsymbol{V})=\sum_{i=1}^{C}\sum_{j=1}^{n}u_{ij}^{m}d_{ij}^{2} \tag{3-15}$$

$$\sum_{i=1}^{C}u_{ij}=1 \qquad 0\leqslant u_{ij}\leqslant 1 \qquad j=1,2,\cdots,n;\quad i=1,2,\cdots,C \tag{3-16}$$

式中：$\boldsymbol{U}=[u_{ij}]$，是 $C\times n$ 阶矩阵，u_{ij} 表示第 j 个元素属于第 i 类的隶属度；$\boldsymbol{V}=[\boldsymbol{v}_i]$，是 $C\times p$ 阶矩阵，$\boldsymbol{v}_i$ 表示第 i 个类中心；$d_{ij}=\|\boldsymbol{x}_j-\boldsymbol{v}_i\|^2$，是样本 $\boldsymbol{x}_j$ 与 $\boldsymbol{v}_i$ 的归一化距离，用来度量数据点和聚类中心的相似性；m 是一个模糊化程度参数。应用 FCM 对给定数据集进行聚类分析时，涉及 C 和 m 两个参数的选取。$J_m(\boldsymbol{U},\boldsymbol{V})$ 为各类中的样本到聚类中心的加权聚类平方和。通过迭代算法使式(3-15)中目标函数达到最小值即 $\min\{J_m(\boldsymbol{U},\boldsymbol{V})\}$，即为最佳分类效果。

3.3.3.3 二维直方图 FCM 聚类算法

传统 FCM 算法进行图像分割时只考虑像素灰度信息，没有利用像素空间信息。在含有噪声的图像中，一维直方图中的物体和背景分布往往相互重叠，不易区分，导致噪声较高的图像分割效果不佳。为此，刘健庄提出了二维直方图的思想，考虑到图像中像素与其邻域像素具有较强的相关性，将图像灰度信息与邻域灰度相结合构成二维向量，将二维向量作为 FCM 样本点进行图像分割。

将原图像用二元函数 $f(x,y)$ 表示，灰度级为 L，图像大小为 $M\times N$。对 $f(x,y)$ 利用 3×3 点阵得到平滑图像 $g(x,y)$，$g(x,y)$ 灰度级也为 L，大小也为 $M\times N$。$f(x,y)$ 和 $g(x,y)$ 构成一个二维向量 $\boldsymbol{T}(f(x,y),g(x,y))$，该向量表示相应的灰度-邻域均值对。设 $\boldsymbol{T}(s,u)$ 出现频率为 P_{su}，它表示 $f(x,y)$ 中灰度值为 s、$g(x,y)$ 中灰度值为 u 的二维点的数，且满足

$$\sum_{s=0}^{L-1}\sum_{u=0}^{L-1}P_{su}=M\times N \tag{3-17}$$

$$0\leqslant P_{su}\leqslant M\times N \tag{3-18}$$

$\{P_{su}\}$ 代表的是二维直方图，直方图共有 $M\times N$ 个数据点。二维直方图有效地利用空间信息，提高了图像分割抗噪声能力。

3.3.4 几种图像分割方法分析比较

在农田图像分割处理中，利用分割算法将农作物信息从农田背景中提取出来，为后续图像处理做准备。结合上面图像分析处理的结果，对上述几种分割算法进行简单的对比和分析：

①固定阈值分割方法具有计算简单、速度快等优点，对于直方图上有明显波峰、波谷的图像有较好的分割效果，但对于物体与背景无明显灰度差异或者各物体灰度范围有较大重叠的情况，分割效果不佳。农田作物图像纹理复杂，受到阴影遮挡或杂草噪声的影响，图像灰度级变化较大，使用固定阈值很难适应各种农田实际的复杂情况，分割效果不理想。

②最大类间方差法和固定阈值法的相似之处在于像素点都被分成两类，但最大类间方差法在阈值选取上更科学。但是在农田机器视觉导航作业过程中，农田图像受光照变化以及阴影噪声等影响造成背景灰度变化较大，此时对整幅图像分割将没有合适的单一阈值。如果仍采用单一阈值处理每个像素，会将目标与背景错误划分。同样，对于物体与背景不存在明显灰度差异或者各物体灰度范围有较大重叠的图像，这种方法也难以取得比较好的分割效果。

③K 均值聚类算法可以实现动态聚类，K 值不同将产生不同的分割效果。该方法的不足

在于对噪声异常敏感。农田作物图像经常会存在杂草噪声，这些噪声将影响分割效果。

④FCM 算法将模糊概念引入到图像像素的聚类，能够比 K 均值算法保留更多的原始图像信息。但传统的 FCM 算法仅利用像素灰度进行聚类，没有考虑图像像素点的空间邻域位置信息，使得 FCM 算法对噪声比较敏感。基于二维直方图的 FCM 聚类算法，将像素灰度与像素邻域信息组成二维向量作为 FCM 样本点，提高了图像分割准确度和抗噪声干扰能力，对于农田复杂环境下的图像分割具有较好的适应性。

3.4　图像形态学去噪与特征点检测

分割后的二值图像中，作物信息与土壤背景能够明显地分离开来，但是图像中也存在着孔洞和杂草噪声，这些噪声不同程度地影响着后续图像处理结果。为减少二值图像中的杂草和孔洞造成的干扰，一些学者采用形态学方法进行滤波处理。二值图像形态学运算是图像形态学运算的基础，是一种针对图像集合的处理过程。二值图像形态学运算的过程就是在图像中移动结构元素，将结构元素与其下面重叠的图像进行交、并等集合运算。图像形态学处理方法有膨胀、腐蚀、开启、闭合等，其中膨胀和腐蚀算法是滤除图像噪声经常使用的方法。

3.4.1　膨胀

膨胀的作用是对二值图像中目标区域边界点进行扩充，将与目标接触的所有背景点合并到该目标区域中，使边界向外部扩张，填补目标区域中的孔洞。假设 I 为一幅待处理的二值图像，S 为结构元素，则 I 被 S 膨胀定义为

$$I \oplus S = \{z \mid (\hat{S})_z \cap I \neq \varnothing\} \tag{3-19}$$

式中：$\hat{S}$为 S 的反射，$(\hat{S})_z$ 为将 S 的反射平移 z 个单位。图像 I 被结构元素 S 膨胀，即将 $\hat{S}$ 平移 z 个单位后，判断其与二值图像 I 的交集。若交集不为空，则记录这个点，所有满足上述要求的点的集合就是 I 被 S 膨胀的输出结果。

结合图 3-13(a)所示农田二值图像，待处理的图像 I 中作物行为目标区域，也就是白色像素集，对图像 I 膨胀的具体方法是：

①选定结构元素 S，并确定其原点。根据农田作物图像的特点，一般在作物行的方向上需要进行膨胀处理，以便填充目标区域中的孔洞，因此，选择 n 像素×1 像素的结构元素对图像进行处理。在结构元素原点的选择上，原则上任意像素都可作为其原点，但是一般选择结构元素的中心像素作为原点。

②求取结构元素 S 的反射，并在图像上进行平移，判断输出结果。设目标像素为白色像素，由于选择的结构元素为 n 像素×1 像素，关于原点对称，因此 $\hat{S}=S$，将此结构元素在二值图像 I 上沿像素点平移 z 个单位，如果在 S 范围内图像 I 中有 1 个像素点为白色像素，则此时 S 的原点对应的图像 I 上的像素点为白色像素，反之，若 S 范围内图像 I 中没有白色像素，则此时 S 的原点对应的图像 I 上的像素点为黑色像素。

③统计图像 I 中所有白色像素的集合，即为输出结果。

图 3-13(b)、(c)为对农田二值图像进行膨胀处理的结果，选取的结构元素 S 分别为 3 像

素×1 像素和 5 像素×1 像素。从图像中可以看出，随着结构元素维数的增大，作物行的填充效果增强，但是同时也增加了非作物区域孤立噪声的影响。

(a)小麦田二值图像　(b)3像素×1像素膨胀图像　(c)5像素×1像素膨胀图像

图 3-13　小麦田图像膨胀处理结果

3.4.2　腐蚀

腐蚀的作用是消除目标边界点，使目标边界向内部收缩，把像素小于结构元素的点去除。假设 I 为一幅待处理的二值图像，S 为结构元素，则 I 被 S 腐蚀定义为

$$I \Theta S = \{z \mid (S)_z \subseteq I\} \tag{3-20}$$

图像 I 被结构元素 S 腐蚀，即将 S 平移 z 个单位后，判断结构元素是否包含在二值图像中，若包含则记录这个点，所有满足上述要求的点的集合就是 I 被 S 腐蚀的输出结果。

以图 3-14(a)所示农田二值图像为例，待处理的图像 I 中作物行为目标区域，也就是白色像素集，对图像 I 进行腐蚀的具体方法是：

①选定结构元素 S，并确定其原点。根据农田作物图像的特点，一般在与作物行垂直的方向上需要进行腐蚀处理，以便去除一些噪声点的干扰，因此，选择 1 像素×n 像素的结构元素对图像进行处理，结构元素的原点依然选择其中心像素。

②将结构元素在二值图像上进行平移，判断输出结果。目标像素为白色像素，将此结构元素在二值图像 I 上沿像素点平移 z 个单位，如果在平移后结构元素 S 完全包含在 I 中，也就是 S 对应的图像 I 中的像素都为白色像素，此时 S 的原点对应的图像 I 上的像素点为白色像素，反之，若 S 不包含在图像 I 中，则此时 S 的原点对应的图像 I 上的像素点为黑色像素。

③统计图像 I 中所有白色像素的集合，即得到输出结果。

图 3-14(b)、(c)为对农田二值图像进行腐蚀处理的结果，选取的结构元素 S 分别为 1 像素×3 像素和 1 像素×5 像素。从图像中可以看出，随着结构元素 S 的维数增大，对一些孤立噪声点的抑制能力增强，杂草噪声在一定程度上变小，但无法完全消除。

利用腐蚀的方法进行杂草噪声滤除存在以下两点不足：

①杂草密度较低时，对于点状分散的杂草，采用腐蚀方法可以滤除杂草噪声；杂草密度较高时，对于团状大片杂草，腐蚀方法很难完全滤除杂草噪声。

②腐蚀算法中结构元素维数一般通过实验确定，在农田作物的不同生长阶段和不同杂草密度条件下，所需要的结构元素最佳维数都不相同，导致结构元素维数需要根据实际情况进行调整，这就大大降低了腐蚀算法对不同农田图像的适应能力。

(a)小麦田二值图像　(b)1像素×3像素腐蚀图像　(c)1像素×5像素腐蚀图像

图 3-14　小麦田图像腐蚀处理结果

3.4.3　膨胀与腐蚀相结合

从上面的分析可以看出，使用膨胀算法时，可以较好地填充目标区域的孔洞，但是增加了非目标区域孤立噪声点的影响，而使用腐蚀算法时，非目标区域的孤立噪声得到了很好的抑制，但是增加了目标区域内的孔洞。单独使用两种算法均不能达到满意的效果，因此考虑将两种算法结合起来对图像进行处理。

开启运算是先对二值图像进行腐蚀运算，再进行膨胀运算，这样可以使对象的轮廓变得光滑，消除细小的突出物。闭合运算是先对图像进行膨胀运算，再进行腐蚀运算，同样可以使对象轮廓更光滑，而且同时可以消除小的孔洞，填补轮廓线中的断裂。从算法的原理上看，闭合运算更适合农田图像的噪声处理。对小麦田二值图像分别选择了 5 像素×1 像素和 1 像素×5 像素结构元素、3 像素×1 像素和 1 像素×3 像素结构元素进行开启和闭合运算，处理结果如图 3-15 所示。

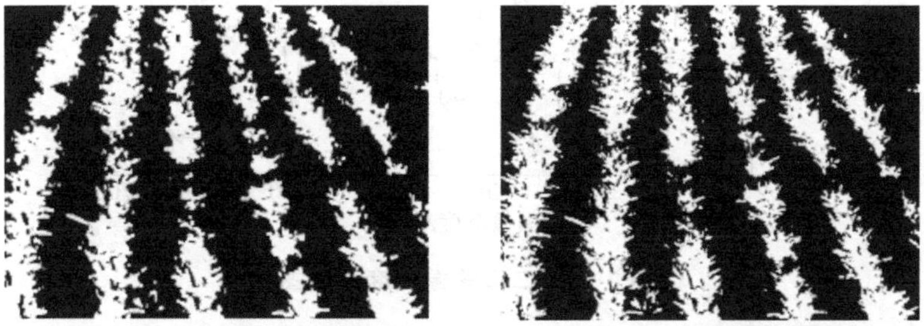

(a)5×1和1×5开启运算结果　(b)3×1和1×3开启运算结果

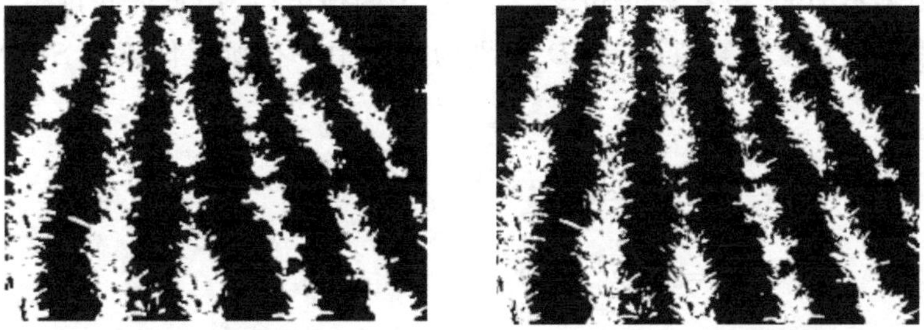

(c)5×1和1×5闭合运算结果　(d)3×1和1×3闭合运算结果

图 3-15　小麦田图像开启和闭合运算处理结果(单位:像素)

从图中可以看出，闭合运算不仅可以填补目标区域中的孔洞，而且可以减少垄间噪声的影响，而开启运算在填补目标区域孔洞的效果上不如闭合算法。通过对两种结构元素处理结果的比较可以看出，使用5像素×1像素结构元素进行膨胀和使用1像素×5像素结构元素进行腐蚀的算法，更适合农田作物图像处理。

3.4.4 特征点检测

农田图像的二值图像是由很多白色像素团块组成的，如果直接对此图像进行直线提取，势必增加计算量，延长图像处理时间。为了降低直线提取的复杂度，需要对作物行区域进行细化，提取出代表作物行区域的一系列候选点，以这些点表征作物行的走向和位置。一般选择作物行的中心位置作为候选点。

图3-16为一幅二值图像的灰度投影图，该图中存在几个波峰，这些波峰的位置就是近似的农作物行中心位置。由于扫描是在整幅图像中进行的，而农田图像中作物并不是与像素坐标轴平行的，所以处理结果存在误差。考虑上述因素，可采用基于移动窗口的垂直投影法进行特征点的提取。该算法的基本原理是，首先设定一个 h 像素×1像素的移动窗口，将此窗口在图像中按列移动，计算窗口内的灰度投影值。扫描一行结束后，设定一个阈值，根据此阈值判断作物行的大致区域，然后确定作物行的中心点。接下来将窗口移动一行继续扫描，直到距离图像底部为 h 像素时结束。

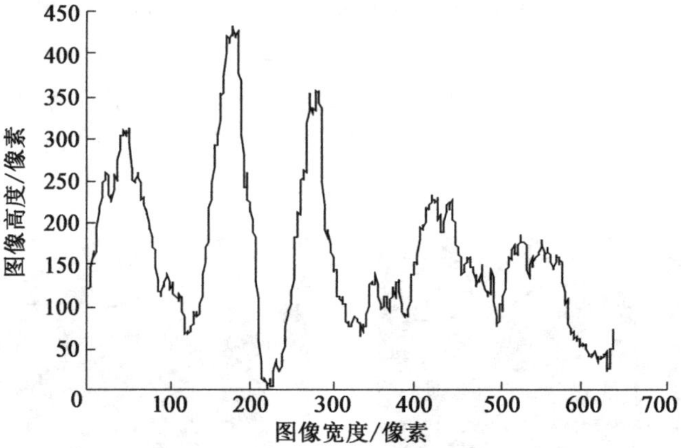

图3-16 二值图像灰度投影图

假设图像的大小为 M 像素×N 像素，$f(i,j)$ 为图像上 (i,j) 点的灰度值，$S(j)$ 为窗口内第 j 列所有像素点的灰度投影值，A 和 D 分别为图像中一行所有像素点 $S(j)$ 的平均值和标准差，则有

$$S(j)=\sum_{i=1}^{h}f(i,j) \qquad j=1,2,\cdots,M \tag{3-21}$$

$$A=\frac{1}{M}\sum_{i=1}^{M}S(j) \tag{3-22}$$

$$D=\sqrt{\frac{1}{M}\sum_{j=1}^{M}[A-S(j)]^2} \tag{3-23}$$

提取候选点的主要步骤包括：

①选定一个 h 像素×1 像素的窗口，从图像的顶部开始移动窗口。h 值的设定，不但要尽量减少作物行信息丢失，而且要不增加图像处理时间。这里设定的窗口大小为 20 像素×1 像素。

②计算窗口内的灰度投影值 $S(j)$。本例处理的是农田二值图像，以白色像素为目标像素，计算灰度投影值即为计算目标像素数。图 3-17 为图像顶部提取的 20 像素的投影图像。

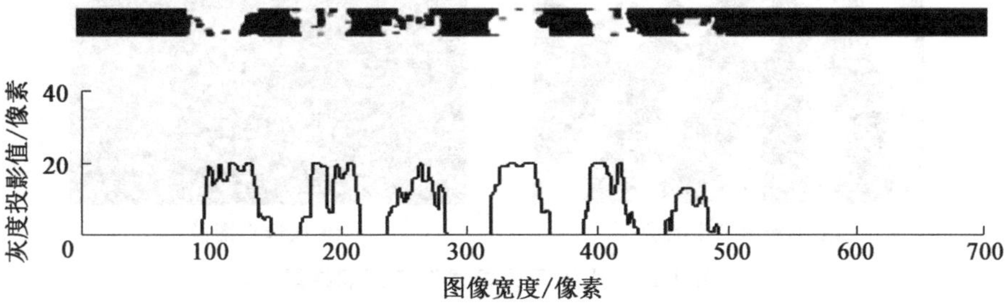

图 3-17　窗口内灰度投影图像

③将窗口沿列向右移动 1 像素，重新计算 $S(j)$，在完成一行的移动后，得到 $S(1)$，$S(2)$，…，$S(M)$，计算 $S(j)$ 的平均值 A 和标准差 D。

④设定一条阈值线 $S=A+D$，该线以上的部分即为目标区域。方法是判断 S 与 $S(j)$ 的大小，若 $S(j)\geqslant S$，则将 $S(j)$ 设定为 20；若 $S(j)<S$，则将 $S(j)$ 设定为 0。图 3-18 为经过阈值处理后的图像，图中的直线即为阈值线。最后一行作物由于存在的目标像素较少，因此容易被忽视，但是这只代表一行作物的信息，在后面的扫描中，仍然可以将这部分作物行信息补全。

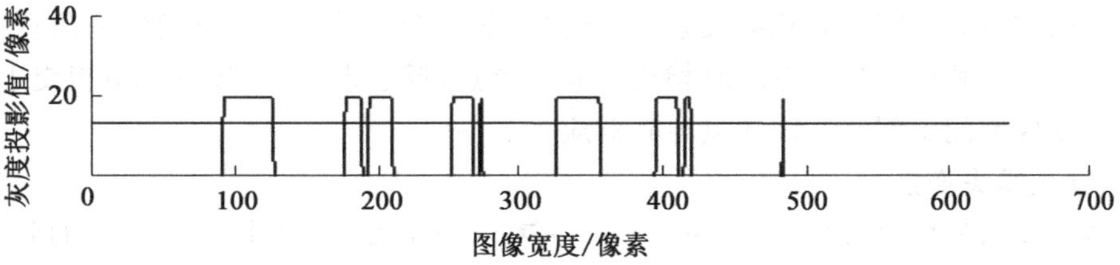

图 3-18　阈值处理后的灰度投影图像

⑤判断作物行的左右边缘点。由于此时图像每一列的像素分布只有“0”和“20”两个值，因此可以通过计算前后两列的像素差值，判断作物行的边缘点。判断方法是：计算 $S(j+1)-S(j)$ 的值，若 $S(j+1)-S(j)>0$，则设定 $j+1$ 为上升沿，也就是作物行的左边缘；若 $S(j+1)-S(j)<0$，则设定 j 为下降沿，也就是作物行的右边缘；若 $S(j+1)-S(j)=0$，则该点不是边缘点。

⑥计算作物行的中心位置。设定作物行距离阈值，当扫描出的左右边缘的差值大于给定的阈值时，判断此区域为作物行区域，通过计算左右边缘的中点，得到作物行的中心位置像素。

⑦将窗口沿行向下移动 1 像素，回到步骤②，直到距离图像底部为 20 像素为止。在窗口移动的过程中，采用逐行移动的方式，这种方式需要的时间长，但是对噪声的抑制能力较强。

如果在噪声不严重的农田环境中使用，可以适当调整窗口的移动距离，例如使窗口每次向下移动 5 像素或者 10 像素，但此时提取出的候选点的数目将减少，又可能造成信息丢失。为了保证信息的有效性，可采用逐行扫描的方式对二值图像进行候选点的提取。图 3-19 为小麦田图像的候选点提取结果。

(a)小麦田二值图像

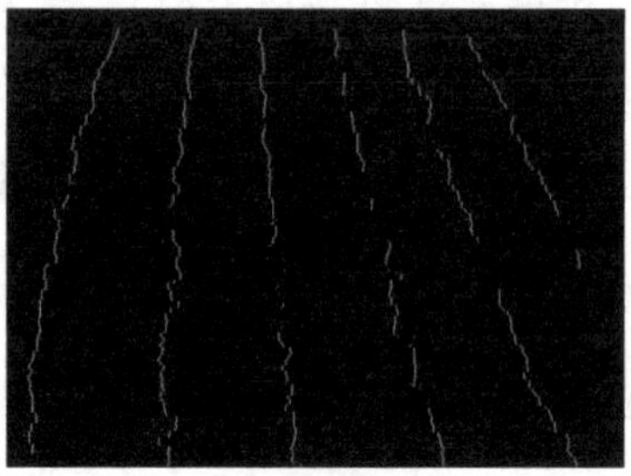

(b)候选点图像

图 3-19 小麦田图像候选点提取结果

3.5 作物行检测及导航线提取

基于机器视觉的农用车辆自动导航系统中，通过对作物行进行直线检测，可进一步提取导航基准线。目前最常用的直线检测算法有霍夫(Hough)变换、最小二乘法等。

3.5.1 霍夫变换

霍夫变换是 Paul Hough 在 1962 年提出的一种经典的直线检测方法，具有鲁棒性好、对噪声不敏感等优点，在较多工程领域具有广泛的应用。霍夫变换的基本原理是点线对偶关系，即将图像空间与参数空间建立映射关系，图像空间的一个点对应参数空间的一条直线，图像空间中所有共线的点映射到参数空间时相交于同一个点；反过来，在参数空间中相交于同一点的所有直线在图像空间中都有共线的点与其对应。

3.5.1.1 常规霍夫变换

在图像空间 XY 中，可以用方程 $y=px+q$ 表示一条直线，其中 p 为直线的斜率，q 为直线的截距。设直线经过(x_i,y_i)和(x_j,y_j)两个点，如图 3-20(a)所示。该直线的方程可以写成 $y_i=px_i+q$。将该方程变换为 $q=-px_i+y_i$，后者表示在参数空间(PQ 平面)内的一条直线。同样(x_j,y_j)在参数空间中也存在一条直线与之对应。设点(x_i,y_i)与(x_j,y_j)在参数空间内映射的两条直线交于点(p',q')，如图 3-20(b)所示。实际上，图像空间中由(x_i,y_i)和(x_j,y_j)确定的直线上的每一个点都对应参数空间 PQ 中的一条直线，这些直线相交于点(p',q')，其中 p',q'分别表示参数空间中直线的斜率和截距。霍夫变换根据点线对偶关系把图像空间中直线的检测问题转换到参数空间里，通过在参数空间里进行简单的累加统计完成检测任务。

方程 $y=px+q$ 是直线的截距式表达式，图像空间中利用该方式表达的直线映射到参数空间后会存在一个问题，当直线 $y=px+q$ 的斜率接近无限大，也就是与 Y 轴近似平行时，p 和 q 的值都趋近于无穷大，该直线映射到参数空间上的直线将难以表达，所以需要将图像空间

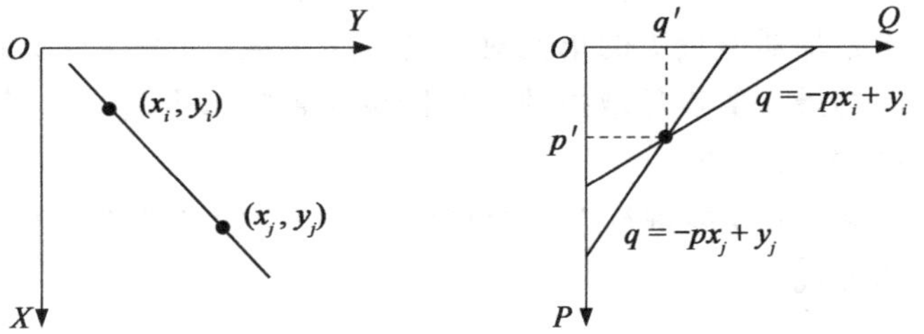

(a)图像空间　　(b)参数空间

图 3-20　图像空间和参数空间中点和线的对偶关系

内的直线变换为极坐标形式：

$$\rho = x\cos\theta + y\sin\theta \tag{3-24}$$

式中：ρ 为直线到坐标系原点的距离，θ 为直线法线与 X 轴的夹角，如图 3-21 所示。

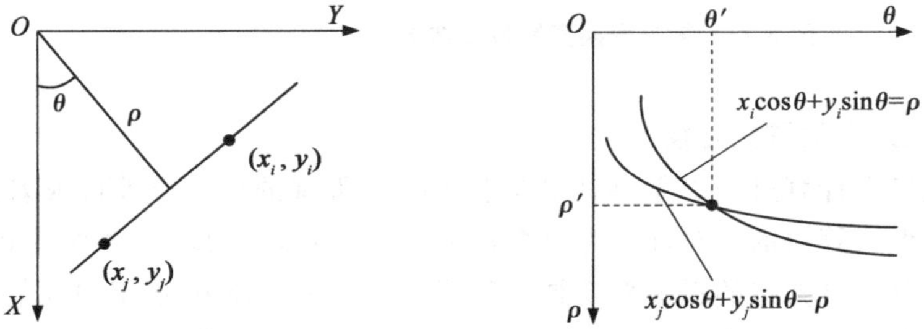

(a)极坐标空间示意图　　(b)ρ-θ参数空间示意图

图 3-21　直线极坐标空间与参数空间示意图

霍夫变换将(ρ,θ)空间划分为若干个方格作为累加器单元，这些累加器单元构成数组 $A(\rho,\theta)$，其中$[\rho_{min},\rho_{max}]$和$[\theta_{min},\theta_{max}]$表示参数的取值范围，如图 3-22 所示。首先将数组 A 中的元素初始化为 0，然后对参数空间中$[\theta_{min},\theta_{max}]$范围所有可能的 θ 进行取值，根据式(3-24)计算出所有的 ρ 值。将 ρ 和 θ 的值取整后对 A 累加：$A(\rho,\theta)=A(\rho,\theta)+1$。累加结束后，根据 $A(\rho,\theta)$的值就可知道有多少点是共线的，即 $A(\rho,\theta)$的值就是在 $A(\rho,\theta)$处共线的点的个数。

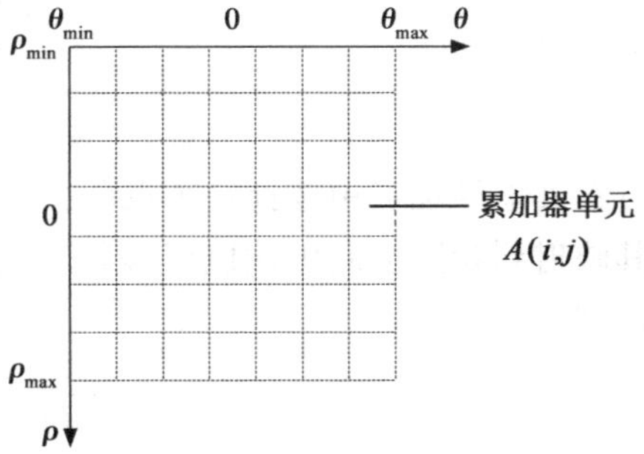

图 3-22　累加器单元示意图

以上是常规霍夫变换的基本原理，根据此原理用霍夫变换检测直线的步骤可归纳如下：

①将参数空间按照可接受的精度范围细分为 $M\times N$ 个单元，为每个单元分配一个累加器 $A(i,j)$，并将其初始化为“0”。

②对图像空间中的每一个目标点(x_i,y_i)，令 θ 等于参数空间中 θ 轴上允许细分的最小值，并通过 $\rho=x\cos+y\sin\theta$ 计算出相应的 ρ 值，然后对该值进行四舍五入，找到最接近的 ρ 轴上的允许单元，并将该累加器的值加“1”。

③图像空间中所有目标点都映射到参数空间之后，检测每个累加器的值。若图像平面中只有一条直线，则取出累加器值最大的单元对应的 ρ、θ 参数，即得到直线方程。若图像平面中有多条直线，则将相应的最大值点邻域内的累加器单元置“0”，重新寻找累加器的最大值，直到满足图像中直线检测的要求为止。

图 3-23 显示了使用霍夫变换进行直线检测的结果（参见二维码 3-10）。图中共有 6 条直线，检测结果为其中的虚线。

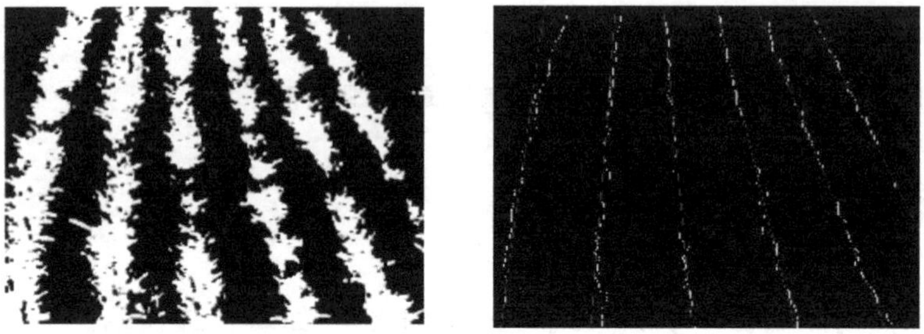

(a)小麦田二值图像　　(b)霍夫变换检测直线

图 3-23　霍夫变换直线检测结果

二维码 3-10

3.5.1.2　基于已知点的霍夫变换

传统霍夫变换在计算过程中需要对图像坐标系中所有的(x,y)进行映射计算，导致计算量大，耗时长，降低了算法的实时性。为提高霍夫变换的检测速度，一些学者提出了基于已知点的霍夫变换。基于已知点的霍夫变换是一种简化的霍夫变换方法，其基本思想是，首先在图像空间中表征一条直线的若干点中选择一个点作为已知点，将其坐标定义为(x_0,y_0)。在农田作物图像中，这个已知点是作物行特征点中的一个点，通常情况下选择作物行所有特征点的几何中心点作为已知点，计算公式如下：

$$x_0=\frac{\sum_{i=1}^{n}x_i}{n},\quad y_0=\frac{\sum_{i=1}^{n}y_i}{n} \tag{3-25}$$

然后在其他候选点中选择一个点(x_i,y_i)，通过(x_i,y_i)和(x_0,y_0)两个点可以确定一条直线，将其映射到参数空间中，过点(x_0,y_0)的曲线和过点(x_i,y_i)的曲线必相交于一点(ρ_0,θ_0)，因此得到

$$\begin{cases}\rho_0=x_0\cos\theta_0+y_0\sin\theta_0\\ \rho_0=x_i\cos\theta_0+y_i\sin\theta_0\end{cases} \tag{3-26}$$

求解式(3-26)就可以得到对应的参数 ρ_0、θ_0，并按照传统霍夫变换的方法将相应的累加器加“1”，然后在候选点中重新寻找一个点进行上述运算，得到相应的 ρ、θ 参数，直到所有候选点计算完毕，寻找出累加器的最大值也就找到了相应的 ρ 和 θ，即可确定出一条直线。

根据以上原理，使用基于已知点的霍夫变换法进行直线检测的主要步骤为：

①当图像中存在多条直线时，首先要对候选点进行分类，分类的方法是首先根据农田图像的特点初始化 n 个矩阵，分别存放各直线类中的候选点，并根据农作物的行距确定距离阈值；然后从图像顶端开始扫描图像，遇到第一个候选点时就将其存放在第一个矩阵中，然后继续扫

描，遇到下一个候选点时计算该点与上一点之间的距离，判断其与距离阈值的倍数关系，并存入相应的矩阵中。扫描一行结束后，向下移动一个像素重复上述工作，直到整幅图像扫描完毕。

②根据式(3-25)确定图像空间中每一个候选点类的已知点，并将参数空间细分为$M\times N$个单元，为每个单元分配一个累加器$A(i,j)$，并将其初始化为“0”。

③取出图像空间中相应直线类的一个候选点，用式(3-26)计算相应的ρ、θ参数，首先令θ等于参数空间中θ轴允许细分的最小值，然后对ρ进行四舍五入，找到最接近的ρ轴上的允许单元，并将该累加器的值加“1”。

④重新取出图像空间中相应直线类的一个候选点，重复步骤③，直到图像空间中所有相应类的目标点都计算完毕。检测每个累加器的值，取出累加器值最大的单元对应的ρ、θ参数，即得到该直线方程。若存在多条直线，则重复步骤②至④，直到所有直线类检测完毕为止。

图3-24为使用基于已知点的霍夫变换方法检测直线的结果(参见二维码3-11)。与传统霍夫变换相比，由于选择了一个已知点，大大减少了图像空间到参数空间映射的计算量，改变了霍夫变换一对多的映射关系，缩短了图像处理时间。

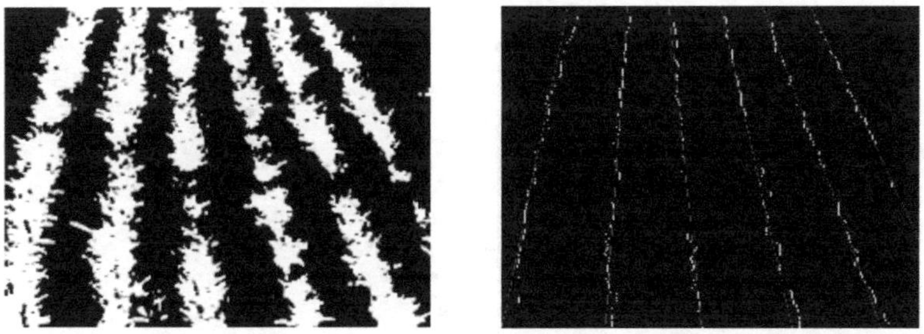

(a)小麦田二值图像　(b)基于已知点的霍夫变换检测直线

图3-24　基于已知点的霍夫变换直线检测结果

二维码3-11

3.5.2　最小二乘法

最小二乘法的原理是：已知平面上给定的n个点(x_1,y_1)，(x_2,y_2)，…，(x_n,y_n)，设待拟合的直线方程为$y=\beta_0+\beta_1 x$。利用式(3-27)描述n个点与待拟合直线的距离，使$Q(\beta_0,\beta_1)$最小的直线即为所求直线。

$$Q(\beta_0,\beta_1)=\sum_{i=1}^{n}[y_i-(\beta_0+\beta_1 x_i)]^2 \tag{3-27}$$

β_1和β_0分别表示直线的斜率和截距，计算出β_1和β_0的值也就可以确定直线方程。根据极值定理，用$Q(\beta_0,\beta_1)$对β_1、β_0求偏导，令这两个偏导数为零，可得

$$\begin{cases}\dfrac{\partial Q}{\partial \beta_0}=-2\sum\limits_{i=1}^{n}[y_i-(\beta_0+\beta_1 x_i)]=0\\ \dfrac{\partial Q}{\partial \beta_1}=-2\sum\limits_{i=1}^{n}[y_i-(\beta_0+\beta_1 x_i)]x_i=0\end{cases} \tag{3-28}$$

进一步整理可得

$$\begin{cases} n\beta_0 + (\sum_{i=1}^{n} x_i)\beta_1 = \sum_{i=1}^{n} y_i \\ (\sum_{i=1}^{n} x_i)\beta_0 + (\sum_{i=1}^{n} x_i^2)\beta_1 = \sum_{i=1}^{n} x_i y_i \end{cases} \tag{3-29}$$

求解方程组可得

$$\begin{cases} \beta_1 = \dfrac{n\sum_{i=1}^{n} x_i y_i - \sum_{i=1}^{n} x_i \sum_{i=1}^{n} y_i}{n\sum_{i=1}^{n} x_i^2 - (\sum_{i=1}^{n} x_i)^2} \\ \beta_0 = \dfrac{\sum_{i=1}^{n} y_i}{n} - \dfrac{\sum_{i=1}^{n} x_i}{n}\beta_1 \end{cases} \tag{3-30}$$

至此,根据已知离散点的坐标,可以计算出直线的截距与斜率,进而得到拟合直线,如图3-25所示,该直线到所有已知点的距离平方和最小。

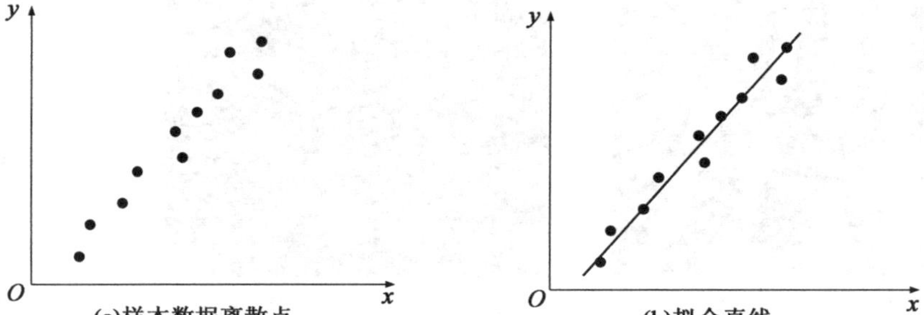

图 3-25 最小二乘法直线拟合示意图

3.5.3 几种检测方法分析比较

前面介绍的几种方法用于作物行提取各有利弊。霍夫变换具有较强的鲁棒性,在农田环境中进行作物行直线检测时对杂草等噪声具有一定的抗干扰能力。霍夫变换方法利用了图像的全局特性,将所有候选点映射到参数空间中,导致计算量大,算法实时性不强;当图像中存在多条直线时,存在峰值难以确定的问题。基于已知点的霍夫变换,在一定程度上降低了内存消耗,提高了运算效率,但若将其应用到导航系统中,算法的实时性仍有待于进一步提高。

利用最小二乘法进行作物行直线拟合,具有较快的检测速度,而且可以处理作物行缺株的情况。但最小二乘法对噪声敏感,难以在农田环境背景复杂、杂草噪声较高的情况下准确提取作物行直线。

本章小结

图像处理是机器视觉导航中的关键技术。本章介绍了从图像预处理到直线检测的主要算法，并分析了其优缺点。在图像预处理部分，介绍了 RGB、HSI 和 YUV 3 种彩色模型，并分析比较了相关的颜色特征；图像分割部分，讨论了边缘检测、阈值分割和聚类分割 3 类方法；作物行检测部分，介绍了常规霍夫变换、基于已知点的霍夫变换及最小二乘法。

参考文献

[1] OTSU N. A threshold selection method from gray-level histograms[J]. IEEE Trans on Systems, Man, and Cybernetics，1979，9(1)：62-66.

[2] GONZALEZ R C，WOODS R E. 数字图像处理：第 2 版[M]. 阮秋琦，阮宇智，等译. 北京：电子工业出版社，2007：482-494.

[3] SHI J，MALIK J. Normalized cuts and image segmentation[J]. IEEE Trans Pattern Analysis and Machine Intelligence, 2000，22(8)：888-905.

[4] WOEBBECKE D M, MEYER G E, BARGEN K，et al. Color indices for weed identification under various soil, residue, and lighting conditions[J]. Transactions of the ASAE，1995，38(1)：259-269.

[5] 章毓晋. 图像处理和分析[M]. 北京：清华大学出版社，1999.

[6] BEZDEK J C，EHRLICH R，FULL W. FCM：The fuzzy c-means clustering algorithm[J]. Computer and Geosciences, 1984，10(2-3)：191-203.

[7] 陈果，左洪福. 图像的自适应模糊阈值分割法[J]. 自动化学报，2003，29(5)：791-796.

[8] 毛罕平，张艳诚，胡波. 基于模糊 C 均值聚类的作物病害叶片图像分割方法研究[J]. 农业工程学报，2008，24(9)：136-140.

[9] 刘健庄. 基于二维直方图的图象模糊聚类分割方法[J]. 电子学报，1992，20(9)：40-45.

[10] 刘海波，沈晶，郭耸，等. Visual C++数字图像处理技术详解[M]. 北京：机械工业出版社，2010.

[11] 高国琴，李明. 基于 K-means 算法的温室移动机器人导航路径识别[J]. 农业工程学报，2014，30(7)：25-33.

[12] 李光，王朝英，侯志强. 基于 K 均值聚类与区域合并的彩色图像分割算法[J]. 计算机应用，2010，30(2)：354-358.

[13] 李苏梅，韩国强. 基于 K-均值聚类算法的图像区域分割方法[J]. 计算机工程与应用. 2008，44(16)：163-167.

[14] 司永胜，刘刚，高瑞. 基于 *K*-均值聚类的绿色苹果识别技术[J]. 农业机械学报，2009，40(S)：100-104.

[15] 李茗萱，张漫，孟庆宽，等 . 基于扫描滤波的农机具视觉导航基准线快速检测方法研究[J]. 农业工程学报，2013, 29(1)：41-47.

[16] 李茗萱. 基于机器视觉的自动导航农机具导航线提取方法研究[D]. 北京：中国农业大学，2013.

[17] 何洁，孟庆宽，张漫，等. 基于边缘检测与扫描滤波的农机导航基准线提取方法[J]. 农业机械学报, 2014, 45(S)：265-270.

[18] 何洁. 基于 DSP 的机器视觉导航终端设计[D]. 北京：中国农业大学，2015.

[19] 孟庆宽，张漫，仇瑞承，等．基于改进遗传算法的农机具视觉导航线检测[J]．农业机械学报，2014，45(10)：39-46.
[20] 孟庆宽．基于机器视觉的农业车辆-农具组合导航系统路径识别及控制方法研究[D]．北京：中国农业大学，2014.
[21] 孟庆宽，刘刚，张漫，等．基于线性相关系数约束的作物行中心线检测方法[J]．农业机械学报，2013，44(S1)：216-223.

第4章 基于多传感器信息融合的导航定位技术

在农业机械自动导航系统中，GNSS可提供作业农机的绝对位置，但采用GNSS定位有时也存在较大误差。因为GNSS要求视线范围内有4颗以上的卫星才能实现三维定位，尤其是针对高精度的定位需求，卫星分布不佳或者卫星信号被遮挡都会影响定位精度。第3章介绍了基于机器视觉的导航定位技术，在农田作业中光照是影响机器视觉导航定位的主要因素。农机作业环境复杂，未知因素较多，单一传感器获得的信息量少，且存在一定的自身误差，从而降低导航系统的鲁棒性。为了弥补单一定位方法的不足，可以采用多传感器信息融合导航定位。

4.1 常用的导航定位传感器

常用的导航定位传感器，除了第2章、第3章介绍的基于GNSS和机器视觉的传感器外，还有惯性测量单元(inertial measurement unit，IMU)、激光雷达(light detection and ranging，LiDAR)等，它们可以提供农业机械的位姿信息。

4.1.1 惯性测量单元

1)惯性测量单元的工作原理

IMU是测量物体三轴姿态角(或角速率)和加速度的装置，包含了3个单轴的陀螺和3个单轴的加速度计。陀螺检测载体相对于导航坐标系的角速度信号，加速度计检测物体在载体坐标系统独立三轴方面的加速度信号，通过测量物体在三维空间中的角速度和加速度，解算出物体姿态，为导航提供数据支持。

陀螺分为机械式陀螺和光学陀螺等。机械式陀螺由仪表壳体、转子(即惯性元件)、框架、传感器、力矩电机等构成。仪表壳体用于容纳其他的部件，仪表通过壳体上的相应结构与载体连接；转子实质上就是一个以很高角速度旋转的飞轮，它的质量小，有利于减少振动和冲击；框架由一些支撑构件组成，转子安装在这些构件上，可以相对构件自由转动；传感器用于检测转子与框架之间的相对运动，以电信号的形式输出转子相对于基准位置的运动方向和运动幅值；力矩电机即电磁力矩器，它的作用是在转子上产生一个力矩，使转子返回零位。光学陀螺的理论基础是萨格纳克(Sagnac)效应，其基本原理是有两条光束在一条封闭的环路里沿相反方向传播，由注入点出发，沿封闭环路绕行一周后最终返回注入点。当干涉仪相对惯性空间无转动时，正、反两路光程相等；当干涉仪相对惯性空间旋转时，注入点位置发生移动，两条光束经历的光程不同，在返回注入点时产生有效光程差。显然，该光程差与干涉仪的半径、旋转的角速度以及经过的时间等有关，因而只要知道了光程差及与之相应的相位差信息，即可得到旋转角速度。光纤陀螺是一种高精度的光学陀螺，能够测量微小的相移。与机械陀螺相比，光学陀螺具有动态范围宽、启动快、输出不受某些环境因素（如加速度、振动或冲击）的影响、运行寿命长等优点。

加速度计可分为机械和固态两种形式。机械加速度计技术已非常成熟，精度范围很宽，固态加速度计在近年来也取得了重要进展。机械加速度计既可工作在开环结构，也可以工作在闭环结构。以开环为例，检测质量块通过弹簧悬挂在壳体上并限制在零位，当加上阻尼后，质量块和弹簧系统均产生与一个合适的动态传递函数相对应的真实响应。当机械加速度计壳体产生加速度时，质量块相对于其零位产生位移，而由此产生的弹簧力使质量块产生伴随壳体运动所需的加速度。对于单轴加速度计（即仅检测一个方向加速度的加速度计）来说，质量块相对于零位的位移与沿输入（敏感）轴的力成正比。固态加速度计是指器件内部没有机械结构的加速度计，目前较为成功的是振动加速度计、表面声波加速度计、硅电容加速度计和光纤加速度计。以硅电容加速度计为例，其基本结构由一个差动电容器和检测电桥两部分组成，差动电容器有两块固定极板和一块作为检测质量块的可动极板。当被测加速度使检测质量块发生位移时，极板间距改变，电容器的电容量改变。检测电桥检出该变化量，就可得到加速度。

2）惯性测量单元的特点

常用的惯性测量单元采用航位推算法得到姿态角和加速度，鲁棒性较好，但存在累积误差和漂移误差。这类传感器在短时间内测量农机位置精度较高，随着工作时间的延长，就会产生明显的偏差，因此需要与其他传感器构成组合导航系统。

4.1.2 激光雷达

1）激光雷达的测距原理

激光雷达是基于飞行时间（time of flight，TOF）原理的测距传感器，其测距过程为：

①激光雷达发射激光，同时高精度定时器记录发射时间点 T_0；

②激光在空中传送（飞行）并与目标接触，产生反射；

③由于激光的高度定向性和光路可逆，部分激光返回激光雷达并被对应探测器检测，同时高精度定时器记录接收时间点 T_1；

④根据飞行时间测距原理，激光往返用时与光速的乘积即为激光雷达与目标距离的2倍。

因此，激光雷达测距的公式为

$$D = \frac{(T_1 - T_0)c}{2} \tag{4-1}$$

其中 c 为光速常量。

2)二维/三维激光雷达

激光雷达通过激光发射/探测器对，检测测距原点（雷达的位置）与目标的距离，被检测到的位置点的集合称为点云（point cloud）。

为获得某一平面上的若干位置点，可以利用机电系统将激光发射/探测器对以某一固定频率旋转的方式来实现，即发射/探测的单束激光可以视作一“点”，而以一定的频率将该“点”进行旋转，则会构成一个以旋转轴为圆心的“圆周”，该“圆周”位于同一平面上。这在同一平面旋转的激光，即该“圆周”，称为扫描线。这种能够获取某一平面上一定角度范围内点云数据的激光雷达即为二维激光雷达。二维激光雷达对室内的结构化环境具有良好的适应性，但由于仅获取单一平面上的点云信息，在一些复杂的室内环境或室外环境下具有一定的局限性。为了拓展激光雷达在三维空间中的检测能力，使用复数的激光发射/探测器对，以不同的角度安装，利用机电系统实现同步旋转，最终获得多个平面的点云数据。这种能够获取多个平面上一定角度范围内点云数据的激光雷达即为三维激光雷达，利用三维激光雷达可得到多条扫描线。

3)激光雷达的特点

与传统的毫米波雷达、机器视觉等方法相比，激光雷达具有精度高、速度快、范围广、抗光线干扰强等优点。三维激光雷达具有较高的数据通量，能够提供三维空间丰富的点云信息，在测绘建模、无人驾驶、安全监测等方面具有较好的应用前景。但机械旋转式激光雷达的成本较高，限制了其推广普及应用，研发低成本的固态激光器是未来的研究方向之一。

4.2　多传感器信息融合

在多传感器组合导航系统中，需对多个传感器的信息进行融合。多传感器信息融合技术起源于 20 世纪 70 年代的美国，最早用于军事领域。多传感器信息融合技术是指利用多个传感器共同工作，得到描述同一环境特征的冗余或互补信息，再运用一定的算法进行分析、综合和平衡，最后取得环境特征较为准确可靠的描述信息。对信息融合的定义有多种，目前比较普遍接受的是 1991 年由美国军方组织实验室理事联合会（Joint Directors of Laboratories，JDL）提出的，其定义为：信息融合指对来自多个传感器（或信源）的信息或数据，进行自动检测、关联、相关、估计和组合等多层次、多方面的处理，以获取对目标参数、特征、事件、行为等更加精确的描述和身份估计。

多传感器信息融合的基本原理就像人脑综合处理信息的过程一样，通过对各种传感器及其观测信息的合理支配与使用，将各种传感器在空间和时间上的互补与冗余信息，依据某种优化准则组合起来，使其相互渗透、相互利用，取长补短、优化配置，从而获得更加有效、可靠的信息。多传感器信息融合技术可以提高测量精度，增强系统的自适应性和鲁棒性，使系统在时间和空间上的观测范围得到扩展，增强系统的分辨力和数据的可信度。多传感器信息融合技术可以替代精度高但价格昂贵的单一传感器，从而降低系统成本，提高运行效率。

农业机械智能导航技术是多传感器信息融合应用的一个重要方面。

4.2.1 多传感器信息融合结构

根据多传感器信息融合处理方式的不同,信息融合结构可分为集中式结构、分布式结构和混合式结构,不同的结构适应于不同的处理对象。

1)集中式融合

集中式融合是直接将各个传感器的测量数据送到融合中心,在融合中心进行数据对准、点迹相关、数据关联、航迹滤波、综合跟踪等处理。这种结构信息损失量小,所以融合结果是最优的,但这种结构对系统性能要求高,融合中心计算负担大,系统的生存能力也较差。集中式融合结构框图如图 4-1 所示。

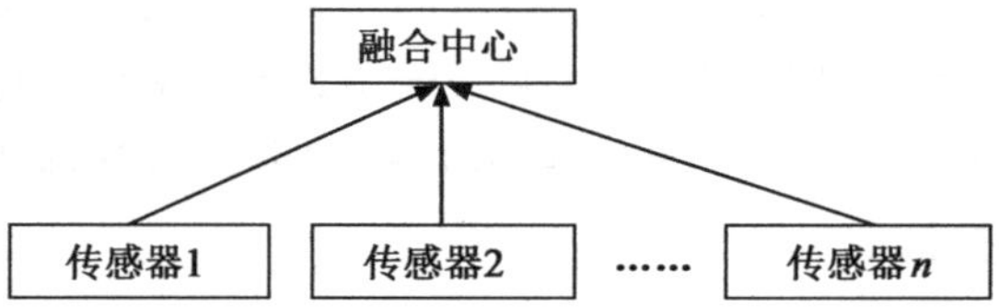

图 4-1 集中式融合结构

2)分布式融合

分布式融合结构中,每个传感器的测量数据进入融合中心以前,先由自己的局部处理器(传感器节点)进行处理,融合中心对各局部处理器处理后的数据进行航迹关联、状态融合,进而形成全局估计。

相对于集中式融合结构,分布式融合结构对测量数据进行了压缩,具有造价低、可靠性高、通信量小等优点。但由于融合中心得到的数据是各个局部处理器处理后的数据,可能会出现信息的损失,降低了跟踪性能。分布式融合结构框图如图 4-2 所示。

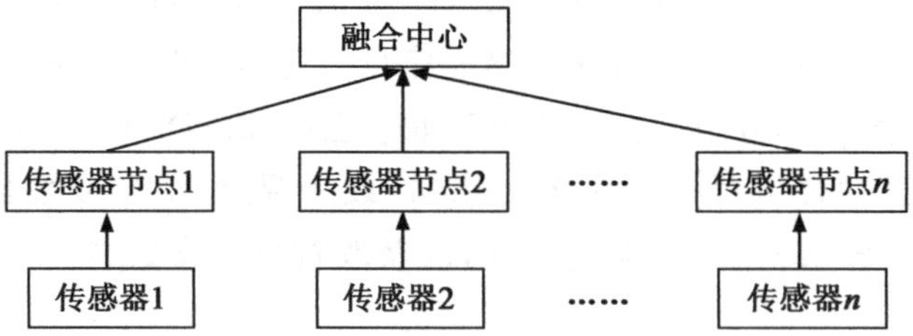

图 4-2 分布式融合结构

3)混合式融合

混合式融合结构是前两种融合结构的一种综合,融合中心需要处理的数据有原始数据,也有经过局部处理的数据,拥有上述两种结构的优点,可以在处理速度、融合精度、通信带宽上取得平衡,在实际应用中往往采用这种结构。但这种方式数据处理复杂程度较高,在通信和计算上要付出较大的代价。混合式融合结构框图如图 4-3 所示。

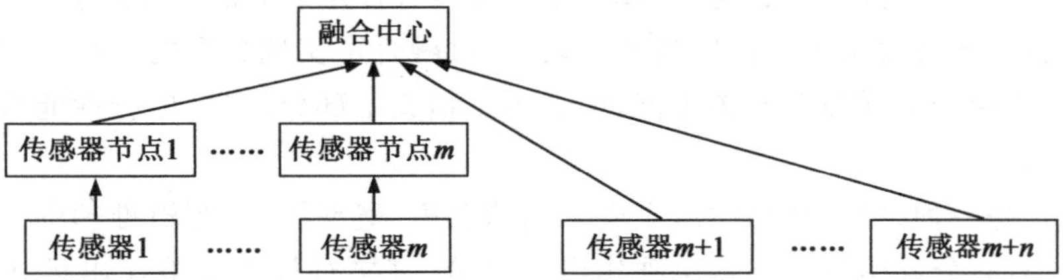

图4-3　混合式融合结构

4.2.2　多传感器信息融合级别

多传感器信息融合是一个多层次、多级别的处理过程，根据数据和处理的复杂程度，融合级别可分为3种：数据级融合、特征级融合和决策级融合。

1）数据级融合

数据级融合是最低层次的融合，直接对传感器的观测数据进行融合处理，各传感器的数据在融合前一般不进行深入的处理，其融合处理的过程如图4-4所示。

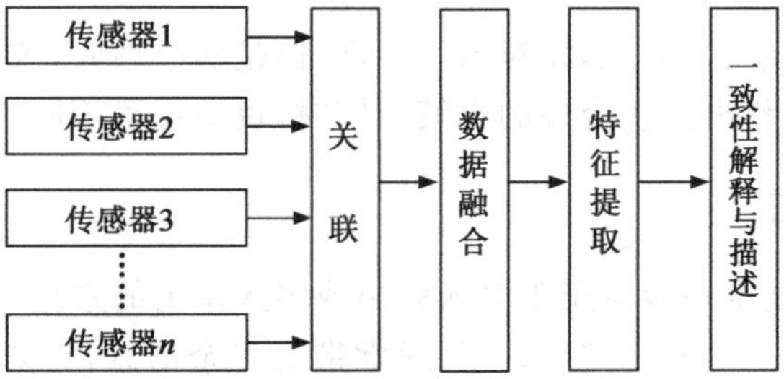

图4-4　数据级融合处理过程

数据级融合充分利用了原始数据，信息丢失量较少，融合精度最高，但也有一定的局限性。由于处理数据量大，所以复杂度高，实时性和抗干扰能力差。同时，数据级融合要求传感器是同类的，即只可对同类传感器获得的同一目标数据进行融合。

2）特征级融合

特征级融合属于中间层次的融合，首先从每个传感器中提取出测量目标的特征数据，然后对特征数据进行融合处理，其融合处理的过程如图4-5所示。

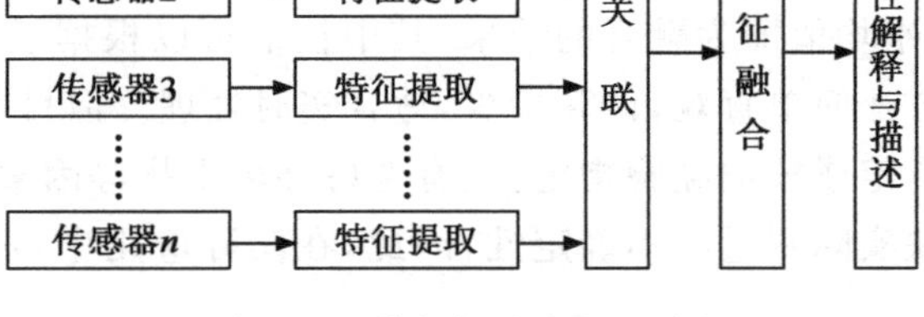

图4-5　特征级融合处理过程

特征级融合通常分为两种：目标状态融合和目标特性融合，常用的数学方法有卡尔曼滤波、人工神经网络、多假设法等。提取特征后，特征级融合可实现数据的压缩和实时处理，降低了通信要求，且适用于不同类型的传感器，但是由于损失了部分信息，融合性能有所下降。

3）决策级融合

决策级融合是一种高层次的融合，主要采用信息论、概率统计、逻辑推理等方法，实现对目标的检测和分类，充分利用各传感器单独作出的决策，直接对具体决策作出最终的综合判定，其融合处理的过程如图 4-6 所示。

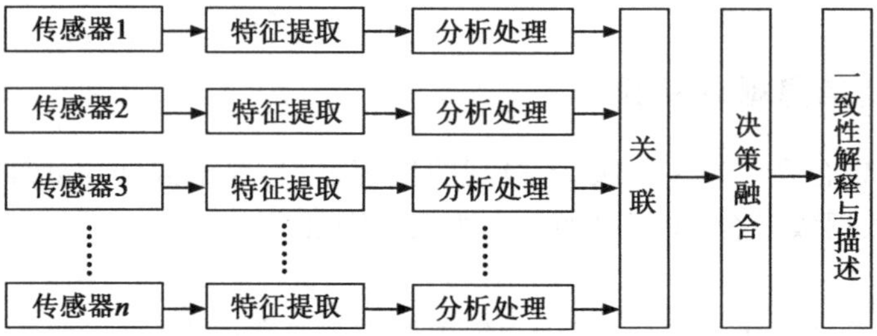

图 4-6 决策级融合处理过程

决策级融合的数据损失量最大，相对精度最低，但是实时性好，抗干扰能力强，即使某个传感器出现问题，仍然可以作出比较合理的决策。同时，也适用于不同类型的传感器。

4.2.3 常用融合方法

多传感器信息融合技术一般应用于多入多出或多入单出的系统，由多个传感器采集、处理多个信号，这些信号相互之间并不完全相同，通常带有冗余信息，需要对各个传感器信号进行处理、优化和组合。

多年来，国内外学者对多传感器信息融合技术进行了大量研究，许多算法被开发并广泛地应用到多传感器信息融合领域。多传感器信息融合技术主要是针对不确定信息进行处理，根据不确定信息的不同表示方法，多传感器信息融合方法主要分为随机方法和人工智能方法两类，随机方法包括加权平均法、贝叶斯估计法、D-S（Dempster-Shafer）证据推理法、产生式规则法、卡尔曼滤波法等，人工智能方法包括模糊逻辑推理方法、人工神经网络方法、群智能算法等。目前，在导航系统中应用较多的信息融合方法主要是卡尔曼滤波法，包括卡尔曼滤波（KF）、扩展卡尔曼滤波（EKF）和无迹卡尔曼滤波（UKF）。

4.2.3.1 随机方法

1）加权平均法

加权平均法是一种最简单的实时处理信息的融合算法，它将来自不同的传感器的冗余信息进行加权，得到的加权平均值即为融合的结果，其中权值可以根据经验、测量次数和数据的精度参数来确定。这种方法简单直观，计算量少，适合实时处理。但目前测量方差大多是根据传感器自身的方差参数指定或根据经验指定，没有考虑环境干扰等因素，因而采用这种方法确定的测量方差并不能反映实际测量的不确定性，因此，在实际应用中，加权融合的效果并未达到最优。

2)贝叶斯估计法

贝叶斯估计法是静态环境中信息融合的一种方法,其信息描述为概率分布,适用于具有高斯噪声的不确定性信息的处理。其特点是利用概率规则来实现学习或某种推理过程,将学习或推理的结果表示为随机变量的概率分布,即不同可能性的信任程度。贝叶斯估计法一般分为两步:首先根据以往未知参数向量的知识,确定先验分布;然后利用贝叶斯公式计算后验分布,从后验分布作出对参数的推断。贝叶斯估计法的主要缺点是要求所有变量都是独立的,还需要给出先验概率和条件概率,这会给实际应用带来较大的困难。粒子滤波算法是以贝叶斯估计法为基础的一种适用于非线性系统的滤波算法。

3) D-S 证据推理法

D-S 证据推理法用信任区间描述传感器的信息,不但表示了信息的已知性和确定性,而且能够区分未知性和不确定性。在融合时,将传感器采集的信息作为证据,在决策目标集上建立一个相应的基本可信度,用合并规则将不同的信息合并成一个统一的信息表示。它采用信任函数而不是概率作为度量,通过对一些事件的概率加以约束,建立一个信任函数而不必说明其精确的难以获得的概率,当约束限制为严格的概率时,它就成了概率论。D-S 证据推理法的优点在于其具有较强的理论基础,既能处理随机性导致的不确定性,又能处理模糊性导致的不确定性。它可以不需要先验概率和条件概率密度,可以依靠证据的积累不断缩小假设集。缺点在于在证据获得过程中人为因素影响较大,存在潜在的指数复杂度,冲突证据的合成结果不够合理等。

4)产生式规则法

产生式规则法采用符号来表示目标特征和相应的传感器信息之间的联系,与每个规则相联系的置信因子表示其不确定性程度,当在同一个逻辑推理过程的两个或多个规则形成一个联合的规则时,可产生融合。产生式规则存在的问题是每条规则的可信度与系统的其他规则有关,这使得当系统的条件改变时修改起来相对困难。如果系统需要引入新的传感器,则需要加入相应的附加规则。

5)卡尔曼滤波法

卡尔曼滤波是 1960 年由 R. E. Kalman 提出的著名算法,能够预测和校正结构,适合底层不确定数据融合,可以在没有存储任何历史数据的情况下使用。它是一种适合于计算机应用的递推算法,通过对目标过去和现在的状态进行估计,预测目标未来时刻的运动状态。如果系统能够用线性模型描述且系统和传感器的误差能用高斯白噪声模型化,则卡尔曼滤波将在统计意义上递归地提供融合数据的最优估计。卡尔曼滤波要求系统噪声和观测噪声必须是高斯白噪声,但实际上这些噪声往往是有色噪声;系统模型和观测模型建立过程中的误差一般总会存在;有时可能会有一个或多个不可观测的状态变量;递归的计算特点使得舍入误差也可能随着步数的增加而导致一些问题产生。这些情况都会造成系统实际误差的产生。因此,在卡尔曼滤波的基础上,发展了扩展卡尔曼滤波(EKF)和无迹卡尔曼滤波(UKF),可以用于非线性系统。

4.2.3.2　人工智能方法

1)模糊逻辑推理方法

模糊理论是在美国加州大学伯克利分校电气工程系教授 L. A. Zadeh 于 1965 年创立的模糊集合理论的基础上发展起来的,主要包括模糊集合理论、模糊逻辑、模糊推理和模糊控制等。

模糊理论不对事物作简单的肯定和否定,而是用隶属度、论域等来反映某一事物属于某一范畴的程度,从而建立起多种信息的不确定性描述,用这种方法来表示客观存在的模糊性。在信息融合应用中,模糊逻辑主要是通过与特征相连的规则对专家知识进行建模,用模型系统反映信息融合过程中的不确定性,通过模糊推理实现信息融合功能。模糊逻辑推理主要处理非精确描述问题,在信息较少的情况下也能取得较好的推理结果。

2)人工神经网络方法

人工神经网络是在现代神经生物学和认知科学对人类信息处理研究成果的基础上提出的,它模仿生物神经系统的分布式存储、并行处理、自适应学习等特性,产生一种并行分布式处理器,具有通过学习获取知识并解决问题的能力。人工神经网络具有非线性映射、大规模并行处理、联想记忆、容错性好等特点,是一种更符合人脑思维形式的信息融合方法。多传感器融合需要建立起多源不确定冗余信息与融合结果之间的映射关系,而人工神经网络可以以任意精度实现网络输入和输出之间复杂的线性或非线性映射关系。采用人工神经网络进行信息融合时,需要重点考虑模型结构、层数、节点数、训练样本的选取以及学习算法的收敛性、快速性、泛化性能等问题。

3)群智能算法

群智能是群体所表现出来的智能。昆虫在觅食、筑巢时表现出一种集体智慧,它们相互协作,可以完成许多单个昆虫难以独立完成的任务。受群居昆虫协作与竞争行为的启示,人们摸索出了一种新的演化计算技术——群智能算法。群智能算法中的群体是一组相互之间可以进行通信的主体,如粒子或蚂蚁,该主体能够进行分布式的问题求解,这些无智能的主体通过合作可表现出智能特征。群智能算法在没有集中控制且不提供全局模型的前提下,为寻找复杂分布式问题的求解方案提供了基础。群智能算法目前被用于解决大多数优化问题或者能够转化为优化求解的问题。

4.3 传感器配准

用于多传感器信息融合的各个传感器,其初始采样时间的不同步、采样周期的不一致、数据传输的延时以及传感器间的坐标不匹配,会使各个传感器之间无法进行直接的计算,因此需要对各个传感器的测量数据进行时间和空间配准,将各个传感器的信息变换到相同的时空坐标系中。

时间配准是将同一目标的各传感器不同步的测量信息同步到同一时刻。由于各传感器对目标的量测是相互独立进行的,且采样周期大都不相同,所以,各个传感器向融合中心报告的时刻往往是不同的。另外,由于通信网络报告时间可能存在时间差,所以融合前需要将不同步的信息配准到相同的融合时刻。

在进行时间配准时,多传感器配准误差的主要来源如下:

①每个传感器的计时误差,通常由传感器的时钟偏差引起;

②多传感器之间的采样频率不同,采集以及发送的数据并不在同一时刻;

③由于通信网络的延时不同,数据传输所需的时间也会有所不同。

空间配准是多传感器信息融合的前提，其主要任务是通过多个传感器对空间同一目标的测量，完成对传感器系统偏差的估计和补偿，消除各个传感器的系统偏差。对于同一平台内采用不同坐标系的各个传感器的测量数据，融合时必须将其转换成同一坐标系下的数据。对于多个不同平台，各平台采样坐标系是不同的，所以在融合平台信息前，也要将它们转换到同一坐标系中。

在进行空间配准时，多传感器配准误差的主要来源如下：

①传感器的配准误差，即传感器本身的误差；

②各传感器参考坐标中测量的方位角、高低角和斜距偏差；

③每个传感器相对于公共坐标系的位置误差和计时误差；

④各传感器采用的跟踪算法不同，其局部航迹的精度不同；

⑤各传感器本身的位置不确定，从而在由各传感器向融合中心进行坐标转换时产生偏差；

⑥坐标转换公式的精度不够，为了减小系统的计算负担而在投影变换时采用了一些近似方法等。

4.3.1　时间配准

多传感器的时间配准通常把高速率测量值向低速率传感器对准，将各测量数据统一到测量周期较长的传感器中去。最常用的多传感器时间配准方法是 W. D. Blair 教授等提出的最小二乘配准法和王宝树教授提出的内插外推法。两种算法的应用场合不一样，但都是假设测量值在时间轴上的分布是均匀的，可根据多传感器的数据情况采用相应的算法，对测量数据的时间误差进行修正和补偿。另外还有加权平均法。

4.3.1.1　最小二乘配准法

如果传感器初始测量的时间一致，且传感器的测量周期呈现整数倍关系，可以采用最小二乘配准法对各传感器数据进行时间配准。

假设有两类传感器，传感器 a 和传感器 b。传感器 a 的采样周期为 t，传感器 b 的采样周期为 T，且两者之比存在整数关系：$t : T=n$。如果传感器 a 最新的测量时间是 $(k-1)t$，则下一次的测量时间为 $kt=(k-1)t+nT$，这就意味着传感器 a 连续两次目标状态更新之间，传感器 b 有 n 次测量值，因此可采用最小二乘法，对传感器 b 的 n 次测量数据进行融合，以消除由于时间偏差引起的对目标状态量测不同步情况，生成传感器 b 在 kt 时刻的测量值，然后再将传感器 a 与传感器 b 的测量数据进行融合，得到 kt 时刻的测量值。

传感器 b 在 $(k-1)t$ 至 kt 时刻的 n 个测量值，由集合 $\boldsymbol{Z}_n=[z_1,z_2,\cdots,z_n]^{\mathrm{T}}$ 表示，其中 z_n 和 kt 时刻传感器 a 的测量值同步。若用 $\boldsymbol{U}=[z,\dot{z}]^{\mathrm{T}}$ 表示 $z_1,z_2,\cdots,z_n$ 融合后的测量值及其导数，则传感器 b 的测量值 z_i 可以表示为

$$z_i=z+(i-n)T\cdot\dot{z}+v_i\qquad i=1,2,\cdots,n\tag{4-2}$$

其中 v_i 表示测量噪声。式(4-2)可以改写为向量形式

$$\boldsymbol{Z}_n=\boldsymbol{W}_n\boldsymbol{U}+\boldsymbol{V}_n\tag{4-3}$$

式中：

$$\boldsymbol{W}_n = \begin{bmatrix} 1 & 1 & \cdots & 1 \\ (1-n)T & (2-n)T & \cdots & (n-n)T \end{bmatrix}^{\mathrm{T}} \tag{4-4}$$

$\boldsymbol{V}_n=[v_1, v_2, \cdots, v_n]^{\mathrm{T}}$，其均值为零，协方差

$$\mathrm{Cov}[\boldsymbol{V}_n]=\mathrm{diag}\{\sigma_r^2,\sigma_r^2,\cdots,\sigma_r^2\} \tag{4-5}$$

σ_r^2 为融合前的位置测量噪声方差。

根据最小二乘准则有目标函数

$$\boldsymbol{J}=\boldsymbol{V}_n^{\mathrm{T}}\boldsymbol{V}_n=[\boldsymbol{Z}_n-\boldsymbol{W}_n\hat{\boldsymbol{U}}]^{\mathrm{T}}[\boldsymbol{Z}_n-\boldsymbol{W}_n\hat{\boldsymbol{U}}] \tag{4-6}$$

若使 $\boldsymbol{J}$ 为最小，$\boldsymbol{J}$ 两边对 $\hat{\boldsymbol{U}}$ 求导数并令其等于零，得到

$$\frac{\partial \boldsymbol{J}}{\partial \hat{\boldsymbol{U}}}=-2\,[\boldsymbol{W}_n^{\mathrm{T}}\boldsymbol{Z}_n-\boldsymbol{W}_n^{\mathrm{T}}\boldsymbol{W}_n\hat{\boldsymbol{U}}]=0 \tag{4-7}$$

从而有

$$\hat{\boldsymbol{U}}=[\hat{z},\hat{\dot{z}}]^{\mathrm{T}}=[\boldsymbol{W}_n^{\mathrm{T}}\boldsymbol{W}_n]^{-1}\boldsymbol{W}_n^{\mathrm{T}}\boldsymbol{Z}_n \tag{4-8}$$

相应的协方差阵为

$$\boldsymbol{R}_{\hat{U}}=[\boldsymbol{W}_n^{\mathrm{T}}\boldsymbol{W}_n]^{-1}\sigma_r^2 \tag{4-9}$$

将 $\boldsymbol{Z}_n$ 的表达式及式(4-4)代入以上两式，可得到融合后的测量值及测量值方差分别为

$$\hat{z}_k=c_1\sum_{i=1}^{n}z_i+c_2\sum_{i=1}^{n}i\cdot z_i \tag{4-10}$$

$$\mathrm{var}[\hat{z}_k]=\frac{2\sigma_r^2(2n+1)}{n(n+1)} \tag{4-11}$$

其中 $c_1=-2/n$，$c_2=6/[n(n+1)]$。

4.3.1.2 内插外推法

王宝树等提出了内插外推的时间配准方法。内插外推法的应用前提是两个传感器的测量频率相差整数倍，但初始测量时间不一致。该方法的基本思想为：选择同一时间段，其划分由具体的运动目标来确定，目标状态可以为静止、低速运动、高速运动，对应的融合时间可以选择小时、分、秒。将各传感器的测量数据按照测量精度进行增量排序，将各高精度的测量数据分别向最低精度时间点内插、外推，形成一系列等间隔的目标测量数据，以进行数据融合处理。

假设同一时间段内的观测数据由传感器 a 和传感器 b 提供，且为单目标情形，其中传感器 a 采样频率高，传感器 b 采样频率低，传感器的观测时间序列如图 4-7 所示。

传感器 a 和 b 测量相同目标，只需把高采样频率传感器 a 的测量数据推算到低采样频率传感器 b 的观测时间序列上，即可完成时间配准。如传感器 a 的测量时间段$[t_a(i),t_a(i+1)]$包含传感器 b 的测量时刻 $t_b(j)$，若 a 在 $t_a(i)$时刻的测量值为$(x_a(i),y_a(i),z_a(i))$，在 $t_a(i+1)$时刻的测量值为$(x_a(i+1),y_a(i+1),z_a(i+1))$，应用内插公式求出传感器 b 在 $t_b(j)$时刻的

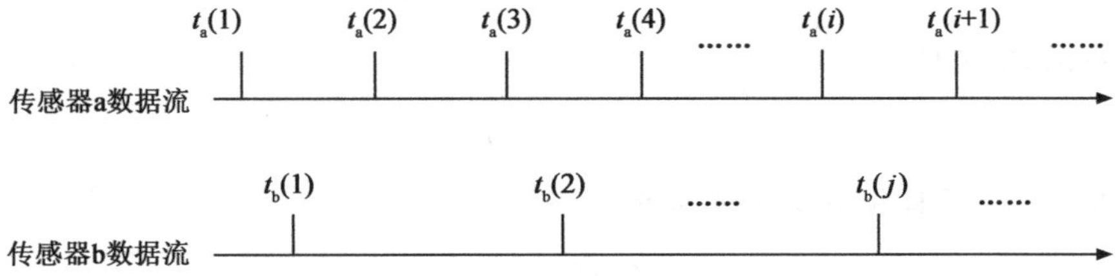

图 4-7　不同采样频率两传感器的观测时间序列

测量值$(x_b(j), y_b(j), z_b(j))$，则完成对时刻 $t_b(j)$的配准。

$$x_b(j) = x_a(i) + [x_a(i+1) - x_a(i)] \frac{t_b(j) - t_a(i)}{t_a(i+1) - t_a(i)} \tag{4-12}$$

$$y_b(j) = y_a(i) + [y_a(i+1) - y_a(i)] \frac{t_b(j) - t_a(i)}{t_a(i+1) - t_a(i)} \tag{4-13}$$

$$z_b(j) = z_a(i) + [z_a(i+1) - z_a(i)] \frac{t_b(j) - t_a(i)}{t_a(i+1) - t_a(i)} \tag{4-14}$$

内插的方法也可以选择拉格朗日插值法。拉格朗日插值法的插值函数是一个多项式函数，通常采用插值的数据点数不大于 7，以保证时间配准结果的稳定性。在一般的实际应用过程中，应根据测量目标的运行状态来选择插值函数。

4.3.1.3　加权平均法

最小二乘法用于时间配准模型简单，精度较低；内插外推法也存在着一些不足，如配准后得到的同步数据的频率不会高于传感器集合中的最低采样频率，当传感器间的采样频率相差较大时，高采样频率传感器的测量数据无法得到充分利用等。加权平均法基于配准频率的概念，选取所有传感器采样频率的加权平均值作为配准频率，其中的权值由传感器采样精度来确定，这种方法有利于发挥采样精度高的传感器测量数据在时间配准过程中的作用。下面介绍选择配准频率时主要考虑的因素。

1）配准计算的实时性

当单次配准计算所需时间与测量数据集合中的数据数量无关时，配准频率越高，配准计算所需的时间越多。当单次配准计算所需时间与测量数据集合中的数据数量相关时，配准频率对配准计算实时性的影响，与具体的配准实现方法存在相关性。

2）同步频率

配准频率越高，同步频率越高；配准频率越低，同步频率越低。

3）传感器集合中的采样频率极值

配准频率的最大值不大于传感器集合中的最高采样频率；配准频率的最小值可以小于传感器集合中的最低采样频率。设配准频率为 f_t，同步频率的最大值和最小值分别为 f_t^{max} 和 f_t^{min}，传感器集合中的最高采样频率为 f_{max}，每次时间配准的计算时间最大为 T_{max}。考虑配准计算的实时性时，要满足

$$f_t^{\min}(T_{\max}) \leqslant f_t \leqslant f_t^{\max}(T_{\max}) \tag{4-15}$$

考虑同步频率时,要满足

$$f_t^{\min} \leqslant f_t \leqslant f_t^{\max} \tag{4-16}$$

考虑传感器集合中的采样频率极值时,要满足

$$f_t \leqslant f_{\max} \tag{4-17}$$

如果 $f_t^{\min}(T_{\max}) > f_{\max}$,则所采用的时间配准算法无法满足融合系统的实时性要求,需要选择实时性更好的时间配准算法。在融合系统实时性要求满足的前提下,综合式(4-16)和式(4-17)可得

$$f_t^{\min}(T_{\max}) \leqslant f_t \leqslant f_t^{\max}(T_{\max}, f_{\max}) = \min\{f_t^{\max}(T_{\max}), f_{\max}\} \tag{4-18}$$

如果 $f_t^{\min}(T_{\max}) > f_{\max}$ 或者 $f_t^{\max}(T_{\max}, f_{\max}) < f_t^{\min}$,则同步频率不能满足配准要求。

在 $f_t^{\min}(T_{\max}) \leqslant f_t^{\max}$ 和 $f_t^{\max}(T_{\max}, f_{\max}) \geqslant f_t^{\min}$ 同时成立时,式(4-17)和式(4-18)可以合并为

$$\begin{aligned} \max\{f_t^{\min}(T_{\max}), f_t^{\min}\} &= f_t^{\min}(T_{\max}, f_t) \leqslant f_t \\ &\leqslant f_t^{\max}(T_{\max}, f_{\max}, f_t) \\ &= \min\{f_t^{\min}(T_{\max}, f_t), f_t^{\max}\} \end{aligned} \tag{4-19}$$

由式(4-19)可知,时间配准可以采用的配准频率分布在一个频率区间上,需要根据融合系统的具体需求和传感器的实际特性进行选择。

下面给出选择配准频率的两种方法:

①取各传感器采样频率 f_i 的平均值,即

$$f_t = \frac{1}{N}\sum_{i=1}^{N} f_i \tag{4-20}$$

②取所有传感器采样频率 f_i 的加权平均值,即

$$f_t = \frac{1}{N}\sum_{i=1}^{N} a_i f_i \tag{4-21}$$

$$a_i = \frac{p_i}{\sum_{i=1}^{N} p_i} \tag{4-22}$$

其中的权值 $a_i(i=1,2,\cdots,N)$ 是由传感器采样精度 $p_i(i=1,2,\cdots,N)$ 确定的。

两种方法均采用计算传感器采样频率均值的方式获得所需的配准频率,其主要目的是减小配准频率与传感器集合中采样频率的累积差值,降低少数较大或者较小的采样频率对配准过程的影响。与方法①相比,方法②在确定配准频率时考虑了传感器的采样精度,有利于发挥高采样精度传感器的测量数据在时间配准过程中的作用。

在配准频率 f_t 确定后,对于相邻的配准时刻 $T_f(k)$ 和 $T_f(k-1)$,有

$$T_f(k) - T_f(k-1) = \frac{1}{f_t} \tag{4-23}$$

4.3.2 空间配准

空间配准问题存在两大难点:①测量具有一定的不确定性;②转换通常是非线性的。由于测量(随机变量)的不确定性,在工程应用中,一般用信息源的前两阶矩(均值和方差)来表征测量特征。在空间配准中,传统的方法是一阶线性化近似法,是将测量的均值直接代入空间配准的非线性函数,得到配准结果,而对于测量方差,则是对非线性函数的泰勒展开式进行一阶线性化近似,将非线性问题转化为线性问题,得到配准后的方差。但是此方法存在无偏随机信号经过非线性变换后会出现有偏的问题,当非线性变换的泰勒展开式高阶项不能忽略处理时,一阶线性化变换的求导约束就不一定能够满足,同时必须清楚非线性变换过程中的显式表达式,无法做到黑盒封装,不易模块化应用。

4.3.2.1 坐标系统定义

1)地心坐标系(WGS-84 坐标系)

由第 2 章可知,地球椭球上任一点的位置,既可以表示为(B,L,H),又可以表示为(X,Y,Z),这两种表示方法的转换关系为

$$\begin{cases}X=(N+H)\cos B\cos L\\Y=(N+H)\cos B\sin L\\Z=N(1-e^2)\sin B\end{cases}\tag{4-24}$$

式中:N 为地球椭球的卯酉圈曲率半径,e 为地球椭球的第一偏心率。

为了将地球椭球面上各种矢量归算到地图平面上相应的量,采用高斯-克吕格投影方法,简称高斯投影法。高斯投影是一种横轴、椭圆柱面、等角投影。椭圆柱面与地球椭球在某一子午线 L_0 上相切,该子午线叫作投影的轴子午线,也就是平面直角坐标系的纵轴(X 轴)。赤道面与椭圆柱面相交成一直线,这条直线与轴子午线正交,就是平面直角坐标系的横轴(Y 轴)。把椭圆柱面展开,就可以得到以(X,Y)为坐标的平面直角坐标系。

2)大地坐标系

大地坐标系可以是地心坐标系,也可以是参心坐标系。坐标原点位于地球椭球质心(或参考椭球中心),X 轴、Y 轴、Z 轴组成笛卡儿坐标系,Z 轴与地球平均自转轴重合,X 轴指向格林尼治平均天文台子午面和赤道面的交点,Y 轴与 X 轴和 Z 轴所组成的平面垂直,且指向为东。

3)载机笛卡儿坐标系

原点取在载机重心处,坐标轴与载机固定相连,通常定义 X 轴在载机的对称面内,与载机轴线一致,指向前方;Y 轴也在对称面内,垂直于 X 轴指向上方;Z 轴向右为正。

4.3.2.2 坐标转换

2 个坐标系的坐标之间的转换可以定义为 3 个坐标轴的旋转和坐标原点的平移。φ、θ、ψ 分别为 2 个坐标系各对应的坐标轴 Z-Z'、Y-Y'、X-X'之间的夹角。设导航坐标系的坐标为 X、Y、Z,拖拉机自身坐标系的坐标轴和导航坐标系对应坐标轴之间的起始夹角为 φ_0、θ_0、ψ_0,拖拉机起始点坐标为(x_0,y_0,z_0),推算定位确定的位置信息在起始拖拉机自身坐标系(即载机笛卡儿坐标系)中为(x',y',z'),在导航坐标系中为(x,y,z),有

$$\begin{bmatrix} x \\ y \\ z \end{bmatrix} = \boldsymbol{R}(\varphi_0 \quad \theta_0 \quad \psi_0)\begin{bmatrix} x' \\ y' \\ z' \end{bmatrix} + \begin{bmatrix} x_0 \\ y_0 \\ z_0 \end{bmatrix} \tag{4-25}$$

式中：

$$\boldsymbol{R}(\varphi_0 \quad \theta_0 \quad \psi_0) = \boldsymbol{R}_z(\varphi_0)\boldsymbol{R}_y(\theta_0)\boldsymbol{R}_x(\psi_0)$$

$$= \begin{bmatrix} \cos\varphi_0\cos\theta_0 & -\sin\varphi_0\cos\psi_0 + \cos\varphi_0\sin\theta_0\sin\psi_0 & \sin\varphi_0\sin\psi_0 + \cos\varphi_0\sin\theta_0\cos\psi_0 \\ \sin\varphi_0\cos\theta_0 & \cos\varphi_0\cos\psi_0 + \sin\varphi_0\sin\theta_0\sin\psi_0 & -\cos\varphi_0\sin\psi_0 + \sin\varphi_0\sin\theta_0\cos\psi_0 \\ -\sin\theta_0 & \cos\theta_0\sin\psi_0 & \cos\theta_0\cos\psi_0 \end{bmatrix}$$

其中：$\boldsymbol{R}_z(\varphi_0) = \begin{bmatrix} \cos\varphi_0 & -\sin\varphi_0 & 0 \\ \sin\varphi_0 & \cos\varphi_0 & 0 \\ 0 & 0 & 1 \end{bmatrix}$

$$\boldsymbol{R}_y(\theta_0) = \begin{bmatrix} \cos\theta_0 & 0 & \sin\theta_0 \\ 0 & 1 & 0 \\ -\sin\theta_0 & 0 & \cos\theta_0 \end{bmatrix}$$

$$\boldsymbol{R}_x(\psi_0) = \begin{bmatrix} 1 & 0 & 0 \\ 0 & \cos\psi_0 & -\sin\psi_0 \\ 0 & \sin\psi_0 & \cos\psi_0 \end{bmatrix}$$

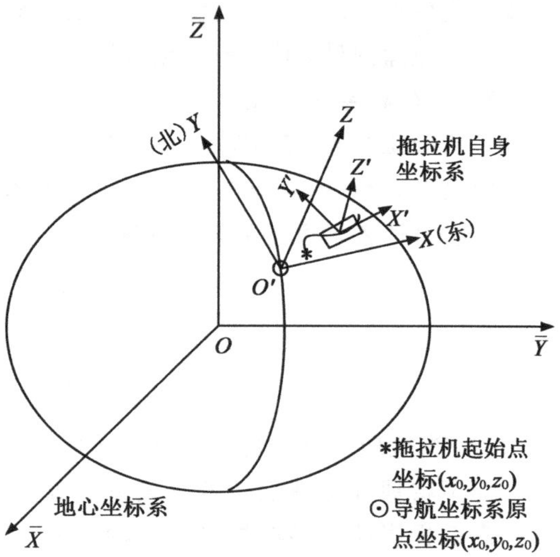

图 4-8 坐标转换示意图

$\boldsymbol{R}(\varphi_0 \quad \theta_0 \quad \psi_0)$称为转换矩阵。通过分析可知，从导航坐标系转换到拖拉机自身的坐标系，是从拖拉机自身的坐标系转换到导航坐标系的逆过程，公式为

$$\begin{bmatrix} x' \\ y' \\ z' \end{bmatrix} = \boldsymbol{R}^{-1}(\varphi_0 \quad \theta_0 \quad \psi_0)\left(\begin{bmatrix} x \\ y \\ z \end{bmatrix} - \begin{bmatrix} x_0 \\ y_0 \\ z_0 \end{bmatrix}\right) \tag{4-26}$$

由于拖拉机作业面积相对较小，位置导航坐标系与拖拉机自身坐标系在同一平面内，转换可以简化为只有绕垂直轴线的旋转和相对坐标原点的平移，那么在导航坐标系中坐标为

$$\begin{bmatrix} x \\ y \end{bmatrix} = \begin{bmatrix} \cos\varphi_0 & -\sin\varphi_0 \\ \sin\varphi_0 & \cos\varphi_0 \end{bmatrix}\begin{bmatrix} x' \\ y' \end{bmatrix} + \begin{bmatrix} x_0 \\ y_0 \end{bmatrix} \tag{4-27}$$

4.3.2.3 空间配准方法

空间配准时，坐标转换是非线性的，常用的方法是一阶线性化近似法，但该方法有可能会产生较大偏差且不易模块化应用。这里介绍 UT 变换法（unscented transform）来处理非线性变换问题。

空间配准问题描述：假设传感器在坐标系 T_1 下得到目标的信息 $\boldsymbol{x}$，$\boldsymbol{x}$ 为 n 维随机变量，均值为 $\bar{\boldsymbol{x}}$，协方差为 $\boldsymbol{P}_{xx}$。将该目标信息配准到公共参考坐标系 T 上，配准结果为 m 维随机变量 $\boldsymbol{y}$，其均值和协方差分别为 $\bar{\boldsymbol{y}}$ 和 $\boldsymbol{P}_{yy}$，T_1 坐标系到 T 坐标系的转换关系为 $T=f(T_1)$，则 $\boldsymbol{y}$

与 $\boldsymbol{x}$ 的转换关系即配准函数为

$$\boldsymbol{y}=f(\boldsymbol{x}) \tag{4-28}$$

UT 变换用 Sigma 点集来表征变量，而后对这些 Sigma 点应用非线性函数进行转换，对转换后的 Sigma 点集进行加权综合得到变换后的均值和方差。

UT 变换基于先验知识，即近似非线性函数的分布比近似其函数更容易，具体变换方法可用图 4-9 来解释。在确保采样均值和协方差分别为 $\bar{x}$ 和 $\boldsymbol{P}_{xx}$ 的前提下，选择一组点集（Sigma 点集）。将非线性变换应用于采样的每个 Sigma 点，得到非线性转换后的点集。$\bar{\boldsymbol{y}}$ 和 $\boldsymbol{P}_{yy}$ 是变换后 Sigma 点集的统计量。

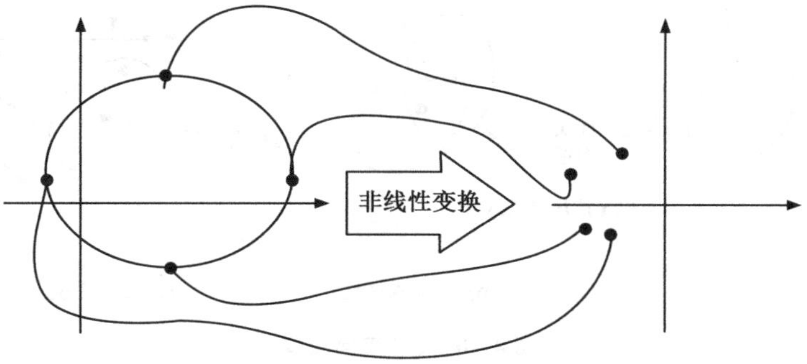

图 4-9　UT 变换示意图

一般意义下 UT 变换算法步骤如下。

①根据输入变量 $\boldsymbol{x}$ 的统计量 $\bar{x}$ 和 $\boldsymbol{P}_{xx}$，应用一种 Sigma 点采样策略，得到输入变量的 Sigma 点集 $\{\boldsymbol{\chi}_i\}$，$i=1,2,\cdots,L$，其中 L 为采样 Sigma 点的个数。w_i 是第 i 个 Sigma 点的权值，满足

$$\sum_{i=1}^{L} w_i=1 \tag{4-29}$$

对 Sigma 点集 $\{\boldsymbol{\chi}_i\}$ 中的每个 Sigma 点，进行 $f(\cdot)$ 非线性变换，得到变换后的 Sigma 点集 $\{\boldsymbol{\gamma}_i\}$：

$$\boldsymbol{\gamma}_i=f(\boldsymbol{\chi}_i) \qquad i=1,2,\cdots,L \tag{4-30}$$

②对变换后的 Sigma 点集 $\{\boldsymbol{\gamma}_i\}$ 进行加权处理，从而得到输出变量 $\boldsymbol{y}$ 的统计量 $\bar{\boldsymbol{y}}$ 和 $\boldsymbol{P}_{yy}$，其权值是对输入变量 $\boldsymbol{x}$ 进行采样的各个 Sigma 点的对应权值。

$$\bar{\boldsymbol{y}}=\sum_{i=1}^{L} w_i^{\mathrm{m}} \boldsymbol{\gamma}_i \tag{4-31}$$

$$\boldsymbol{P}_{yy}=\sum_{i=1}^{L} w_i^{\mathrm{c}}(\boldsymbol{\gamma}_i-\bar{\boldsymbol{y}})(\boldsymbol{\gamma}_i-\bar{\boldsymbol{y}})^{\mathrm{T}} \tag{4-32}$$

式中：w_i^{m} 为均值加权所用权值，w_i^{c} 为协方差加权所用权值。如果不采用比例修正，则 $w_i^{\mathrm{m}}=w_i^{\mathrm{c}}=w_i$，否则要根据 w_i 来计算 w_i^{m} 和 w_i^{c}。

UT 变换原理如图 4-10 所示。

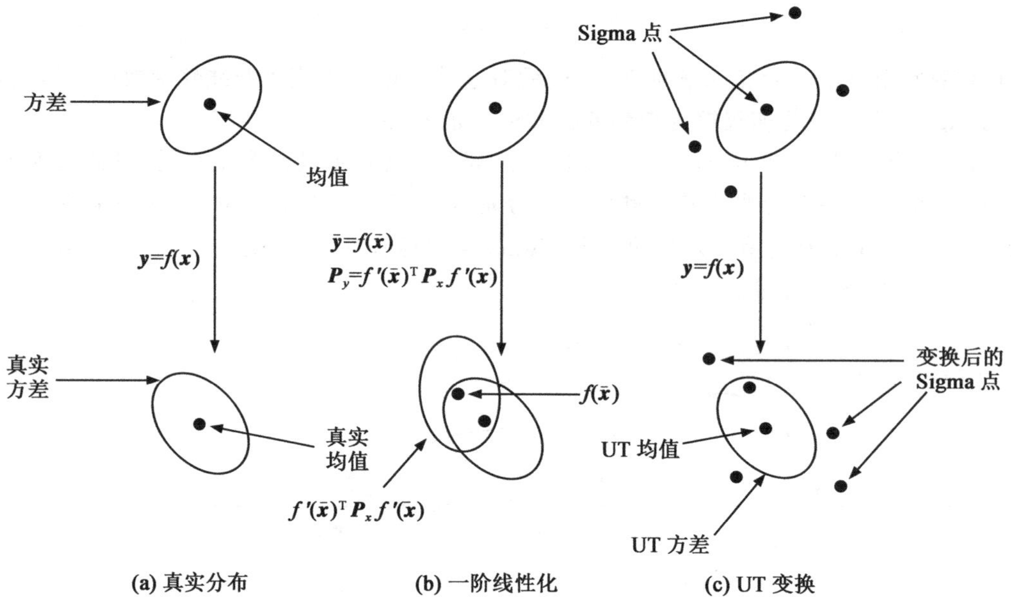

图 4-10　UT 变换原理

考虑 n 维随机变量 $\boldsymbol{x}$ 经过非线性函数 $f(\cdot)$变换后得到 $\boldsymbol{y}=f(\boldsymbol{x})$,并假设 $\boldsymbol{x}$ 的均值和方差分别为 $\bar{\boldsymbol{x}}$ 和 $\boldsymbol{P}_x$。为了求取随机变量 $\boldsymbol{y}$ 的统计特性,首先根据 $\bar{\boldsymbol{x}}$ 和 $\boldsymbol{P}_x$ 选取 $2n+1$ 个 Sigma 点 $\boldsymbol{\chi}_i$。Sigma 点的选取规则如下:

$$\begin{cases}\boldsymbol{\chi}_i=\bar{\boldsymbol{x}} & i=0\\ \boldsymbol{\chi}_i=\bar{\boldsymbol{x}}+(\sqrt{(n+\lambda)\boldsymbol{P}_x})_i & i=1,2,\cdots,n\\ \boldsymbol{\chi}_i=\bar{\boldsymbol{x}}-(\sqrt{(n+\lambda)\boldsymbol{P}_x})_{i-n} & i=n+1,n+2,\cdots,2n\end{cases} \tag{4-33}$$

式中:$(\sqrt{(n+\lambda)\boldsymbol{P}_x})_i$ 为矩阵$(n+\lambda)\boldsymbol{P}_x$ 的下三角分解平方根的第 i 列;n 为状态向量的个数;λ 为调节参数,其计算公式为

$$\lambda=\alpha^2(n+\kappa)-n \tag{4-34}$$

其中,α 是很小的正数,通常取 $10^{-4}\leqslant\alpha\leqslant1$,$\kappa$ 是一个比例因子。

采用非线性函数 $f(\cdot)$变换后,式(4-33)中选取的 Sigma 点更新为

$$\boldsymbol{\gamma}_i=f(\boldsymbol{\chi}_i)\qquad i=0,1,2,\cdots,2n \tag{4-35}$$

随机变量 $\boldsymbol{y}$ 的均值和方差

$$\bar{\boldsymbol{y}}=\sum_{i=0}^{2n}w_i^{\mathrm{m}}\boldsymbol{\gamma}_i \tag{4-36}$$

$$\boldsymbol{P}_y=\sum_{i=0}^{2n}w_i^{\mathrm{c}}(\boldsymbol{\gamma}_i-\bar{\boldsymbol{y}})(\boldsymbol{\gamma}_i-\bar{\boldsymbol{y}})^{\mathrm{T}} \tag{4-37}$$

式中:w_i^{m} 和 w_i^{c} 为 Sigma 点的对应权值,前者对应一阶统计特性,后者对应二阶统计特性,计

算公式为

$$\begin{cases} w_0^{\mathrm{m}} = \dfrac{\lambda}{n+\lambda} \\ w_0^{\mathrm{c}} = \dfrac{\lambda}{n+\lambda} + (1-\alpha^2+\beta) \\ w_i^{\mathrm{m}} = w_i^{\mathrm{c}} = \dfrac{1}{2(n+\lambda)} \qquad i=1,2,\cdots,2n \end{cases} \tag{4-38}$$

β 取值与 $\boldsymbol{x}$ 的分布形式有关，对于正态分布，$\beta=2$ 为最优值。

在 UT 变换算法中，最重要的就是确定 Sigma 点采样策略，也就是确定 Sigma 点的个数、Sigma 点的位置及相应权值。Sigma 点的选择应体现输入变量 $\boldsymbol{x}$ 的最重要的特征。目前已有的 Sigma 点采样策略有对称采样、最小偏度单形采样和超球体单形采样等。

4.4　卡尔曼滤波

高精度的 GNSS 接收机测量精度能够达到厘米级，价格相对较高，限制了其在农业中的应用。低成本的 GNSS 接收机只能达到米级或亚米级精度，不能满足多数农业机械智能导航定位精度的要求。为解决这个问题，结合航位推算法的相对定位和 GNSS 的绝对定位，通过融合算法可为农机提供可靠的位置信息。实践研究表明，卡尔曼滤波是经典导航融合算法，在农业机械智能导航的多传感器信息融合方面的应用较为广泛。本节将对卡尔曼滤波算法进行专门介绍。

4.4.1　卡尔曼滤波基本原理

卡尔曼滤波算法是 1960 年由卡尔曼(R. E. Kalman)首次提出的，它是一种线性、无偏、最小方差估计的递推算法，采用了状态空间的模型结构，能对非平稳过程信息进行最小方差估计，具有数据存储量小、易于计算机实现的优点。

在使用卡尔曼滤波算法时，需要假设车辆行驶速度恒定，即车辆匀速行驶，车辆转向加速度为 0。

卡尔曼滤波器包括状态更新方程和测量更新方程两部分，状态更新方程负责向前推算当前状态变量和误差协方差估计的值；测量更新方程负责反馈，将先验估计和新的测量变量结合，构造改进的后验估计。

假设离散线性随机动态系统，其状态方程和观测方程如下

$$\boldsymbol{x}_{k+1} = \boldsymbol{\Phi}_{k|k-1}\boldsymbol{x}_k + \boldsymbol{W}_k \tag{4-39}$$

$$\boldsymbol{Z}_k = \boldsymbol{H}_k\boldsymbol{x}_k + \boldsymbol{V}_k \tag{4-40}$$

式中：$\boldsymbol{x}_k$ 为 k 时刻系统状态向量，$\boldsymbol{\Phi}_{k|k-1}$ 为系统状态一步转移矩阵，$\boldsymbol{W}_k$ 为系统噪声，$\boldsymbol{Z}_k$ 为系统观测向量，$\boldsymbol{H}_k$ 为系统量测矩阵，$\boldsymbol{V}_k$ 为量测噪声。

假定 $\boldsymbol{W}_k \sim N(0,\boldsymbol{Q}_k)$ 和 $\boldsymbol{V}_k \sim N(0,\boldsymbol{R}_k)$ 都是独立过程，且它们之间相互独立。$\boldsymbol{Q}_k$、$\boldsymbol{R}_k$ 分别是系统噪声序列的协方差矩阵和量测噪声序列的协方差矩阵。

状态一步预测为

$$\hat{\boldsymbol{x}}_{k|k-1}=\boldsymbol{\Phi}_{k|k-1}\hat{\boldsymbol{x}}_{k-1} \tag{4-41}$$

状态估计为

$$\hat{\boldsymbol{x}}_k=\hat{\boldsymbol{x}}_{k|k-1}+\boldsymbol{K}_k[\boldsymbol{Z}_k-\boldsymbol{H}_k\hat{\boldsymbol{x}}_{k|k-1}] \tag{4-42}$$

滤波增益为

$$\boldsymbol{K}_k=\boldsymbol{P}_{k+1|k}\boldsymbol{H}_k^{\mathrm{T}}[\boldsymbol{H}_k\boldsymbol{P}_{k+1|k}\boldsymbol{H}_k^{\mathrm{T}}+\boldsymbol{R}_k]^{-1} \tag{4-43}$$

或

$$\boldsymbol{K}_k=\boldsymbol{P}_k\boldsymbol{H}_k^{\mathrm{T}}\boldsymbol{R}_k^{-1} \tag{4-44}$$

一步预测协方差为

$$\boldsymbol{P}_{k|k-1}=\boldsymbol{\Phi}_{k|k-1}\boldsymbol{P}_{k-1}\boldsymbol{\Phi}_{k|k-1}^{\mathrm{T}}+\boldsymbol{Q}_{k-1} \tag{4-45}$$

估计误差协方差为

$$\boldsymbol{P}_k=(\boldsymbol{I}-\boldsymbol{K}_k\boldsymbol{H}_k)\boldsymbol{P}_{k|k-1}(\boldsymbol{I}-\boldsymbol{K}_k\boldsymbol{H}_k)^{\mathrm{T}}+\boldsymbol{K}_k\boldsymbol{R}_k\boldsymbol{K}_k^{\mathrm{T}} \tag{4-46}$$

或

$$\boldsymbol{P}_k=(\boldsymbol{I}-\boldsymbol{K}_k\boldsymbol{H}_k)\boldsymbol{P}_{k|k-1} \tag{4-47}$$

或

$$\boldsymbol{P}_k^{-1}=\boldsymbol{P}_{k|k-1}^{-1}+\boldsymbol{H}_k^{\mathrm{T}}\boldsymbol{R}_k^{-1}\boldsymbol{H}_k \tag{4-48}$$

卡尔曼滤波算法流程如图 4-11 所示。

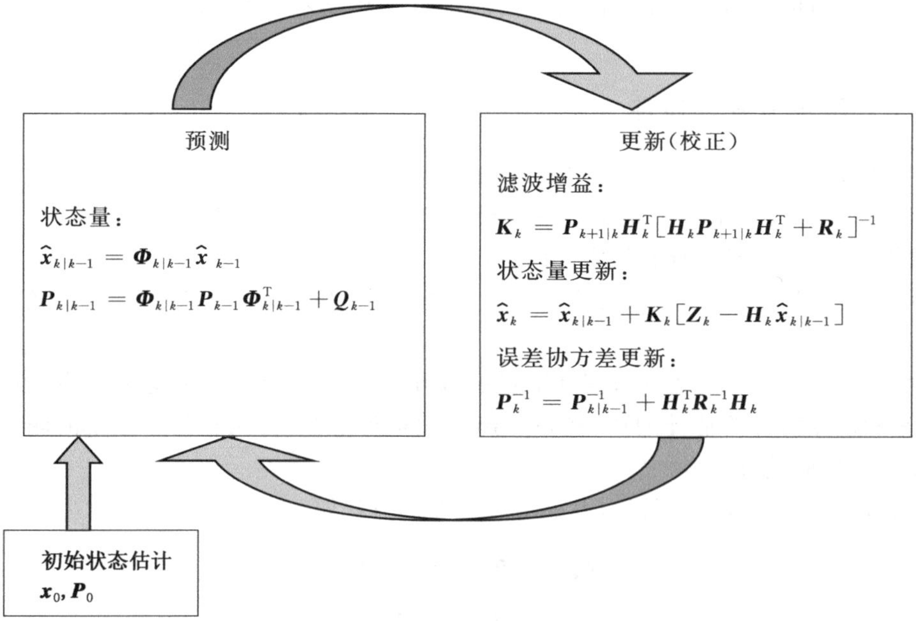

图 4-11 卡尔曼滤波算法流程图

给定滤波初值 $\hat{\boldsymbol{x}}_0$ 和 $\boldsymbol{P}_0$，根据 k 时刻的观测向量 $\boldsymbol{Z}_k$，可以递推计算下一时刻的状态估计值 $\hat{\boldsymbol{x}}_k$。由于滤波器的增益矩阵与观测无关，因此可以预先离线计算，减少实时在线计算量。

卡尔曼滤波算法是一种递推算法，启动时必须先给定初值 $\boldsymbol{x}_0$ 和 $\boldsymbol{P}_0$。在实际应用中，$\boldsymbol{x}_0$

和 $\boldsymbol{P}_0$ 的真值往往不能准确得到，只能根据经验设定。初始值的选取对滤波的稳定性有一定的影响。卡尔曼滤波器中有3个重要的参数——测量噪声协方差 $\boldsymbol{R}$、系统噪声协方差 $\boldsymbol{Q}$ 和估计误差协方差 $\boldsymbol{P}$，这些参数的选择直接影响滤波器的滤波效果。测量噪声协方差 $\boldsymbol{R}$ 一般是可以得到的，是滤波器的已知条件，通常离线获取一些系统的观测值来计算 $\boldsymbol{R}$ 的取值。对于系统噪声协方差 $\boldsymbol{Q}$，由于无法直接观测到过程信号，通常情况下，将这两个参数的值取得稍小一点，可以提高估计精度，加快收敛速度，但是取值过小会导致稳定性变差。估计误差协方差 $\boldsymbol{P}$ 主要影响收敛速度，需要设定一个初始值，通常情况下将此值选得大一点，这样可以提高收敛速度，但是如果选得过大，就会导致稳定性变差，甚至导致滤波发散。

滤波发散是指滤波器实际的均方误差比估计值大很多，并且其差值随着时间的增加而无限增长。引起滤波发散的主要原因有：

①系统噪声和量测噪声参数的选取与实际物理过程不符；

②系统的初始状态和初始估计误差协方差的假设值偏差过大；

③线性化处理或降维处理不适当；

④存在计算误差等。

4.4.2　扩展卡尔曼滤波

扩展卡尔曼滤波(extended Kalman filter，EKF)是一种在线线性化算法，通过对非线性函数的泰勒展开式进行一阶线性化截断，将非线性问题转化为线性问题，其转化性能取决于非线性系统的复杂度和算法优劣特性。

1)非线性方程

假设非线性系统的状态方程和观测方程为

$$\boldsymbol{x}_{k+1}=f_k(\boldsymbol{x}_k,\boldsymbol{W}_k) \tag{4-49}$$

$$\boldsymbol{Z}_k=h_k(\boldsymbol{x}_k,\boldsymbol{V}_k) \tag{4-50}$$

式中：$f(\cdot)$和$h(\cdot)$为非线性向量函数；$\boldsymbol{W}_k$ 和 $\boldsymbol{V}_k$ 分别为系统噪声和量测噪声，均为零均值白噪声。

2)状态方程

假设 $f(\cdot)$和$h(\cdot)$对其变量连续可微，将公式(4-49)围绕 $\hat{\boldsymbol{x}}_{k-1}$ 进行泰勒级数展开并取其一次项，得

$$\boldsymbol{x}_k=f_{k-1}(\boldsymbol{x}_{k-1},\boldsymbol{W}_{k-1})\approx f_{k-1}(\hat{\boldsymbol{x}}_{k-1},0)+\boldsymbol{f}_{k-1}^{x}\tilde{\boldsymbol{x}}_{k-1}+f_{k-1}^{W}\boldsymbol{W}_{k-1} \tag{4-51}$$

其中

$$\tilde{\boldsymbol{x}}_{k-1}=\boldsymbol{x}_{k-1}-\hat{\boldsymbol{x}}_{k-1}$$

$$\boldsymbol{f}_{k-1}^{x}=\frac{\partial f_{k-1}(\boldsymbol{x}_{k-1},\boldsymbol{W}_{k-1})}{\partial \boldsymbol{x}_{k-1}}$$

$$\boldsymbol{f}_{k-1}^{W}=\frac{\partial f_{k-1}(\boldsymbol{x}_{k-1},\boldsymbol{W}_{k-1})}{\partial \boldsymbol{W}_{k-1}}$$

对时刻 k 状态的一步提前预测

$$\tilde{\boldsymbol{x}}_k\approx f_{k-1}(\tilde{\boldsymbol{x}}_{k-1},0) \tag{4-52}$$

状态预测误差

$$\tilde{\boldsymbol{x}}_k = \boldsymbol{x}_k - \hat{\boldsymbol{x}}_k \approx \boldsymbol{f}_{k-1}^{x} \tilde{\boldsymbol{x}}_{k-1} + \boldsymbol{f}_{k-1}^{W} \boldsymbol{W}_{k-1} \tag{4-53}$$

状态预测误差的协方差

$$\boldsymbol{P}_{k|k-1} \approx \boldsymbol{f}_{k-1}^{x} \boldsymbol{P}_{k-1|k-1} (\boldsymbol{f}_{k-1}^{x})^{\mathrm{T}} + \boldsymbol{f}_{k-1}^{W} \boldsymbol{Q}_{k-1} (\boldsymbol{f}_{k-1}^{W})^{\mathrm{T}} \tag{4-54}$$

对 k 时刻量测的线性化观测方程为

$$\boldsymbol{Z}_k = h(\boldsymbol{x}_k, \boldsymbol{V}_k) \approx h_k(\tilde{\boldsymbol{x}}_k, 0) + \boldsymbol{h}_k^{x} \tilde{\boldsymbol{x}}_k + \boldsymbol{h}_k^{V} \boldsymbol{V}_k \tag{4-55}$$

其中

$$\tilde{\boldsymbol{x}}_{k-1} = \boldsymbol{x}_{k-1} - \hat{\boldsymbol{x}}_{k-1}$$

$$\boldsymbol{h}_k^{x} = \frac{\partial h_k(\boldsymbol{x}_k, \boldsymbol{V}_k)}{\partial \boldsymbol{x}_k}$$

$$\boldsymbol{h}_k^{V} = \frac{\partial h(\boldsymbol{x}_k, \boldsymbol{V}_k)}{\partial \boldsymbol{V}_k}$$

3)观测方程

对时刻 k 量测的一步提前预测

$$\hat{\boldsymbol{Z}}_k \approx h_k(\hat{\boldsymbol{x}}_k, 0) \tag{4-56}$$

量测预测误差

$$\hat{\boldsymbol{Z}}_k = \boldsymbol{Z}_k - \hat{\boldsymbol{Z}}_k \approx \boldsymbol{h}_k^{x} \tilde{\boldsymbol{x}}_k + \boldsymbol{h}_k^{V} \boldsymbol{V}_k \tag{4-57}$$

量测预测误差的协方差阵

$$\boldsymbol{R}_{Z_k} \approx \boldsymbol{h}_k^{x} \boldsymbol{P}_{k|k-1} (\boldsymbol{h}_k^{x})^{\mathrm{T}} + \boldsymbol{h}_k^{V} \boldsymbol{R}_k (\boldsymbol{h}_k^{V})^{\mathrm{T}} \tag{4-58}$$

状态预测误差与量测预测误差的协方差阵

$$\boldsymbol{R}_{x_k Z_k} \approx \boldsymbol{P}_{k|k-1} (\boldsymbol{h}_k^{x})^{\mathrm{T}} \tag{4-59}$$

在 k 时刻得到新的 $\boldsymbol{Z}_k$，状态滤波的更新公式为

$$\hat{\boldsymbol{x}}_k = \boldsymbol{x}_{k-1} + \boldsymbol{K}_k (\boldsymbol{Z}_k - \boldsymbol{h}_k^{x} \hat{\boldsymbol{x}}_k) \tag{4-60}$$

预测误差的协方差

$$\boldsymbol{P}_{k|k} = \boldsymbol{P}_{k|k-1} - \boldsymbol{P}_{k|k-1} (\boldsymbol{h}_k^{x})^{\mathrm{T}} [\boldsymbol{h}_k^{x} \boldsymbol{P}_{k|k-1} (\boldsymbol{h}_k^{x})^{\mathrm{T}} + \boldsymbol{h}_k^{V} \boldsymbol{R}_k (\boldsymbol{h}_k^{V})^{\mathrm{T}}]^{-1} \boldsymbol{h}_k^{x} \boldsymbol{P}_{k|k-1} \tag{4-61}$$

k 时刻的增益阵

$$\boldsymbol{K}_k = \boldsymbol{P}_{k|k-1} (\boldsymbol{h}_k^{x})^{\mathrm{T}} [\boldsymbol{h}_k^{x} \boldsymbol{P}_{k|k-1} (\boldsymbol{h}_k^{x})^{\mathrm{T}} + \boldsymbol{h}_k^{V} \boldsymbol{R}_k (\boldsymbol{h}_k^{V})^{\mathrm{T}}]^{-1} \tag{4-62}$$

还可以在泰勒展开式中取到二阶项，这样精度要高一些，但复杂度要高很多。

EKF 的主要问题是前一历元状态参数估计值 $\hat{\boldsymbol{x}}_{k-1}$ 的精度，若其误差较大，则线性化的状态方程和观测方程，以及相应的误差方程的误差也大。

尽管 EKF 得到了广泛的使用，但也存在一些不足：

①当非线性函数的泰勒展开式的高阶项不能忽略时，线性化会使系统产生较大的误差，甚

至造成滤波器不稳定；

②在许多实际问题中不易对非线性函数的雅可比矩阵求导；

③EKF 需要求导，所以必须了解非线性函数的具体形式，无法做到黑盒封装，不易模块化应用。

4.4.3　无迹卡尔曼滤波

为了改善非线性函数的滤波效果，Julier 等提出了采用基于无迹变换的方法，即采用确定性采样策略逼近非线性分布的方法，将 UT 变换用于卡尔曼滤波算法，形成了无迹卡尔曼滤波(unscented Kalman filter，UKF)方法。UKF 方法并不用线性化的方法去近似非线性状态方程或观测模型，而是对非线性函数的概率密度分布做近似处理。采用 UT 变换，得到符合一定条件的粒子点，这些粒子点表示的后验分布，可以描述真实后验分布的二阶矩。

UKF 在处理状态方程时，首先进行 UT 变换，然后结合卡尔曼滤波得到估计值。对使用 UT 变换后的状态变量进行滤波估计，以减少估计误差，是一种回归最小均方差估计方法。与 EKF 相比，UKF 不对非线性状态和观测方程进行线性化处理，且精度要高于 EKF；不需要计算雅可比矩阵，计算量和 EKF 相当。

每一个循环 UKF 的具体步骤如下：

①对于给定的 $\hat{\boldsymbol{x}}_{k-1|k-1}$，$\boldsymbol{P}_{k-1|k-1}$，用 UT 变换求状态的一步预测 $\hat{\boldsymbol{x}}_{k|k-1}$，以及预测误差的协方差阵 $\boldsymbol{P}_{k|k-1}$。

首先，计算 sigma 点 $\boldsymbol{\chi}^i_{k-1|k-1}$，$i=0,1,2,\cdots$，即

$$\begin{cases}\boldsymbol{\chi}^0_{k-1|k-1}=\hat{\boldsymbol{x}}_{k-1|k-1} \\ \boldsymbol{\chi}^i_{k-1|k-1}=\hat{\boldsymbol{x}}_{k-1|k-1}+\left(\sqrt{(n+\lambda)\boldsymbol{P}_{k-1|k-1}}\right)_i & i=1,2,\cdots,n \\ \boldsymbol{\chi}^i_{k-1|k-1}=\hat{\boldsymbol{x}}_{k-1|k-1}-\left(\sqrt{(n+\lambda)\boldsymbol{P}_{k-1|k-1}}\right)_{i-n} & i=n+1,n+2,\cdots,2n\end{cases} \tag{4-63}$$

其次，计算 Sigma 点 $\boldsymbol{\chi}^i_{k|k}$ $(i=0,1,2,\cdots,2n)$通过状态演化方程的传播，即

$$\begin{cases}\boldsymbol{\chi}^i_k=f_k(\boldsymbol{\chi}^i_{k-1|k-1}) & i=0,1,\cdots,2n \\ \hat{\boldsymbol{x}}_{k|k-1}=\sum_{i=0}^{2n}w_i^{\mathrm{m}}\boldsymbol{\chi}^i_k \\ \boldsymbol{P}_{k|k-1}=\sum_{i=0}^{2n}w_i^{\mathrm{c}}(\boldsymbol{\chi}^i_k-\hat{\boldsymbol{x}}_{k|k-1})(\boldsymbol{\chi}^i_k-\hat{\boldsymbol{x}}_{k|k-1})^{\mathrm{T}}+\boldsymbol{Q}_{k-1}\end{cases} \tag{4-64}$$

②用 UT 求 Sigma 点、$\hat{\boldsymbol{x}}_{k|k-1}$、$\boldsymbol{P}_{k|k-1}$ 通过量测方程的传播。

首先，计算 Sigma 点、$\hat{\boldsymbol{x}}_{k|k-1}$、$\boldsymbol{P}_{k|k-1}$ 通过量测方程对 $\boldsymbol{x}_k$ 的传播，即

$$\begin{cases}\boldsymbol{\chi}^0_k=\hat{\boldsymbol{x}}_{k|k-1} \\ \boldsymbol{\chi}^i_k=\hat{\boldsymbol{x}}_{k|k-1}+\left(\sqrt{(n+\lambda)\boldsymbol{P}_{k|k-1}}\right)_i & i=1,2,\cdots,n \\ \boldsymbol{\chi}^i_k=\hat{\boldsymbol{x}}_{k|k-1}-\left(\sqrt{(n+\lambda)\boldsymbol{P}_{k|k-1}}\right)_{i-n} & i=n+1,n+2,\cdots,2n\end{cases} \tag{4-65}$$

其次，计算输出的一步提前预测，即

$$\begin{cases}\boldsymbol{\chi}_k^i = h_k(\boldsymbol{\chi}_k^i) \\ \hat{\boldsymbol{z}}_{k|k-1} = \sum_{i=0}^{2n} w_i^{\mathrm{m}} \boldsymbol{\chi}_k^i \\ \boldsymbol{P}_{z_k} = \sum_{i=0}^{2n} w_i^{\mathrm{c}} (\boldsymbol{\chi}_k^i - \hat{\boldsymbol{z}}_{k|k-1})(\boldsymbol{\chi}_k^i - \hat{\boldsymbol{z}}_{k|k-1})^{\mathrm{T}} + \boldsymbol{R}_k \\ \boldsymbol{P}_{x_k z_k} = \sum w_i^{\mathrm{c}} (\boldsymbol{\chi}_k^i - \hat{\boldsymbol{x}}_{k|k-1})(\boldsymbol{\chi}_k^i - \hat{\boldsymbol{z}}_{k|k-1})^{\mathrm{T}} \end{cases} \tag{4-66}$$

③在获得新的量测 $\hat{\boldsymbol{z}}_k$ 后，进行滤波更新，即

$$\begin{cases}\hat{\boldsymbol{x}}_{k|k} = \boldsymbol{x}_{k|k-1} + \boldsymbol{K}_k (\hat{\boldsymbol{z}}_k - \hat{\boldsymbol{z}}_{k|k-1}) \\ \boldsymbol{K}_k = \boldsymbol{P}_{x_k z_k} \boldsymbol{P}_{z_k}^{-1} \\ \boldsymbol{P}_{k|k} = \boldsymbol{P}_{k|k-1} - \boldsymbol{K}_k \boldsymbol{P}_{z_k}^{-1} \boldsymbol{K}_k^{\mathrm{T}} \end{cases} \tag{4-67}$$

$\boldsymbol{K}_k$ 是滤波增益阵。

UKF 算法虽然能够克服 EKF 存在的一系列问题，但在实际应用时，UKF 对初始值的取值比较敏感，系统噪声相关信息的不确定性以及状态模型扰动异常都会影响 UKF 滤波解的精度。无论是 EKF 还是 UKF，都是用高斯分布来逼近系统状态的后验概率密度，如若系统状态的后验概率密度是非高斯的，这两种方法都将会产生较大的误差。

本章小结

多传感器信息融合旨在解决农业机械智能导航过程中单一传感器测量精度低、随机误差大、鲁棒性差等问题。本章主要介绍多传感器信息融合结构、融合级别及常用融合方法，分析指出了各算法的优点及局限性；介绍了传感器时间配准及空间配准的概念和方法。卡尔曼滤波及其改进算法在农业机械智能导航中应用较为广泛，本章对此进行了重点介绍。

参考文献

[1] 周俊，姬长英. 自主车辆导航系统中的多传感器融合技术[J]. 农业机械学报，2002，33(5)：113-116.

[2] 刘丽娟. 基于 D-S 证据理论的多传感器信息融合算法研究[D]. 无锡：江南大学，2014.

[3] 韩崇昭，朱洪艳，段战胜，等. 多源信息融合[M]. 北京：清华大学出版社，2006.

[4] 程跃兵. 多传感器多目标航迹关联与融合算法研究[D]. 南京：南京理工大学，2010.

[5] 黄惠宁，刘源璋，梁昭阳. 多传感器数据融合技术概述[J]. 科技信息，2010(15)：72-73.

[6] 王宝树，李芳社. 基于数据融合技术的多目标跟踪算法研究[J]. 西安电子科技大学学报，1998(3)：269-272.

[7] 籍颖，刘兆祥，刘刚，等. 基于 Kalman 滤波农用车辆导航定位方法[J]. 农业机械学报，2009，40(S)：13-17.

[8] 籍颖. 农业机械导航系统定位方法研究[D]. 北京：中国农业大学，2011.

[9] 孟伟.基于多传感器融合的机器人自主导航研究[D].哈尔滨:哈尔滨工业大学,2005.
[10] 刘玉新.基于信息融合的车载组合导航系统研制[D].北京:北京工业大学,2003.
[11] 王志胜,姜斌,甄子洋.融合估计与融合控制[M].北京:科学出版社,2009.
[12] 赵亦林.车辆定位与导航系统[M].谭国真,译.北京:电子工业出版社,1999.
[13] 张青,康立山,李大农.群智能算法及其应用[J].黄冈师范学院学报,2008,28(6):44-48.

第5章 智能导航转向操纵控制技术

5.1 转向操纵控制方法

导航控制包括转向操纵控制和决策控制两部分(图 5-1),本章主要介绍转向操纵控制技术。转向操纵控制系统是导航系统的执行部分。目前较常用的转向方式有两种:一是采用直流电机或者步进电机结合齿轮机构传动实现前轮转向,二是采用电液控制系统实现前轮转向。第一种方式安装灵活,维护简单,但因方向盘存在转动余量,精度较低;第二种方式精度高,响应快,但后装难度较大。本章以电液控制转向方式为例,介绍拖拉机导航转向操纵控制。如图 5-1 所示,转向操纵控制器接收来自导航决策控制器的控制命令——期望前轮转角,同时通过安装在前轮的角度传感器实时检测当前前轮转角,并与期望前轮转角相比较,以二者之差作为输入,根据控制算法,计算出合适的控制量并控制电控液压阀动作,通过驱动转向油缸实现拖拉机前轮的转向。

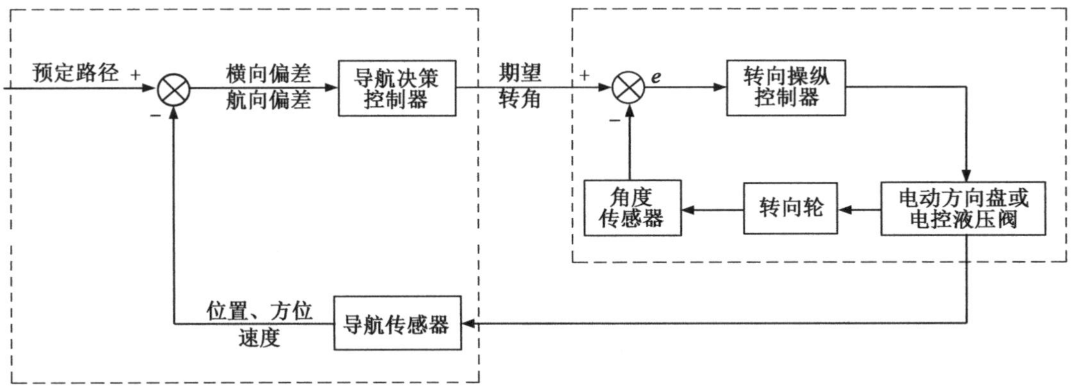

图 5-1　拖拉机导航控制系统框图

常用的转向操纵控制方法有 PID 控制、模糊控制和滑模控制。

5.1.1　PID 控制

PID 控制根据偏差的比例(P)、积分(I)、微分(D)进行控制,是控制系统中应用最为广泛的一种控制方法。其控制原理如图 5-2 所示。其控制规律可以表示为

$$u(t)=K_P\left[e(t)+\frac{1}{T_I}\int_0^t e(t)\mathrm{d}t+\frac{T_D\mathrm{d}e(t)}{\mathrm{d}t}\right] \tag{5-1}$$

式中：$u(t)$为控制量，$e(t)$为偏差；K_P 为比例系数，T_I 为积分时间常数，T_D 为微分时间常数。

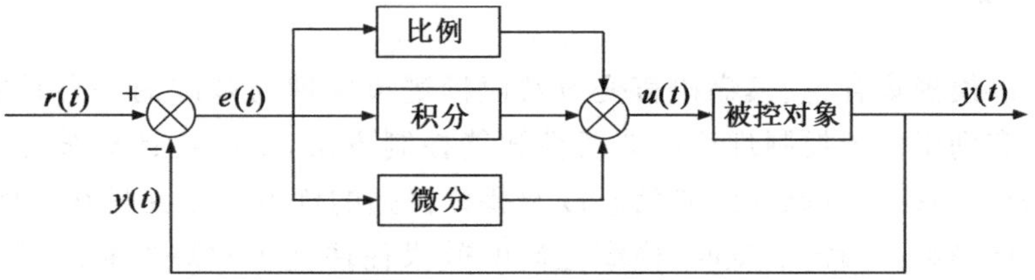

图 5-2　常规 PID 控制原理图

比例控制能够迅速反映误差，从而减小误差，但不能消除稳态误差，K_P 的加大会引起系统的不稳定；积分控制的作用是，只要系统存在误差，积分控制作用就不断积累，使得输出控制量消除误差，但积分作用太强会使系统超调增大，甚至出现振荡；微分控制可以减小超调量，克服振荡，提高系统稳定性，同时加快系统的动态响应速度，缩短调整时间，从而改善系统的动态性能。

在计算机控制系统中，实现 PID 控制必须用数值逼近的方法。当采样周期相当短时，用求和代替积分，用后向差分代替微分，将模拟 PID 控制规律离散化为差分方程。为此，可做如下近似：

$$\int_0^t e(t)\mathrm{d}(t)\approx\sum_{i=0}^{k}Te(i) \tag{5-2}$$

$$\frac{\mathrm{d}e(t)}{\mathrm{d}t}\approx\frac{e(k)-e(k-1)}{T} \tag{5-3}$$

式中：T 为采样周期，k 为采样序号。

进一步可得到数字 PID 位置型控制算式

$$u(k)=K_P\left[e(k)+\frac{T}{T_I}\sum_{i=0}^{k}e(i)+T_D\frac{e(k)-e(k-1)}{T}\right] \tag{5-4}$$

由式(5-4)可以看出，位置型控制算法使用起来不够方便，不便于编写程序，需对其进行改进。由式(5-4)可得

$$u(k-1)=K_P\left[e(k-1)+\frac{T}{T_I}\sum_{i=0}^{k-1}e(i)+T_D\frac{e(k-1)-e(k-2)}{T}\right] \tag{5-5}$$

将式(5-4)和式(5-5)求差，可得数字 PID 增量型控制算式

$$\begin{aligned}\Delta u(k)&=u(k)-u(k-1)\\&=K_P[e(k)-e(k-1)]+K_Ie(k)+K_D[e(k)-2e(k-1)+e(k-2)]\end{aligned} \tag{5-6}$$

式中：$K_I=K_P\dfrac{T}{T_I}$，称为积分系数；$K_D=K_P\dfrac{T_D}{T}$，称为微分系数。

利用增量型控制算式也可得出位置型控制算式,即

$$u(k)=u(k-1)+\Delta u(k) \tag{5-7}$$

5.1.2 模糊控制

模糊控制是以模糊集合论、模糊语言变量及模糊逻辑推理为基础的一种计算机数字控制方法。它是一种有别于传统控制理论的非线性智能控制方法,不需要针对被控对象建立数学模型,具有能充分运用控制专家的经验信息以及鲁棒性强的优点。尤其是在一些复杂系统中,当该系统存在不精确和不确定信息时,模糊控制的效果往往优于常规控制。模糊控制已成为目前实现智能控制的一种重要而又有效的形式。

模糊控制的基本原理如图 5-3 所示。

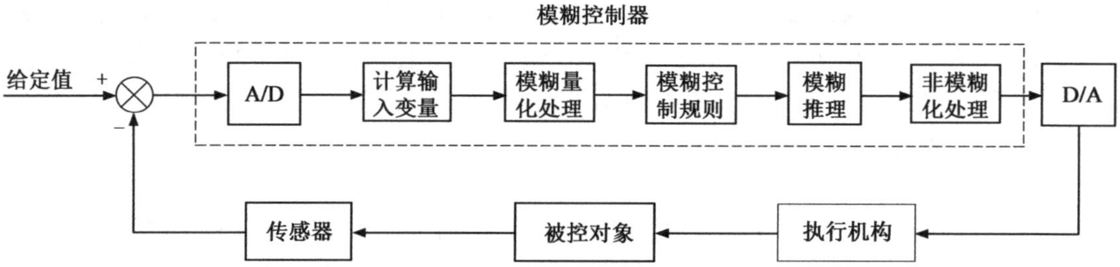

图 5-3　模糊控制原理图

模糊控制的核心部分是模糊控制器,它首先根据本次采样得到的系统的输出值,计算系统的输入变量;其次将输入变量的精确值转变为模糊量:然后根据输入变量(模糊量)及模糊控制规则,按模糊推理合成规则计算控制量(模糊量);最后将得到的控制量(模糊量)转变为精确的控制量。

模糊控制器的设计包括以下方面。

5.1.2.1 确定模糊控制器的输入变量和输出变量(控制量)

由于模糊控制器的控制规则是根据人的手动控制规则提出的,所以模糊控制器的输入变量一般有 3 个可选,即误差、误差的变化以及误差变化的变化。通常将模糊控制器的输入变量的个数称为模糊控制器的维数。从理论上讲,模糊控制器的维数越高,控制越精细,但是维数过高,模糊控制规则变得过于复杂,且实现该控制算法也相当困难。目前广泛采用的模糊控制器多是二维的,一般以误差和误差的变化为输入变量,以绝对的控制量或者控制量的变化为输出变量。

5.1.2.2 设计模糊控制器的控制规则

控制规则的设计是模糊控制器设计的关键,一般包括 3 部分内容:

(1)选择描述输入输出变量的词集。一般采用 7 个词汇来描述模糊控制器的输入输出变量的状态,即

{负大,负中,负小,零,正小,正中,正大}

用英文字头缩写表示为

{NB,NM,NS,ZO,PS,PM,PB}

(2)定义各模糊变量的模糊子集。定义一个模糊子集,实际上就是确定模糊子集隶属函数曲线的形状。将确定的隶属函数曲线离散化,得到有限个点上的隶属度,构成一个相应的模糊变量的子集。试验研究结果表明,采用正态型模糊变量来描述人们进行控制活动的模糊概念是比较合适的。

(3)建立模糊控制器的控制规则。利用模糊集合理论和语言变量的概念,可以把用语言归纳的手动控制策略上升为数值运算,进而在计算机上实现模糊自动控制。用语言归纳手动控制策略的过程,就是建立模糊控制器的控制规则的过程。手动控制策略一般都可以用条件语句加以描述。建立模糊控制规则表的基本原则是:当误差大或较大时,选择控制量以尽快消除误差为主;当误差较小时,选择控制量要注意防止超调,以系统的稳定性为主。

5.1.2.3 确立模糊化和非模糊化的方法

将精确量转换为模糊量的过程称为模糊化,或称为模糊量化。模糊化一般采用如下两种方法:

①把精确量离散化,把在某个区间范围内变化的连续量分为若干个档次,每档对应一个模糊集,这样的处理使模糊化的过程比较简单。

②将在某区间的精确量模糊化成这样的一个模糊子集:在某精确量处隶属度为1,除该点外其余各点的隶属度均取0。

根据模糊规则,经过模糊推理,才能决策出控制变量的一个模糊子集,同时还需要采用合理的方法将模糊量转换为精确量,以便更好地发挥模糊推理结果的决策效果。将模糊量转换为精确量的过程称为清晰化,又称非模糊化或去模糊化。模糊推理及模糊量的非模糊化有多种方法,主要有MIN-MAX-重心法、代数积-加法-重心法、模糊加权型推理法、函数型推理法、加权函数型推理法、选择最大隶属度法以及取中位数法等。

5.1.2.4 选择模糊控制器的输入变量及输出变量的论域并确定模糊控制器的参数

由于事先对被控对象缺乏先验知识,所以对误差及误差变化的基本论域只能作初步的选择,待系统调整时再进一步确定。控制量的基本论域根据被控对象提供的数据选定。

一般选择误差模糊子集论域数 $n \geqslant 6$,误差变化模糊子集论域数 $m \geqslant 6$,控制量模糊子集论域数 $l \geqslant 7$,以确保各个模糊集能够较好地覆盖论域,避免出现失控现象。

误差和误差变化量化因子的大小,对控制系统的动态性能影响较大。当误差的量化因子较大时,系统的超调也较大,过渡过程较长;当误差变化的量化因子较大时,超调量减小,但系统响应速度会变慢。二者的大小意味着两输入量的不同加权程度,二者之间也相互影响。输出比例因子作为模糊控制器的总增益,它的大小影响着控制器的输出,因此,也影响着模糊控制系统的特性。输出比例因子选择过小会使系统动态响应过程变长,而选择过大会导致系统振荡。

5.1.2.5 编制模糊控制算法的应用程序

模糊控制算法的计算机程序一般包括两个部分:一个是计算机离线计算查询表的程序,属于模糊矩阵运算;另一个是计算机在模糊控制过程中在线计算输入变量,并将它们模糊化处理,查找查询表后再作输出处理的程序。

5.1.2.6 选择模糊控制算法的采样时间

香农采样定理给出了采样周期的上限,即

$$T \leqslant \frac{\pi}{\omega_{\max}} \tag{5-8}$$

式中：$\omega_{\max}$ 为采样信号的上限角频率。在式(5-8)给出的范围内，采样周期越小，越接近连续控制。此外，采样周期的选择还需要从执行机构的响应时间、控制系统的随动能力、控制系统的抗干扰性能、控制算法的执行时间以及计算机字长等方面综合考虑。

5.1.3 滑模控制

PID控制方法具有不依赖控制模型的优点，但是当遇到非线性的、时变的控制对象时，往往很难达到较好的控制效果；模糊控制有助于解决非线性的问题，然而模糊规则及隶属函数的建立需要凭借专家经验，如何保证模糊控制系统的稳定性和鲁棒性还有待进一步研究。而滑模控制方法常用于解决农机领域的非线性控制问题，能够保证转向轮准确地跟踪期望的转角指令。

滑模控制(sliding mode control，SMC)也称为变结构控制(variable structure control，VSC)，出现于20世纪50年代，经历了60多年的发展，已形成了一个相对独立的研究分支，成为自动控制系统的一种设计方法，适用于线性与非线性系统、连续与离散系统、确定性与不确定性系统、集中参数与分布参数系统、集中控制与分散控制系统等。变结构控制本质上是一类特殊的非线性控制，其非线性表现为控制的不连续性。这种控制策略与其他控制的不同之处在于系统的“结构”并不固定，而是可以在动态过程中根据系统的当前状态(如偏差及各阶导数)有目的地不断变化，迫使系统按照预定“滑动模态”的状态轨迹运动。滑动模态可以进行设计且与对象参数及扰动无关，这就使得变结构控制具有响应迅速、对参数变化及扰动不灵敏、无须系统在线辨识、物理实现简单等优点。但它同时也有缺点：当状态轨迹到达滑模面后，难以严格地沿着滑模面向平衡点滑动，而是在滑模面两侧来回穿越，从而产生抖振。

5.1.3.1 滑模控制基本原理

1)滑动模态定义及数学表达

考虑一般的情况，在系统

$$\dot{\boldsymbol{x}} = f(\boldsymbol{x}) \qquad \boldsymbol{x} \in \mathbf{R}^n \tag{5-9}$$

的状态空间中，有一个切换面 $s(\boldsymbol{x}) = s(x_1, x_2, \cdots, x_n) = \mathbf{0}$，它将状态空间划分为上、下两部分 $\boldsymbol{s} > \mathbf{0}$ 及 $\boldsymbol{s} < \mathbf{0}$。在切换面上的运动点有3种情况，如图5-4所示。

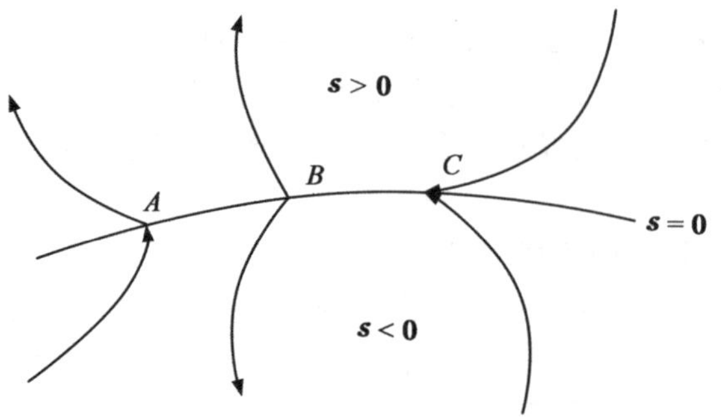

图5-4 切换面上3种点的特性

2)系统存在参数摄动时

$$\dot{\boldsymbol{x}} = \boldsymbol{A}\boldsymbol{x} + \boldsymbol{B}\boldsymbol{u} + \Delta\boldsymbol{A}\boldsymbol{x} \tag{5-21}$$

其中 $\Delta\boldsymbol{A}$ 表示系统的参数摄动。滑动模态与参数摄动 $\Delta\boldsymbol{A}$ 无关的充分必要条件为

$$\mathrm{rank}[\boldsymbol{B}, \Delta\boldsymbol{A}] = \mathrm{rank}\boldsymbol{B} \tag{5-22}$$

如果式(5-22)得到满足,则系统方程可化为

$$\dot{\boldsymbol{x}} = \boldsymbol{A}\boldsymbol{x} + \boldsymbol{B}(\boldsymbol{u} + \Delta\widetilde{\boldsymbol{A}}\boldsymbol{x}) \tag{5-23}$$

其中 $\Delta\widetilde{\boldsymbol{A}} = \boldsymbol{B}^{-1}\Delta\boldsymbol{A}$,可通过设计控制律 $\boldsymbol{u}$ 来实现对系统参数摄动的完全补偿。式(5-22)称为参数摄动和系统的完全匹配条件。

3)系统同时存在外部扰动和参数摄动时

$$\dot{\boldsymbol{x}} = \boldsymbol{A}\boldsymbol{x} + \boldsymbol{B}\boldsymbol{u} + \boldsymbol{D}\boldsymbol{f} + \Delta\boldsymbol{A}\boldsymbol{x} \tag{5-24}$$

如果满足匹配条件式(5-19)和式(5-22),则系统方程可化为

$$\dot{\boldsymbol{x}} = \boldsymbol{A}\boldsymbol{x} + \boldsymbol{B}(\boldsymbol{u} + \widetilde{\boldsymbol{D}}\boldsymbol{f} + \Delta\widetilde{\boldsymbol{A}}\boldsymbol{x}) \tag{5-25}$$

可通过设计控制律 $\boldsymbol{u}$ 来实现对外部扰动和参数摄动的完全补偿。

5.1.3.4 滑模控制器设计方法

滑模控制器的设计包括两部分:一是设计切换函数 $s(\boldsymbol{x})$,使其所确定的滑动模态渐进稳定且具有良好的动态品质;二是设计滑动模态控制律 $u^{\pm}(\boldsymbol{x})$,满足滑动模态到达条件,从而在切换面上形成滑动模态区。常规滑模控制有常值切换控制、函数切换控制和比例切换控制等设计方法。

变结构控制系统中的运动过程包括趋近运动和滑模运动两部分。系统从任意初始状态趋向切换面、直到到达切换面的运动称为趋近运动,即趋近运动为 $\boldsymbol{s} \to \boldsymbol{0}$ 的过程。滑模可达性条件仅保证由状态空间任意位置运动点在有限时间内到达切换面,但是对于如何趋近切换面是无任何限制的。高为炳提出采用趋近律的方法以改善趋近运动的动态品质。典型的趋近律有等速趋近律、指数趋近律、幂次趋近律、一般趋近律等,下面以较常用的指数趋近律为例,介绍滑模控制器的设计方法。

考虑如下指数趋近律

$$\dot{\boldsymbol{s}} = -\varepsilon\,\mathrm{sgn}(\boldsymbol{s}) - k\boldsymbol{s} \qquad \varepsilon > 0, k > 0 \tag{5-26}$$

式中:$-\varepsilon\,\mathrm{sgn}(\boldsymbol{s})$为等速趋近项,$-k\boldsymbol{s}$ 为指数趋近项,其解为 $\boldsymbol{s} = s(\boldsymbol{0})\mathrm{e}^{-kt}$。在上述指数趋近中,趋近速度从一较大值逐步减小到零,不仅缩短了趋近时间,而且使运动点到达切换面的速度较小。对单纯的指数趋近,运动点逼近切换面是一个渐进的过程,不能保证有限时间内到达,切换面上也就不存在滑动模态了,所以要增加一个等速趋近项$-\varepsilon\,\mathrm{sgn}(\boldsymbol{s})$,使当 $\boldsymbol{s}$ 接近于零时,趋近速度是 ε 而不是零,可以保证在有限时间内到达。为了保证快速趋近的同时削弱抖振,应在增大 k 的同时减小 ε。

针对状态方程

$$\dot{\boldsymbol{x}} = \boldsymbol{A}\boldsymbol{x} + \boldsymbol{B}\boldsymbol{u} \tag{5-27}$$

设计切换函数

$$s = Cx \tag{5-28}$$

其中 **C** 可以通过极点配置、二次型最优和特征结构配置等方法确定。

采用指数趋近律的控制方式，可得

$$\dot{s} = C\dot{x} = -\varepsilon \operatorname{sgn}(s) - ks \tag{5-29}$$

将状态方程式(5-27)代入式(5-29)得

$$u = (CB)^{-1}[-CAx - \varepsilon \operatorname{sgn}(s) - ks] \tag{5-30}$$

可以看出，控制器的抖振程度取决于趋近律 $\dot{s}$ 表达式中的切换项 $-\varepsilon \operatorname{sgn}(s)$。

5.2 电液控制转向系统建模

刘兆祥等以福田欧豹 TA704 型全液压转向拖拉机为研究平台，通过在现有拖拉机转向系统液压油路上并接电液比例阀控系统，实现了对拖拉机转向油缸的数字化控制。转向机构如图 5-5 所示。

(a)转向机构实物图

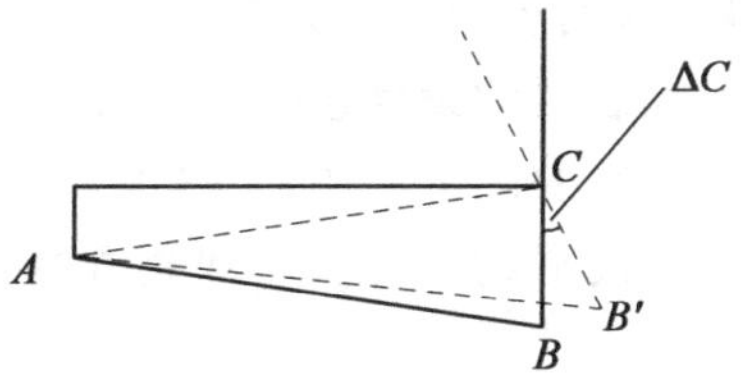

(b)转向机构简化几何图

图 5-5 拖拉机电液控制转向机构

当拖拉机前轮处于平衡位置时（此时前轮偏角为零），AC 长度 $b=46$ cm，BC 长度 $a=15$ cm，角 ACB（角 C）为 77°，AB 长度为 c。根据余弦定理，满足如下关系：

$$\cos C = \frac{a^2 + b^2 - c^2}{2ab} \tag{5-31}$$

当前轮转动角度为 ΔC 时，AB 长度增加 Δc，变为 AB'，此时满足

$$\cos(C + \Delta C) = \frac{a^2 + b^2 - (c + \Delta c)^2}{2ab} \tag{5-32}$$

利用泰勒公式，将式(5-32)等号两边分别在 C 和 c 处展开，并且考虑到在实际转向控制中 ΔC 和 Δc 的数值不是很大，忽略泰勒展开式的二次项及更高次项，可以得到

$$\cos C - \Delta C \sin C = \frac{a^2 + b^2 - (c^2 + 2c\Delta c)}{2ab} \tag{5-33}$$

将式(5-31)代入式(5-33)，可以进一步得到

$$\Delta C = \frac{c}{ab\sin C}\Delta c \tag{5-34}$$

表示成与时间相关的函数，即为

$$\Delta C(t) = \frac{c}{ab\sin C}\Delta c(t) \tag{5-35}$$

电液控制系统采用的比例方向阀为 PRM2-043，在电压为额定电压 12 V、阀压降 $\Delta P = 1\ 000$ kPa(10 bar)、液压油运动黏度 $\nu = 35\ \mathrm{mm^2/s}$ 的情况下，其流量与控制电流大小的关系如图 5-6 所示，图中流量以实际流量与最大流量(12 L/min)的比值表示。

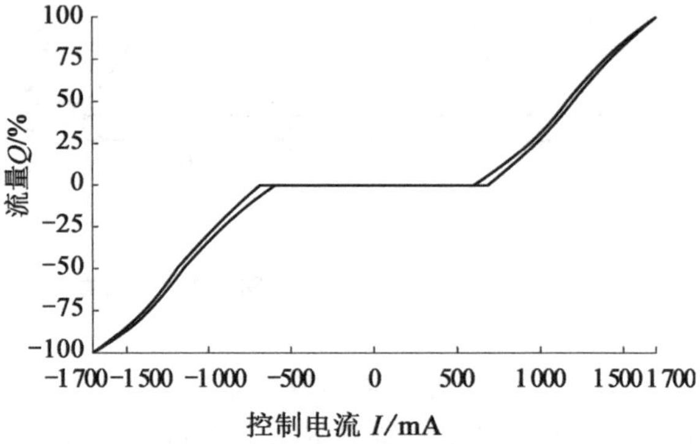

图 5-6　比例方向阀的流量-电流特性曲线

由图 5-6 可以看出，在电流 $I = -1\ 700 \sim -700$ mA 和 $I = 700 \sim 1\ 700$ mA 的范围内，可以近似认为液压油流量与电流为线性关系(实质为非线性关系)。将死区电流 ± 700 mA 叠加在控制电流上，可以近似得到流量 $Q(t)$ 的如下关系：

$$Q(t) = 0.000\ 2I(t) \tag{5-36}$$

而推杆移动速度

$$v(t) = Q(t)/S \tag{5-37}$$

其中 S 为油缸的横截面积。进一步可以得到推杆的位移为

$$\Delta c(t) = \int_0^t v(t)\mathrm{d}t = \int_0^t \frac{0.000\ 2I(t)}{S}\mathrm{d}t \tag{5-38}$$

结合关系式(5-35)可以得到

$$\Delta C(t) = \frac{c}{ab\sin C}\int_0^t \frac{0.000\ 2I(t)}{S}\mathrm{d}t \tag{5-39}$$

进行拉氏变换，得到

$$\Delta C(s) = \frac{c}{ab\sin C}\frac{0.000\ 2I(s)}{S}\frac{1}{s} \tag{5-40}$$

同时需要考虑电磁阀中螺线圈的响应特性，即阀芯位移对控制电流的响应存在一定的迟滞性。阀芯位移对控制电流的响应曲线如图 5-7 所示。

由图 5-7 可以看出，可将阀芯位移对控制电流的响应过程近似为一阶惯性环节，通过对图中 t_2 取平均并乘以 0.63，可以近似得到惯性时间常数 $T = 0.036$ s，因此，流量与电流的关系修正为

$$Q(s) = \frac{0.000\ 2}{0.036s + 1}I(s) \tag{5-41}$$

进一步可以得到

$$\Delta C(s)=\frac{c}{ab\sin C}\frac{0.000\ 2I(s)}{S}\frac{1}{0.036s^2+s} \tag{5-42}$$

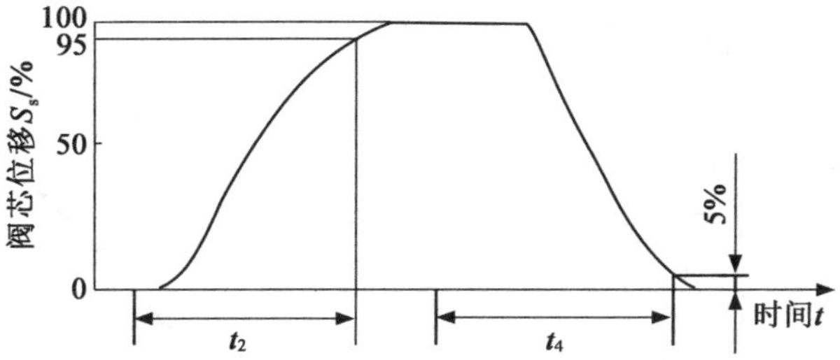

稳态阀芯位移 S_s/%	t_2/ms	t_4/ms
100	75	70
75	70	55
50	50	40
25	35	25

图 5-7　比例方向阀阀芯位移的响应曲线

由于转向油缸为单出杆油缸，拖拉机左、右转向时，两侧腔内的有效横截面积并不相等，因此，在供油量相同的情况下，左、右转向速度不同。相应地，$\Delta C(s)$与 $I(s)$的关系应为分段函数，考虑到转向油缸的内径为 55 mm，推杆直径为 25 mm，可以得到

$$\frac{\Delta C(s)}{I(s)}=\begin{cases}\dfrac{15.65}{s^2+27.8s} & 左转\\[2ex] \dfrac{19.725}{s^2+27.8s} & 右转\end{cases} \tag{5-43}$$

假设左、右转向模型相同，以左转模型为例，在采样周期为 50 ms 的情况下，可以得到系统的离散模型，其相应的差分方程为

$$\Delta C(k)=1.249\ 1\Delta C(k-1)+0.249\ 1\Delta C(k-2)+0.012\ 9I(k-1)+0.008\ 2I(k-2) \tag{5-44}$$

5.3　基于模糊滑模控制的转向操纵控制器

在上述转向模型建立过程中，对系统中部分非线性环节进行了近似和简化，获得了系统的线性模型。该模型对转向系统运动过程的描述不总具有准确性，转向系统还可能受到外部环境的干扰，尤其是转向系统中还可能存在一些复杂的未建模部分。不过，可将上述这些因素视为对系统的摄动，即建立的模型为受到一种摄动的线性模型。基于此线性模型构造滑模控制，使得上述摄动对滑动模态不产生影响，在理论上是完全可行的。但是滑模控制器需要合理设计，以尽可能削弱抖振。将滑模控制与模糊控制相结合是削弱抖振的一种有效方式。下面先介绍模糊滑模控制的基本原理，然后介绍针对电液控制转向系统设计的基于模糊滑模控制的转向操纵控制器及其试验结果。

5.3.1 模糊滑模控制基本原理

将模糊控制和传统的滑模控制相结合，就构成了模糊滑模控制。模糊滑模控制可以不依赖系统的模型，这样既保持了常规模糊控制器的优点，同时又可以减弱单纯滑动模态控制系统存在的抖振。因此，模糊滑模控制是在不确定环境下对难以建模的复杂对象进行有效控制的一种智能控制方式。将模糊控制和滑动模态控制相结合有两种方式，一种通过模糊控制规则直接确定滑动模态控制量，另一种通过模糊控制规则自适应地调整符号函数项的幅度。

基于第一种结合方式的模糊滑模控制的基本原理是：直接将切换函数及其微分作为模糊控制器的输入，在确保 $s\dot{s}<0$ 成立的情况下，利用模糊控制规则直接调整控制量的大小，可以满足滑模运动存在条件，克服参数不确定性及外干扰的影响，并且削弱抖振。该方法具有直接、简单且保持整个系统稳定的特点。相对于常规模糊控制，这种方法可将控制目标从跟踪误差转化为滑模函数，只要施加控制使切换函数 s 为零，跟踪误差将渐进到零；对于维数 $n>2$ 的高阶系统，这种方法还可以简化控制系统的结构复杂性，可将常规模糊控制的 n 维输入 $[e,\dot{e},\cdots,e^{(n-1)}]$ 简化为模糊滑模的固定二维输入 $[s,\dot{s}]$。对于滑模控制来说，这种方法可以优化控制信号，减轻或避免一般滑模控制的抖振现象。下面介绍的电液转向操纵控制即采用这种方法。

5.3.2 带补偿的模糊滑模转向操纵控制器设计

5.3.2.1 补偿策略

由式(5-43)可知，电液控制转向系统模型虽然为分段函数，但是零极点分布相同，只是增益系数有差别。因此可以先将系统视为非分段函数进行控制律的设计(此处以左转模型为例进行设计)，即认为左、右传递函数相同，在实际控制过程中，再根据两侧腔内有效横截面积的比值，对右转控制量进行相应的补偿，即

$$u(k)_{\text{Right}}=u(k)_{\text{Left}}\cdot K_S \tag{5-45}$$

其中 $K_S=0.793\,38$，为左腔活塞有效面积与右腔活塞有效面积的比值。

5.3.2.2 切换函数设计

根据式(5-43)所示传递函数，以左转为例，进行变量代换可得如下状态方程：

$$\begin{bmatrix}\dot{x}_1\\ \dot{x}_2\end{bmatrix}=\begin{bmatrix}0 & 1\\ 0 & 27.8\end{bmatrix}\begin{bmatrix}x_1\\ x_2\end{bmatrix}+\begin{bmatrix}0\\ -15.65\end{bmatrix}u \tag{5-46}$$

其中 $x_1(t)=\Delta C(t)$，$x_2(t)=\dot{x}_1(t)$，$u(t)=I(t)$。

将上述系统的状态方程转化为以误差 $e_1=\delta_{\rm d}-x_1$ 及其微分 $e_2=\dot{e}_1=\dot{\delta}_{\rm d}-\dot{x}_1=\dot{\delta}_{\rm d}-x_2$ 为状态变量的状态方程：

$$\begin{bmatrix}\dot{e}_1\\ \dot{e}_2\end{bmatrix}=\begin{bmatrix}0 & 1\\ 0 & 27.8\end{bmatrix}\begin{bmatrix}e_1\\ e_2\end{bmatrix}+\begin{bmatrix}0\\ -15.65\end{bmatrix}u+\begin{bmatrix}0\\ \ddot{\delta}_{\rm d}-27.8\dot{\delta}_{\rm d}\end{bmatrix} \tag{5-47}$$

其中 $\delta_{\rm d}$ 为前轮期望转角。

设计切换函数

$$s(e)=Ke_1+e_2 \tag{5-48}$$

选择 $K=5$，则滑动模态微分方程的特征方程的根为 $\lambda=-5$，分布在复平面的左半面，满足赫尔维茨稳定条件，则滑模控制系统在滑模面上运动时所满足的条件为 $s(e)=0$。

由于转向控制的采样周期较短（$T=50$ ms），所以模糊滑模控制器采用连续化设计方法，在实现该控制算法的过程中采用数值逼近的方法，即利用后向差分代替微分，近似表达为

$$\dot{e}_1 \approx \mathrm{d}e_1(k)=e_2(k)\frac{e_1(k)-e_1(k-1)}{T} \tag{5-49}$$

5.3.2.3　输入输出变量的模糊化

采用二维模糊控制器，模糊控制器的输入为 s 和 $\dot{s}$，它们分别是 $s(k)$ 和 $\mathrm{d}s(k)$ 的模糊化变量，其中 $s(k)=Ke_1(k)+\mathrm{d}e_1(k-1)$，$\mathrm{d}s(k)=s(k)-s(k-1)$，模糊控制器的输出为 ΔU，是系统控制量的变化量 Δu 的模糊化变量。

1) $s(k)$

基本论域：[−0.3，0.3]

量化等级：{−3，−2，−1，0，1，2，3}

量化因子：10

2) $\mathrm{d}s(k)$

基本论域：[−0.3，0.3]

量化等级：{−3，−2，−1，0，1，2，3}

量化因子：10

3) Δu

基本论域：[−0.9，0.9]

量化等级：{−3，−2，−1，0，1，2，3}

比例因子：0.3

输入输出变量的模糊子集均为{负大(NB)、负中(NM)、负小(NS)、零(ZO)、正小(PS)、正中(PM)，正大(PB)}，并且在其相应的论域内均选择Z形、S形以及三角形隶属函数，如图5-8所示。

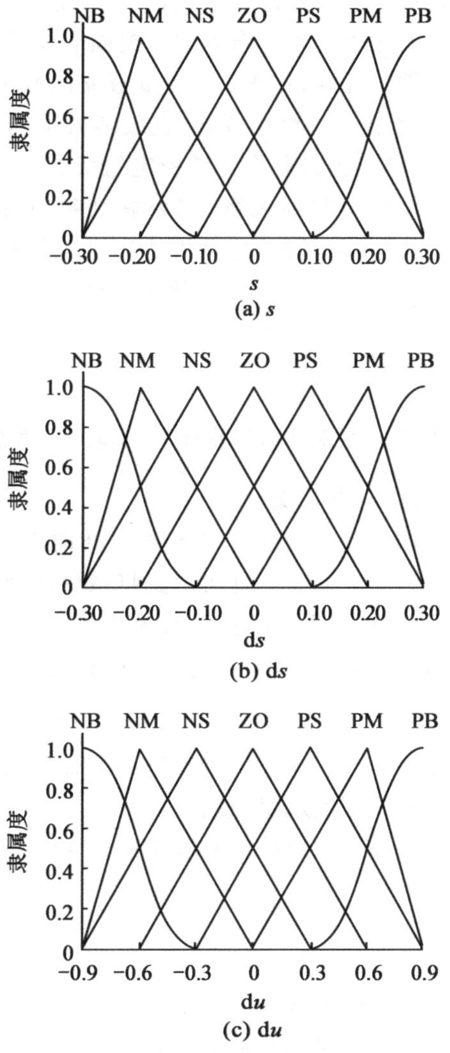

图 5-8　输入输出变量的隶属函数

5.3.2.4　模糊滑模的模糊控制规则设计

将式(5-48)两边对时间求导，可得

$$\dot{s}=Ke_2+27.8e_2-15.65\boldsymbol{u}+\ddot{\delta}_{\mathrm{d}}-27.8\dot{\delta}_{\mathrm{d}} \tag{5-50}$$

两边同乘以 $\boldsymbol{s}$，可得

$$\boldsymbol{s}\dot{\boldsymbol{s}}=Ke_2\boldsymbol{s}+27.8e_2\boldsymbol{s}-15.65\boldsymbol{us}+\ddot{\delta}_{\mathrm{d}}\boldsymbol{s}-27.8\dot{\delta}_{\mathrm{d}}\boldsymbol{s} \tag{5-51}$$

由式(5-51)可以发现，当 $\boldsymbol{s}>\boldsymbol{0}$ 时，$\boldsymbol{u}$ 增大将导致 $\boldsymbol{s}\dot{\boldsymbol{s}}$ 减小；当 $\boldsymbol{s}<\boldsymbol{0}$ 时，$\boldsymbol{u}$ 减小将同样导致 $\boldsymbol{s}\dot{\boldsymbol{s}}$ 减小。在力图满足不等式 $\boldsymbol{s}\dot{\boldsymbol{s}}<\boldsymbol{0}$ 的条件下设计控制量 $\boldsymbol{u}$，可获得如表5-1所示的控制规则。这里使用的模糊规则是：If $\boldsymbol{s}$ is A and $\dot{\boldsymbol{s}}$ is B，then ΔU is C。

由表 5-1 可以看出，当 s 和 $\dot{s}$ 都为正大时，则 $s\dot{s}$ 为正大，那么需要控制输入一个大的正变化，以使 $s\dot{s}$ 快速减小(If s is PB and $\dot{s}$ is PB，then ΔU is PB)；当 $s\dot{s} < 0$ 时，为期望状态，不需要改变控制输入(If s is PB and $\dot{s}$ is NB，then ΔU is ZO)；当 s 和 $\dot{s}$ 都为负大时，则 $s\dot{s}$ 为正大，那么需要控制输入一个大的负变化，以使 $s\dot{s}$ 快速减小(If s is NB and $\dot{s}$ is NB，then ΔU is NB)。由于表 5-1 中所有的控制规则都是根据满足达到滑模的充分必要条件 $s\dot{s} < \mathbf{0}$ 设计的，所以设计的模糊滑模控制系统是稳定的。相应的模糊控制曲面如图 5-9 所示。

表 5-1　模糊滑模控制规则表

s	$\dot{s}$						
	NB	NM	NS	ZO	PS	PM	PB
PB	ZO	PS	PM	PB	PB	PB	PB
PM	NS	ZO	PS	PM	PB	PB	PB
PS	NM	NS	ZO	PS	PM	PB	PB
ZO	NB	NM	NS	ZO	PS	PM	PB
NS	NB	NB	NM	NS	ZO	PS	PM
NM	NB	NB	NB	NM	NS	ZO	PS
NB	NB	NB	NB	NB	NM	NS	ZO

5.3.2.5　清晰化

采用重心法将模糊输出清晰化：

$$u(k)=\frac{\sum_{i=1}^{n} x_i U(i)}{\sum_{i=1}^{n} U(i)} \qquad (5\text{-}52)$$

式中 $U(i)$ 为输出模糊集合的离散元素。

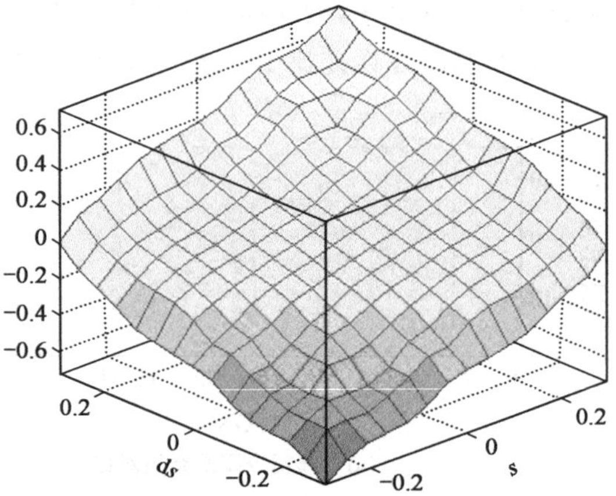

图 5-9　模糊控制曲面

5.3.3　转向操纵控制试验

5.3.3.1　仿真试验

在 MATLAB 环境下，采用 M 语言编写程序进行仿真。采用上述控制器对幅值为 15°、频率为 0.2 Hz 的方波信号和正弦波信号进行跟踪，仿真结果如图 5-10 所示(参见二维码 5-1)。

由图 5-10 可见，控制器可以实现对方波信号和正弦信号的有效跟踪，动态和静态性能良好，设计的控制算法在理论上是可行的。

二维码 5-1

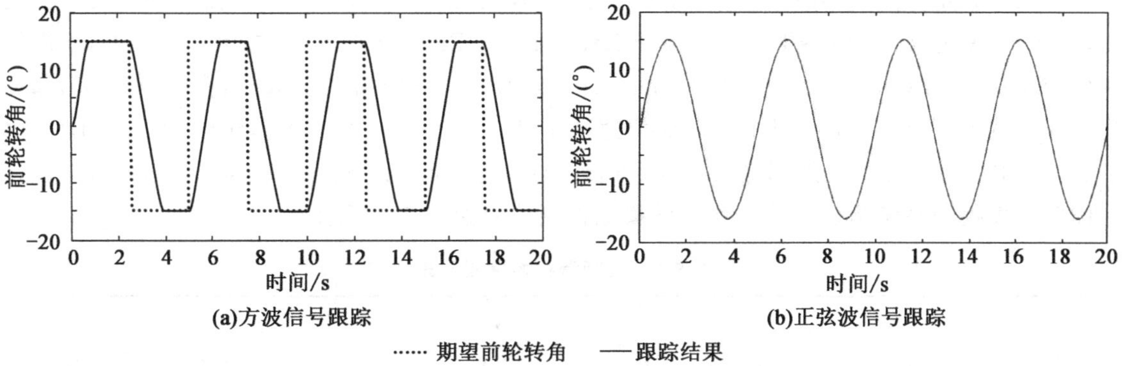

图 5-10 转向操纵控制器仿真结果

5.3.3.2 田间试验

为尽可能考虑农田地面状况对前轮转向控制的影响，在北京小汤山的国家精准农业研究示范基地秋收后的玉米地进行转向控制试验。选择幅值为 15°、频率为 0.2 Hz 的方波指令曲线和正弦波指令曲线对转向操纵控制器进行测试，信号采样频率为 10 Hz(采样周期 0.1 s)，同时与 PID 控制算法进行对比。PID 控制器同样根据式(5-45)对控制器输出进行补偿，PID 控制器的参数经过整定，选取 $K_P=14$，$K_I=0.5$，$K_D=2.5$。

图 5-11(a)为两种控制方法的方波指令跟踪结果，可以看出，模糊滑模控制比 PID 控制的动态响应速度更快，响应曲线更平滑。由图 5-11(b)的跟踪误差曲线可以看出，模糊滑模控制的转向控制跟踪误差比 PID 控制要小。(参见二维码 5-2)

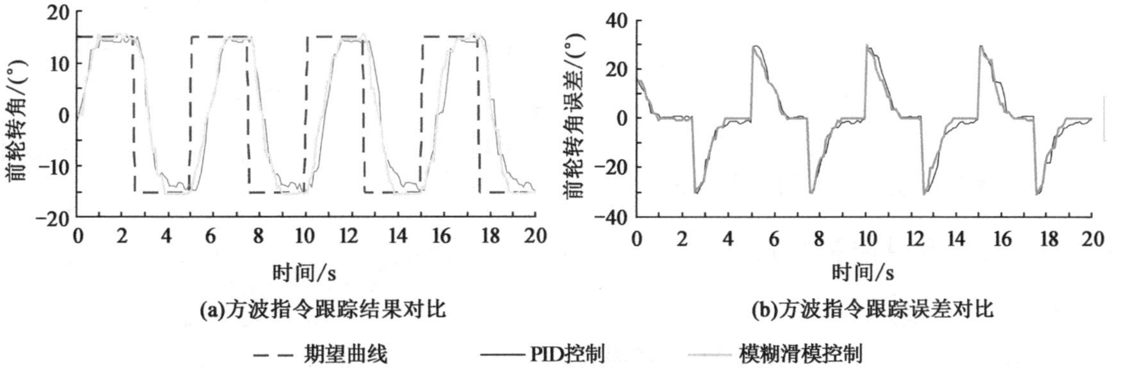

图 5-11 转向操纵控制器方波指令跟踪结果

图 5-12(a)为两种控制方法的正弦波指令跟踪结果，可以看出，带补偿的模糊滑模控制比 PID 控制动态响应速度更快，响应曲线更平滑。由图 5-12(b)的跟踪误差曲线可以看出，模糊滑模控制的转向控制跟踪误差比 PID 控制要小。(参见二维码 5-3)

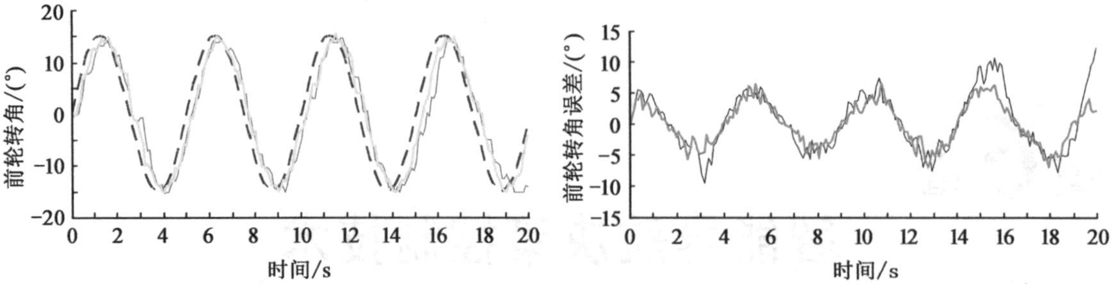

(a)正弦波指令跟踪结果对比　　(b)正弦波指令跟踪误差对比

－－ 期望曲线　—— PID控制　—— 模糊滑模控制

图 5-12　转向操纵控制器正弦波指令跟踪结果

二维码 5-2　　二维码 5-3

本章小结

本章主要介绍了农业车辆转向操纵控制原理、PID 控制原理、滑模控制基本原理，建立了电液控制转向系统的离散模型，针对转向机构左右不对称问题，采用带补偿的模糊滑模转向操纵控制器，利用滑动模态特有的不变性，可提高转向控制的鲁棒性。试验结果表明，与传统 PID 控制器相比，模糊滑模控制具有响应速度快、超调小、控制精度高的特点。

参考文献

[1] 刘兆祥. 农业车辆自动导航控制方法及导航路径识别算法研究[D]. 北京：中国农业大学，2011.

[2] 李士勇. 模糊控制、神经控制和智能控制论[M]. 哈尔滨：哈尔滨工业大学出版社，1998.

[3] 刘金琨. 滑模变结构 MATLAB 仿真[M]. 北京：清华大学出版社，2005.

[4] 高为炳. 变结构控制的理论与设计方法[M]. 北京：科学出版社，1996.

[5] 姚琼荟，黄继起，吴汉松. 变结构控制系统[M]. 重庆：重庆大学出版社，1997.

[6] 高为炳，程勉. 变结构控制系统的品质控制[J]. 控制与决策，1989(4)：1-6.

第6章 智能导航决策控制技术

导航控制包括转向操纵控制和决策控制两部分(见图5-1),第5章介绍了转向操纵控制技术及控制器的设计,本章主要介绍决策控制技术。

农用车辆的导航决策控制是指根据车辆的位置、航向以及运动状态来确定(决策)合适的控制量(通常是期望前轮转角),以修正路径跟踪误差。导航决策控制是农用车辆自动导航系统的控制核心,决策是否合理,直接影响后续的转向执行动作,进而影响整个导航系统的性能。

农用车辆利用导航传感器,如DGPS、摄像机、IMU、速度传感器等实时获取车辆的位置、姿态以及运动参数,将车辆的位置和航向信息与预定义路径进行比较,确定车辆相对预定导航路径的横向偏差和航向偏差,通过导航决策控制器,计算出合适的控制量——期望前轮转角,交由转向操纵控制器执行,转向操纵控制器控制前轮跟踪期望转角,从而完成自动导航。田间作业环境复杂多变,农用车辆在智能导航过程中容易受到建模误差、参数摄动以及外部干扰等不确定因素的影响,而且拖拉机本质上属于一种大延迟、大惯性和高度非线性的系统,这就要求导航决策控制算法具备一定的自适应性和鲁棒性。

智能导航决策控制是在路径规划和运动学模型建立的基础上实现的,因此首先介绍作业路径规划,并以拖拉机为例进行运动学建模。

6.1 导航作业路径规划

在复杂农田作业环境下,导航作业路径规划即为农机根据已知作业信息和环境信息,结合自身传感器对动态环境信息的感知(如距离、时间等),自己寻找到一条安全、无碰撞的运动路线,同时高效地完成作业任务。

6.1.1 全局路径规划

全局路径规划,也称为全区域覆盖路径规划、全覆盖路径规划,其方法是依据已获取的全区域环境信息,规划出一条从起始点至终点的运动路径,规划路径的精确程度取决于获取环境信息的准确程度。在保证无遗漏、全覆盖的前提下,衡量智能导航效果优劣的主要标准是时间和效率。在行驶速度一致的情况下,影响时间的主要因素有两个,一个是转弯次数,另一个是行走路径。覆盖同一区域,不同路径所走过的距离不等,重复覆盖率也不同,这些是影响作业效率的主要原因。全局路径不同于一般的“点到点”线状路径,它是“点到点”的面状路径。

田间作业路径的合理规划有利于提高作业质量,减少生产资料消耗和农机作业能耗。对于智能导航的拖拉机,需要给定明确的田间作业路径,作为系统输入的导航跟踪目标,才能进

行正常的行走和作业，而且田间作业路径优化设计有利于更好地发挥智能导航拖拉机在复杂田间环境的作业优势。

6.1.2 行走方式与成本消耗

由于构造上的原因，一般农机的转弯直径大于作业幅宽，因此转弯方式及路径规划自动生成算法是智能导航作业中路径离线规划的重要研究内容。

在对给定区域进行全局路径规划时，常见的无障碍区域内部行走方式主要有随机式、向内螺旋式、向外螺旋式和往返式等，如图 6-1 所示。随机式行走对农机硬件要求不高，无须考虑农机所处位置等环境因素，生产成本较低，但其效率和智能性较低，规划的路径随机性较大，不符合实际应用需要。向内螺旋式和向外螺旋式行走所形成的路线都类似一个“回”字，只是行走方向相反，这两种方式对边界的覆盖效果良好，运动轨迹长度较小，转弯次数相对较少，在一定程度上可以降低能量消耗，但是在区域靠近中心的位置需要不断转向，不利于大型农业机械设备使用，也不符合实际的农机作业习惯。往返式行走在无障碍的工作区域基本能实现100%的覆盖，对区域的边界没有任何要求，与随机式相比，其覆盖的重复率也大大降低，整个控制程序相对简单，容易实现。在农业实际生产中，一般在一块农田中种植同样的农作物并按行播种收割，因此一般选用往返式平行直线作业方式。

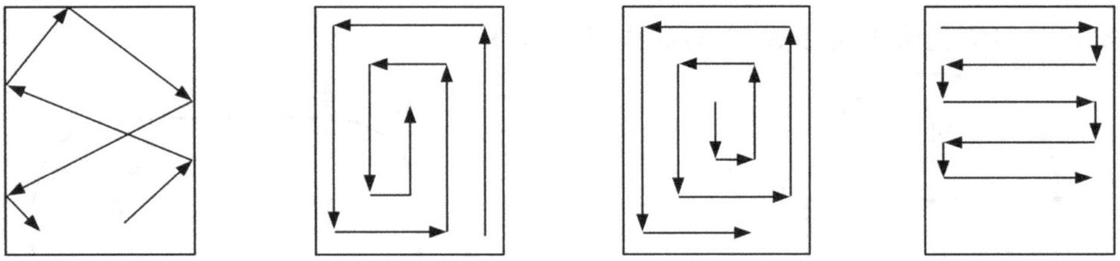

(a) 随机式　(b) 向内螺旋式　(c) 向外螺旋式　(d) 往返式

图 6-1　农机在作业区域内的主要行走方式

在地块区域内，作业路径多是平行直线，但在地头区域存在转弯操作。根据作业幅宽和最小转弯半径的大小关系，在地头区域的转弯模式主要有半圆形、弓形、梨形和鱼尾形，如图 6-2 所示。图中 d 为作业幅宽，r 为最小转弯半径。

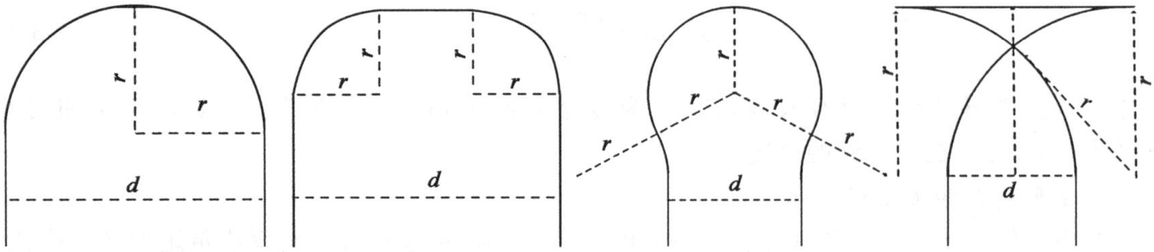

(a) 半圆形　(b) 弓形　(c) 梨形　(d) 鱼尾形

图 6-2　农机的 4 种转弯模式

1)半圆形转弯

当最小转弯半径等于作业幅宽的一半即 $r=d/2$ 时,优先选择半圆形转弯模式。实际作业如图 6-3 所示,当农机直线行驶至 A 点时开始转弯作业,沿最小转弯半径为 r 的半圆行驶至 B 点,之后又按作业规划路径直线行驶,重新进入直线作业区域,进行下一直线路径的作业。在此过程中,转弯消耗主要来自从 A 点到 B 点的行走过程。该模式下的转弯路径长度和时间消耗成本可用式(6-1)和式(6-2)表示。

$$L_{AB}=\pi r \tag{6-1}$$

$$T_{AB}=\frac{\pi r}{v} \tag{6-2}$$

式中:L_{AB} 为转弯作业路径长度,T_{AB} 为转弯作业消耗时间,r 为农机最小转弯半径,v 为农机转弯时的速度。

2)弓形转弯

当最小转弯半径小于作业幅宽的一半即 $r<d/2$ 时,优先选择弓形转弯模式。实际作业如图 6-4 所示,在平行线 AB 和 CD 内侧作以 r 为半径的两个圆(圆心分别为 O_1 和 O_2),分别与线段 AB、CD 相切于 A 点和 C 点,再作两个圆的外公共切线 EF,则平滑曲线 $AEFC$ 即为转弯作业路径。在此过程中,转弯消耗主要来自从 A 点到 C 点的行走过程。该模式下的转弯路径长度和时间消耗成本可用式(6-3)和式(6-4)表示。

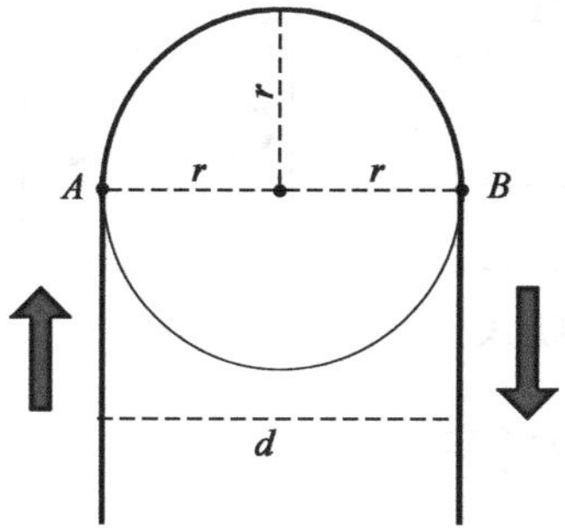

图 6-3 半圆形转弯模式分析

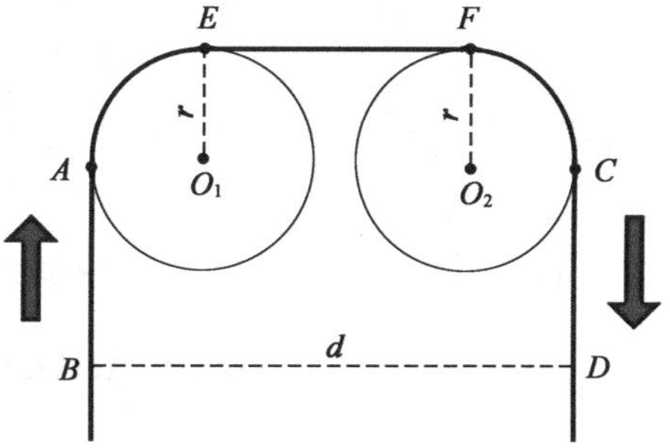

图 6-4 弓形转弯模式分析

$$L_{AEFC}=\pi r+d-2r \tag{6-3}$$

$$T_{AEFC}=\frac{\pi r+d-2r}{v} \tag{6-4}$$

式中:L_{AEFC} 为转弯作业路径长度,T_{AEFC} 为转弯作业消耗时间,d 为作业幅宽,r 为农机最小转弯半径,v 为农机转弯时的速度。

3)梨形转弯和鱼尾形转弯

当最小转弯半径大于作业幅宽的一半即 $r>d/2$ 时,可选择梨形转弯或鱼尾形转弯模式。当选择梨形转弯模式时,如图 6-5 所示,由于需要具有足够大的转弯空间,以 r 为半径在平行线 AB 和 CD 外侧作两个圆(圆心分别为 O_1 和 O_2),分别与线段 AB、CD 相切于 A 点和 C 点,然后以 O_1 和 O_2 为圆心,以 $2r$ 为半径作两圆,相交于 O 点。再以 r 为半径、以点 O 为圆心作圆,与圆 O_1 和圆 O_2 分别相切于 E、F 点,则平滑曲线 $AEFC$ 即为转弯作业路径。在此

过程中，转弯消耗主要来自从 A 点到 C 点的行走过程。该模式下的转弯路径长度和时间消耗成本可用式(6-5)和式(6-6)计算。

$$L_{AEFC}=\left[4\arccos\left(\frac{2r+d}{4r}\right)+\pi\right]r \tag{6-5}$$

$$T_{AEFC}=\frac{\left[4\arccos\left(\frac{2r+d}{4r}\right)+\pi\right]r}{v} \tag{6-6}$$

式中：L_{AEFC} 为转弯作业路径长度，T_{AEFC} 为转弯作业消耗时间，d 为作业幅宽，r 为农机最小转弯半径，v 为农机转弯时的速度。

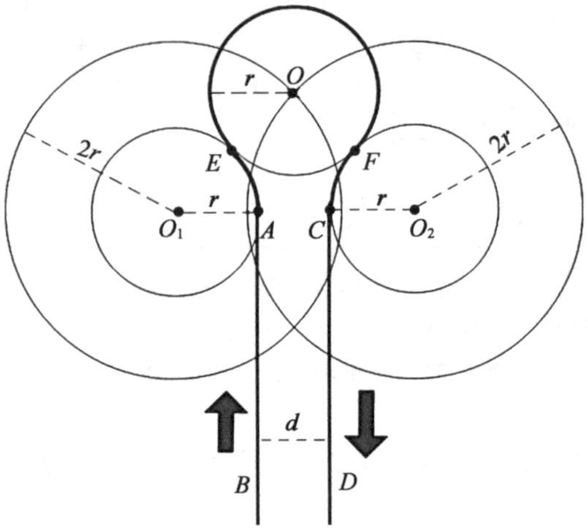

图 6-5　梨形转弯模式分析

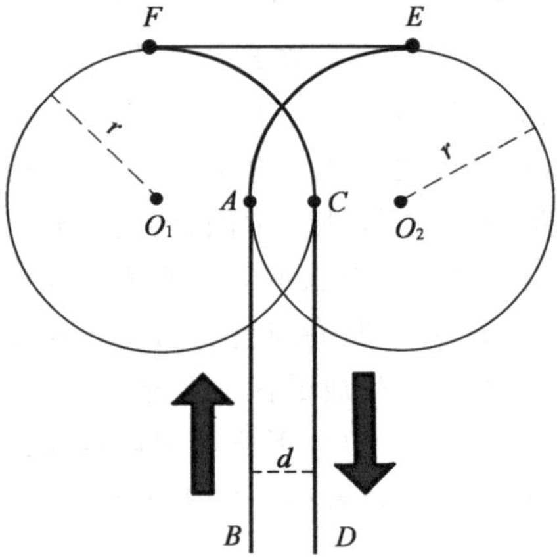

图 6-6　鱼尾形转弯模式分析

鱼尾形转弯模式可看作弓形转弯模式的变形，其算法与弓形模式基本一致。如图 6-6 所示，以 r 为半径作两个相交的圆 O_1 和 O_2，再作两个圆的公共切线 EF。当农机行驶至 A 点时，开始沿着圆 O_2 的圆弧行驶至 E 点，然后倒车至 F 点(假设倒车过程中的车速为 v_1)，再沿着圆 O_1 的圆弧行驶至 C 点，之后重新进入直线作业区域。在此过程中，转弯消耗主要来自从 A 点到 C 点的行走过程。该模式下的转弯路径长度和时间消耗成本可用式(6-7)和式(6-8)计算。

$$L_{AEFC}=\pi r+2r-d \tag{6-7}$$

$$T_{AEFC}=\frac{\pi r}{v}+\frac{2r-d}{v_1} \tag{6-8}$$

式中：L_{AEFC} 为转弯作业路径长度，T_{AEFC} 为转弯作业消耗时间，d 为作业幅宽，r 为农机最小转弯半径，v 为农机转弯时的速度，v_1 为农机倒车时的速度。

鱼尾形转弯模式适合更小的作业幅宽，它比梨形转弯模式占用的辅助地头面积小，路径也较短，但是需要农机具有较好的倒车直行功能。

研究证明，农机在多边形地块作业时，最佳的作业方向应平行于多边形的一条长边。对于

给定的地块，作业时直线路径消耗部分几乎不变，所以总的消耗主要因转弯消耗而变化，由于可以假设农机转弯时行驶速度基本不变，因此转弯路径的长度决定转弯消耗。所以，为了降低总的转弯消耗，在规划路径时应使总的转弯次数最少。

6.1.3 全局路径规划指标

田间作业环境和作业任务具有可预知性，因此基于作业地块几何形状、作业机具参数、地头转弯模式等先验信息，可以将农机的田间作业划分为不同区域，设计农田地块全局路径。地头转弯区是指用于农机转弯的区域，通常此区域为非有效作业区域，不种植农作物。在有效作业区域内，农机采用常见的往返式行走方式，如图 6-7 所示。此外，可以作如下假设：①假定农机在理想条件下作业，不考虑天气、地形等环境因素对作业过程的影响；②农机作业时，从农田地块的某一边界开始，一行接一行顺序行进作业，不存在从地块中间任意点开始作业或者跳跃作业的可能。根据不同作业任务或特定的作业需求，可以选择不同的路径优化目标，计算出农机的最优作业方向，并生成最优作业路径。

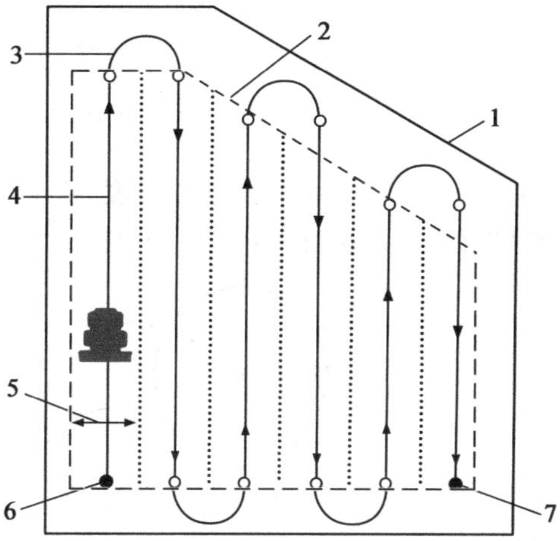

图 6-7 地块全局作业路径示意图

1. 自然地块边界 2. 有效作业边界 3. 半圆形转弯 4. 作业路径 5. 作业幅宽 6. 作业起点 7. 作业终点

孟志军等提出如下路径优化目标：

(1)转弯次数最少。农机按照最优作业方向进行田间作业时，在所有地头边界上的转弯次数之和最小。

(2)作业消耗最小。农机按照最优作业方向进行田间作业时，在地头上进行转弯操作所消耗的时间最少。

(3)总作业路径最短。总作业路径为地块边界内所有直线作业行路径长度与各相邻作业行首尾转弯路径长度之和。当农机按照最优作业方向进行田间作业时，总作业路径最短。

(4)有效作业路径比最大。有效作业路径指地块边界内的所有直线作业行路径长度。当农机按照最优作业方向进行田间作业时，有效作业路径长度与总作业路径长度的比值最大。

6.2 拖拉机运动学模型

经过规划的导航路径是农机作业的期望轨迹，为实现导航路径的跟踪控制，需要从农机运动学模型、动力学模型、决策控制算法以及转向操纵控制的实现方案等方面综合考虑。

6.2.1 运动学模型

建立农机运动学模型是实施控制的前提，在复杂农田环境下，运动学模型的准确性将直接影响农机智能导航作业的控制精度。农机在田间行驶作业调整车体方向时，转向原理如图 6-8 所示，其中 R 为农机转弯半径，δ 为前轮(转向轮)转角，L 为农机前后轴轴距，则存在以下关系：

$$R = \frac{L}{\tan\delta} \tag{6-9}$$

农机的阿克曼四轮车模型如图 6-9 所示，M 为农机的后轴中心，I 为转向圆圆心，e 为轮胎距离的一半，L 为轴距。根据阿克曼转向原理，两轮转向时，内轮转角需大于外轮转角，用 δ 表示虚轮的转角。

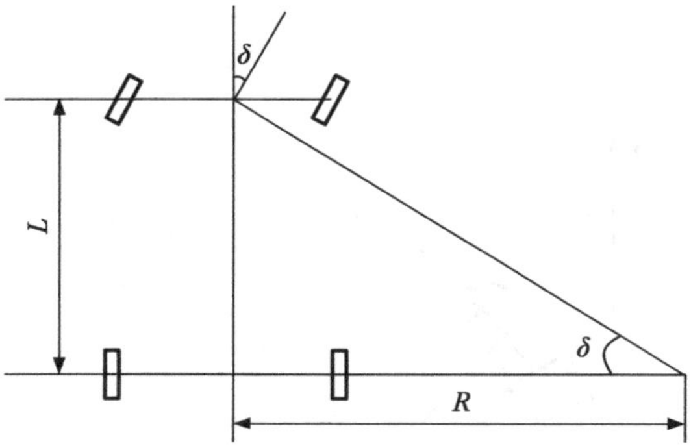

图 6-8　农机转向原理

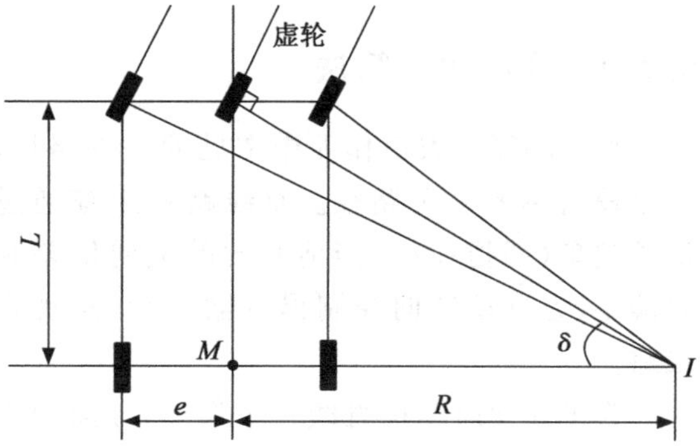

图 6-9　阿克曼四轮车转向模型

在 t_k 时刻，用坐标(x_k, y_k, θ_k)表示农机的状态，其中 θ_k 为农机的方位角（农机车身纵轴线与导航坐标系 X 轴的夹角，图 6-9 中未显示）。e 和 L 保持不变，并假设农机在两个采样点之间没有滑动，则根据四轮车模型可以得到下面的阿克曼方程：

$$\begin{cases} x_{k+1} = x_k + \left(\dfrac{\Delta_{RR} + \Delta_{RL}}{2}\right) \cdot \cos\left(\theta_k - \dfrac{\Delta_{RL} - \Delta_{RR}}{4 \cdot e}\right) \\ y_{k+1} = y_k + \left(\dfrac{\Delta_{RR} + \Delta_{RL}}{2}\right) \cdot \sin\left(\theta_k - \dfrac{\Delta_{RL} - \Delta_{RR}}{4 \cdot e}\right) \\ \theta_{k+1} = \theta_k - \dfrac{\Delta_{RL} - \Delta_{RR}}{2 \cdot e} \end{cases} \tag{6-10}$$

式中：Δ_{RL} 为左后轮驶过的距离，Δ_{RR} 为右后轮驶过的距离。已知农机初始位置(x_0, y_0, z_0)及初始方位角 θ_0，根据上述运动学关系[式(6-10)]，便可以推算出农机在 t_{k+1} 时刻的位置及方位角。

四轮车运动学模型更贴近实际，但自由度过多，模型较为复杂，且参数耦合严重，因此，农机导航系统适宜采用更简化的运动学模型。假设农机在行驶过程中不存在侧向滑动且左右轮胎对称，则可将四轮车简化为二轮车模型，如图 6-10 所示。XOY 为农机所在坐标系，θ 为农机的航向角，δ 为农机的前轮转角，L 为农机前后轴轴距，v 为农机行驶速度，v_x、v_y 分别为横向和纵向速度分量。

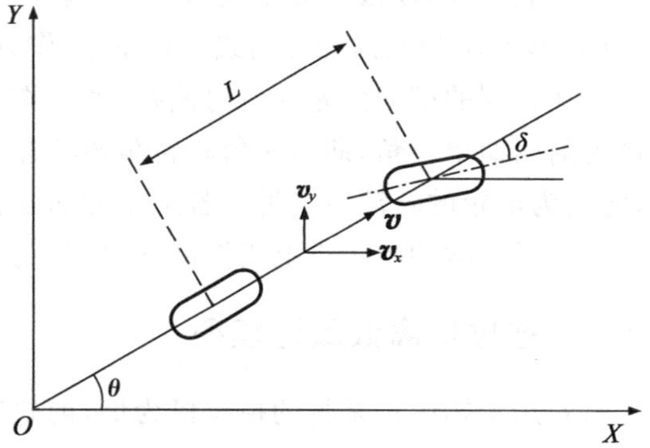

图 6-10　简化二轮车运动学模型

根据模型可得农机运动学方程

$$\begin{cases} v_x = v\cos\theta \\ v_y = v\sin\theta \\ \dot{\theta} = \dfrac{v}{L}\tan\delta \end{cases} \tag{6-11}$$

6.2.2 直线跟踪算法

直线路径是农田作业中常见的一种路径，也是比较简单的一种路径。直线路径跟踪通过确定导航车（即拖拉机）当前时刻的横向偏差和航向偏差，为自动转向控制提供输入量，实现直线跟踪。

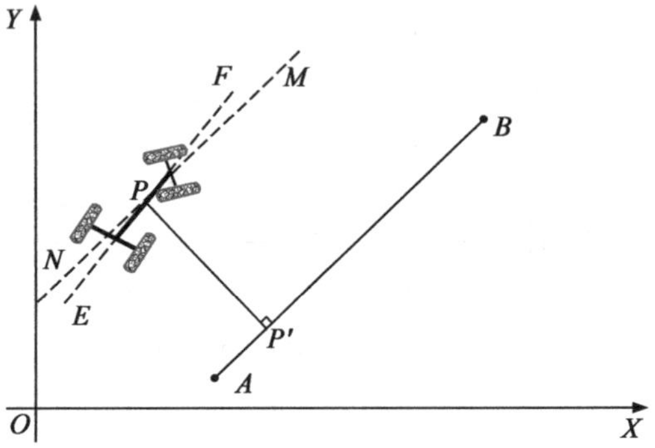

图 6-11 直线路径偏差计算方法

为了使导航车按直线行走作业，导航前需要确定一条导航基线，称导航 AB 线，如图 6-11 所示。起点坐标为 $A(x_1, y_1)$，终点坐标为 $B(x_2, y_2)$，AB 线的方程为

$$ax + by + c = 0 \tag{6-12}$$

其中：

$$a = y_2 - y_1$$
$$b = x_1 - x_2$$
$$c = x_2 y_1 - x_1 y_2$$

设导航车当前所在的点为 $P(x_3, y_3)$。P 点到 AB 线的距离

$$d = \frac{|ax_3 + by_3 + c|}{\sqrt{a^2 + b^2}} \tag{6-13}$$

d 即为横向偏差。

图 6-11 中，AB 线为导航线，P 点为拖拉机当前所在位置，P' 点为 P 点在 AB 线上的投影。EF 线为车身当前的方向线。过 P 点作 AB 线的平行线 NM。这样 $\angle FPM$ 即为航向偏差。这样得到的横向偏差和航向偏差，就可作为导航决策控制算法的输入。导航决策系统控制量为前轮期望转角，期望转角和转角传感器采集到的当前前轮转角作为转向控制算法的输入，输出为前轮的转动控制量。若采用方向盘控制转向系统，下一步则需要根据这个控制量发送相应数量的脉冲到步进电机控制器，控制前轮转动，实现导航车直线跟踪。

6.2.3 拖拉机离散跟踪模型

以农用车辆中最常见的拖拉机为例，前轮转向，后轮驱动。由于拖拉机实际作业中运动速度相对较低，因此可以不考虑车辆的离心力。如前所述，假设拖拉机在行驶过程中不存在侧滑且左、右轮胎对称，则四轮车运动学模型可以简化为二轮车模型。将拖拉机转向机构简化为一阶惯性环节，同时以预定直线路径为横轴建立跟踪坐标系，前进方向为横轴正方向，跟踪起点的横坐标为零，则可以得到如图 6-12 所示的非线性运动学跟踪模型。

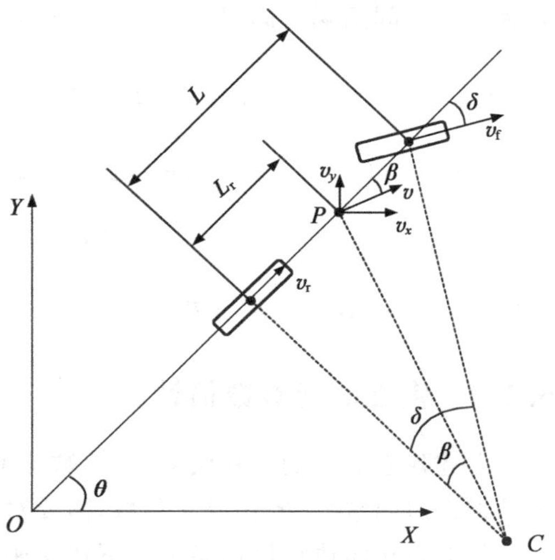

图 6-12　拖拉机直线跟踪模型

选取点 P 作为拖拉机控制参考点，规定拖拉机的航向角和前轮转角逆时针方向为正，按 X 方向和 Y 方向对控制参考点的速度进行分解，利用位移和速度的导数关系以及前后轮和控制参考点相对于速度瞬心 C 点具有相同的角速度 ω，可建立如下方程组：

$$\begin{cases} v_x = \dot{x} = v\cos(\theta - \beta) \\ v_y = \dot{y} = v\sin(\theta - \beta) \\ \omega = \dot{\theta} = (v\cos\beta\tan\delta)/L \\ \dot{\delta} = -\delta/\tau + \delta_d/\tau \\ \tan\beta = (L_r/L)\tan\delta \end{cases} \tag{6-14}$$

式中：x 为拖拉机跟踪距离，m；y 为拖拉机横向跟踪偏差，m；θ 为拖拉机航向角，rad；δ 为拖拉机前轮转角，rad；β 为控制参考点瞬时速度相对车身轴线的夹角，rad；v 为拖拉机在控制参考点的速度，m/s；L 为拖拉机轴距，m；τ 为惯性时间常数，s；δ_d 为期望前轮转角，rad；L_r 为拖拉机控制参考点到后轴中心的距离，m。

在 θ、δ 和 β 都比较小的情况下，跟踪距离 x 也比较小，可用泰勒一阶展开式进行线性化，同时忽略 x，近似得到如下跟踪模型：

$$\begin{cases} \dot{y} = v(\theta + L_r\delta/L) \\ \dot{\theta} = v\delta/L \\ \dot{\delta} = -\delta/\tau + \delta_d/\tau \end{cases} \tag{6-15}$$

取 $L_r = 0$，即可得到基于后轴中心的拖拉机运动学跟踪模型：

$$\dot{\boldsymbol{x}} = \boldsymbol{A}\boldsymbol{x} + \boldsymbol{B}\boldsymbol{u} \tag{6-16}$$

式中：

$$\boldsymbol{x} = \begin{bmatrix} y \\ \theta \\ \delta \end{bmatrix},\ \boldsymbol{A} = \begin{bmatrix} 0 & v & 0 \\ 0 & 0 & v/L \\ 0 & 0 & -1/\tau \end{bmatrix},\ \boldsymbol{B} = \begin{bmatrix} 0 \\ 0 \\ 1/\tau \end{bmatrix},\ \boldsymbol{u} = [\delta_d]$$

式(6-16)的解为

$$\boldsymbol{x}(t) = e^{\boldsymbol{A}(t-t_0)}\boldsymbol{x}(t_0) + \int_{t_0}^{t} e^{\boldsymbol{A}(t-\tau)}\boldsymbol{B}\boldsymbol{u}(t)\mathrm{d}t \tag{6-17}$$

采用零阶保持器对式(6-17)进行离散化，即

$$\boldsymbol{u}(t) = \boldsymbol{u}(k) \qquad kT \leqslant t < (k+1)T \tag{6-18}$$

T 为离散时间间隔。同时令 $t_0 = kT, t = (k+1)T$，可以得到

$$\boldsymbol{x}(k+1) = \mathrm{e}^{\boldsymbol{A}T}\boldsymbol{x}(k) + \int_{kT}^{(k+1)T} \mathrm{e}^{\boldsymbol{A}(kT+T-\tau)}\,\mathrm{d}t\boldsymbol{B}\boldsymbol{u}(k) \tag{6-19}$$

若令 $t = kT + T - \tau$，进一步得到离散方程

$$\boldsymbol{x}(k+1) = \boldsymbol{F}\boldsymbol{x}(k) + \boldsymbol{G}\boldsymbol{u}(k) \tag{6-20}$$

式中：$\boldsymbol{F} = \mathrm{e}^{\boldsymbol{A}T}, \boldsymbol{G} = \int_0^T \mathrm{e}^{\boldsymbol{A}t}\,\mathrm{d}t\boldsymbol{B}$。式(6-20)即为拖拉机直线跟踪的离散数学模型。

6.2.4 惯性时间参数估计

上述建立的车辆跟踪模型中，参数 v 和 L 是已知的，而参数 τ 是未知的。τ 为操纵转向系统的惯性时间常数，要获得此参数，需要对操纵转向系统的特性作进一步分析。

很明显转向执行机构满足以下传递函数：

$$H(s) = \frac{Y(s)}{F(s)} = \frac{1}{\tau s + 1} \tag{6-21}$$

式中：$F(s)$ 为转向机构输入量的拉氏变换，即期望前轮转角的拉氏变换；$Y(s)$ 为转向机构输出量的拉氏变换，即实际前轮转角的拉氏变换。

进一步可以得到转向执行机构的微分方程：

$$\tau \frac{\mathrm{d}y(t)}{\mathrm{d}t} + y(t) = f(t) \tag{6-22}$$

当 $f(t) = \sin\omega t$ 时，微分方程的解为

$$y(t) = \frac{\sin\omega t - \omega\tau\cos\omega t}{1 + \omega^2\tau^2} + C\mathrm{e}^{-\frac{t}{\tau}} \tag{6-23}$$

其中 C 为待定常数，由 $y(0)$ 确定 。

进一步对 $y(t)$ 进行变换，可得

$$y(t) = \frac{\sin(\omega t + \phi)}{\sqrt{1 + \omega^2\tau^2}} + C\mathrm{e}^{-\frac{t}{\tau}} \tag{6-24}$$

其中 $\phi = -\arctan\omega\tau$ 。很明显 $\frac{\sin(\omega t + \phi)}{\sqrt{1 + \omega^2\tau^2}}$ 为 $y(t)$ 的稳态响应，而 $C\mathrm{e}^{-\frac{t}{\tau}}$ 为 $y(t)$ 的暂(瞬)态响应。

可以看出，系统的稳态输出信号和系统输入信号存在相位差 ϕ，也就是存在时间延迟 $t = (\arctan\omega\tau)/\omega$，而且时间延迟的大小和参数 τ 有关，因此可通过求得延迟时间的大小进而求得参数 τ 。由第 5 章中模糊滑模转向控制的正弦跟踪结果[图 5-12(a)]可以看出，输出信号和输入信号的确存在一定时延。

6.3　基于遗传算法的自适应模糊导航决策控制技术

常规的模糊控制器具有设计简单、控制性能比较好的特点，但是这种控制器的模糊控制表由输入输出变量及其论域和模糊变量的赋值表决定，模糊控制表确定之后，这种模糊控制器的控制规则就固定不变，对于不同的被控对象或者控制过程中的不同阶段，不变的控制规则无法获得预期的控制效果。模糊控制器的性能很大程度上取决于模糊控制规则的确定性及可调整性。当被控对象受到参数摄动和外部干扰等不确定因素影响时，常规的模糊控制器仍可以保证系统最终趋于稳定，但是会降低系统的控制品质，出现诸如超调增大、过渡时间变长或者系统的响应速度变慢等现象。

拖拉机本身是一个具有大延迟、高度非线性以及时变性和不确定性的复杂系统，而且农田地况较差，轮胎与地面作用过程复杂，常规的模糊控制器难以获得满意的控制效果，因此需要对其性能进行改进。下面以模糊控制算法为基础，采用遗传算法对模糊控制的控制规则和输出比例因子进行在线整定，在控制过程中的不同阶段，对模糊控制器进行自动调整，以实现拖拉机导航决策控制的自适应功能。

6.3.1　遗传算法基本原理

遗传算法(genetic algorithm，GA)抽象于生物体的进化过程，通过全面模拟自然选择和遗传机制，形成一种具有“生成＋检验”特征的搜索算法。遗传算法以编码空间代替问题的参数空间，以适应度函数为评价依据，以编码群体为进化基础，以对群体中个体位串的遗传操作实现选择和遗传机制，建立起一个迭代过程。在这一过程中，通过随机重组编码位串中重要的基因，使新一代的位串集合优于老一代的位串集合，群体中的个体不断进化，逐渐接近最优解，最终达到求解问题的目的。

遗传算法在整个进化过程中的遗传操作是随机的，但它并不是完全随机搜索，它能有效地利用历史信息来推测下一代期望性能有所提高的寻优点集。这样一代一代地不断进化，最后收敛到一个最适应环境的个体上，求得问题的最优解。其基本流程如下：

①选择编码策略，把参数集合和域转换为位串结构空间；

②定义适应度函数；

③确定遗传策略，包括确定群体的大小，选择、交叉和变异方法，以及确定交叉概率、变异概率等遗传参数；

④随机生成初始群体；

⑤计算群体中个体位串解码后的适应度；

⑥按照遗传策略，将选择、交叉和变异算子作用于群体，形成下一代群体；

⑦判断群体性能是否满足某一指标，不满足则返回步骤⑥，如已完成预定迭代次数，则修改遗传策略再返回步骤⑥。

应用遗传算法解决问题时，需要对以下 5 个要素进行设计。

1)遗传编码

当用遗传算法求解问题时，需要在目标问题实际表述与遗传算法的染色体位串结构之间建立联系，即确定编码和解码运算。由于遗传算法计算过程的鲁棒性，它对编码的要求并不苛刻,但是编码的策略或方法对于遗传算子尤其是对交叉和变异算子的功能和设计有很大影响。一般来说,问题编码应满足以下3个条件:

(1)完备性。问题空间中的所有点(可行解)都能成为GA编码空间中的点(染色体位串)的表现型。

(2)健全性。GA编码空间中的染色体位串必须对应问题空间中的某一潜在解。

(3)非冗余性。染色体和潜在解必须一一对应。

此外,De Jong根据遗传算法的模式定理,进一步提出了较为客观明确的编码评估准则,称为编码原理,具体可概括为两条准则:

(1)有意义建筑模块编码准则。编码应当易于生成与所求问题相关的短距和低阶的建筑模块。

(2)最小字符集编码规则。编码应采用最小字符集,以使问题得到自然、简单的表示和描述。

目前常用的编码方式有二进制编码方法、浮点数编码方法及符号编码方法等。

2)初始群体

群体规模越大,群体中个体的多样性越强,算法陷入局部解的危险就越小。但是,随着群体规模的增大,计算量也显著增加。若群体规模太小,遗传算法的搜索空间受到限制,则可能产生未成熟收敛的现象。初始群体中的个体一般是随机产生的,可以通过在问题解空间均匀采样,随机生成一定数目的个体(多为群体规模的2倍),然后从中挑出较好的个体构成初始群体。

3)适应度函数

一般来说,好的染色体位串结构具有比较高的适应度,可获得较高的评价,具有较强的生存能力。为了能够直接将适应度函数与群体中的个体优劣度相联系,在遗传算法中适应度值规定为非负,并且在任何情况下总是希望越大越好。适应度函数设计应满足以下几个条件:

①单值、连续、非负、最大化。

②合理性、一致性。要求适应度值能反映对应解的优劣程度。

③计算量小。适应度函数设计应尽可能简单,减小算法的空间复杂度和时间复杂度,降低计算成本。

④通用性强。适应度函数对某类具体问题应尽可能通用,最好无须使用者改变适应度函数中的参数。

4)遗传操作

标准遗传算法的操作一般都包括选择、交叉和变异3种基本形式。遗传算法利用遗传算子产生新一代群体来实现群体进化,遗传算子是调整和控制进化过程的基本工具。

①选择操作即从当前的群体中选择适应度高的个体以生成交配池的过程。主要有适应度比例选择、波尔兹曼(Boltzmann)选择、排序选择及联赛选择等形式。

②交叉操作是遗传算法具备的原始性的独有特征。GA的交叉算子模仿自然界有性繁殖的基因重组过程,其作用在于将原有的优良基因遗传给下一代个体,并生成包含更复杂基因结构的新个体。对于二进制码,一般有一点交叉、两点交叉、多点交叉以及一致交叉等形式;对于实数编码,一般有离散重组、中间重组及线性重组等形式。

③变异操作可模拟自然界生物体进化中染色体上某基因点位发生的突变现象(改变染色

体的结构和物理性状)。在遗传算法中,变异算子通过按照变异概率随机改变某等位基因的值来实现变异。

5)控制参数

在遗传算法的运行过程中,存在着一组对其性能产生重大影响的参数,如位串长度、群体规模、交叉概率以及变异概率等,这组参数需要在初始阶段或群体进化过程中进行合理的选择与控制。参数的选取可以采用静态的方式,不过这种方法需要反复试验,根据实验结果反复调整参数,直至最佳;也可以采用自适应遗传算法,即在运行过程中对交叉概率和变异概率等参数进行动态的调整。

6.3.2　自适应模糊控制器的设计

模糊控制器性能的好坏直接影响模糊控制系统的控制特性,而模糊控制器的性能又取决于控制规则是否完善。采用解析式描述的控制规则简单方便。这里引入一种带修正因子的控制规则:

$$U = -\langle \alpha E + (1-\alpha)\Psi \rangle \qquad \alpha \in (0,1) \tag{6-25}$$

式中:输入 E 为拖拉机的横向跟踪偏差,输入 Ψ 为拖拉机航向跟踪偏差,输出 U 为期望前轮转角,E、Ψ 和 U 均为经过量化的模糊变量;α 为模糊规则修正因子,又称为加权因子,通过调整 α 值,可以调整控制规则;〈 〉表示对结果取整。这种基于解析式的模糊控制器可以将变量的基本论域划分得很细,这不仅有利于提高控制精度,而且易于计算机实现,避免了常规模糊控制器规则烦琐的问题。

采用遗传算法对模糊控制规则修正因子以及输出比例因子进行在线整定,以达到自适应控制,其控制原理如图 6-13 所示。

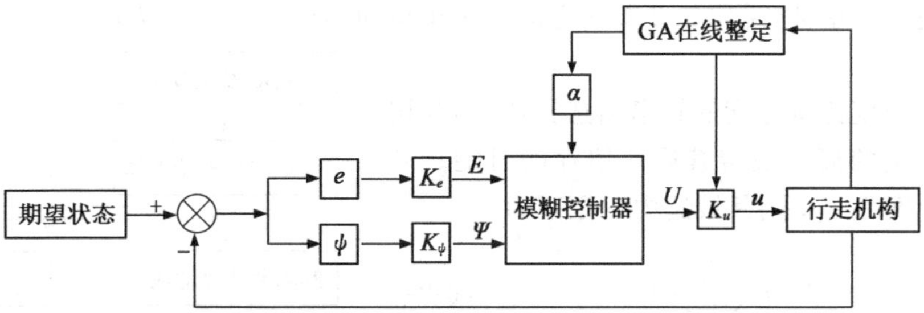

图 6-13　自适应模糊导航决策控制原理

横向偏差 e 的基本论域选择为[−30 cm,30 cm],量化因子为 $K_e=0.5$,航向偏差 ψ 的基本论域选择为[−15°,15°],量化因子为 $K_\psi=1$,即两输入变量的模糊论域均为[−15,15],同时令输出变量 U 的模糊论域与输入的相等。

遗传算法设计如下。

1)编码和解码

考虑到拖拉机前轮转向范围为[−25°,30°],模糊控制器输出比例因子大小范围选择为 $K_u \in [0.2,1.67]$。编码方式采用搜索能力较强的二进制编码,染色体是长度为 10 位的二进制串,α 占 6 位,K_u 占 4 位。相应的解码方式为

$$\begin{cases} \alpha = \dfrac{\text{binrep}(\alpha)}{2^6 - 1} \\ K_u = 0.2 + \dfrac{\text{binrep}(K_u) \times (1.67 - 0.2)}{2^4 - 1} \end{cases} \tag{6-26}$$

式中：binrep(α)为 6 位字符串所表示的二进制整数；binrep(K_u)为 4 位字符串所表示的二进制整数。

2)构造适应度函数

适应度函数的选取直接影响 GA 的收敛速度以及能否找到最优解。根据 ITAE(时间乘误差绝对值的积分)指标设计的系统超调量小，阻尼适中，具有良好的动态特性，而且在农用车辆自动导航中横向跟踪偏差是衡量控制效果的首要指标，故选择横向跟踪偏差的 ITAE 指标的倒数为适应度函数，即

$$f = \frac{1}{\int_0^{\infty} t \mid y(t) \mid \mathrm{d}t} \tag{6-27}$$

式中：$y(t)$为 t 时刻的横向跟踪偏差，m。

在实际寻优中，为提高算法运算速度，保证控制的实时性，改进为

$$f = \frac{1}{\Delta t \sum_{k=1}^{N} t_k \mid y(k) \mid} \qquad N = \langle 20\, v \rangle \tag{6-28}$$

式中：Δt 为分段积分区间长度，$\Delta t = 0.1$ s；$y(k)$为 $k\Delta t$ 时刻的横向跟踪偏差，m；v 为拖拉机前进速度，m/s；〈 〉表示对结果取整。

为计算适应度函数，采用 6.2 节建立的二轮车运动学模型推算 $y(k)$。

3)选择

采用按适应度比例分配的轮盘赌选择法，即利用个体适应度比例的概率决定其后代留存的可能。若个体 i 的适应度为 f_i，则其被选中的概率为

$$P_i = \frac{f_i}{\sum f_i} \tag{6-29}$$

4)交叉和变异

交叉采用单点交叉方式，变异是以变异概率对染色体的每个二进制位进行逻辑取反。

遗传算法的流程如图 6-14 所示。

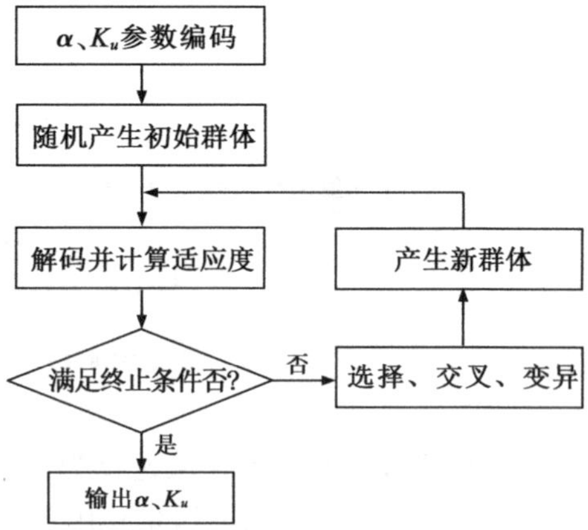

图 6-14　遗传算法流程图

6.3.3　路径跟踪仿真结果

首先在 MATLAB 环境下，采用 6.2 节建立的车辆离散跟踪模型，对设计的自适应导航控制算法进行仿真验证，仿真程序采用 M 语言编写。设定速度 $v = 2$ m/s，轴距 $L = 2.3$ m，惯性时间常数 $\tau = 0.2$ s，离散时间间隔 $T = 0.1$ s，有

$$F=\begin{bmatrix}1 & 0.2 & 0.007\ 411\\0 & 1 & 0.068\ 43\\0 & 0 & 0.606\ 5\end{bmatrix},\quad G=\begin{bmatrix}0.001\ 285\\0.018\ 53\\0.393\ 5\end{bmatrix}$$

遗传算法的种群大小为 40，进化代数为 40 代，交叉概率为 0.6，变异概率为 0.02。拖拉机初始状态为[3.5 m，0.4 rad，0.2 rad]，分别代表横向偏差、航向偏差和前轮偏角。与之对应，常规模糊控制的规则修正因子 α 选择为 0.6，输出比例因子为 1。仿真结果如图 6-15 所示。

由图 6-15 可知，基于 GA 的自适应模糊控制方法与常规模糊控制相比，消除误差的速度更快，几乎没有超调和振荡，具有良好的动态性能，在理论上是可行的。

通过大量仿真发现，在 GA 每步优化中，基本不超过 10 代即可寻找到最优解，其中一步的进化过程如图 6-16 所示。

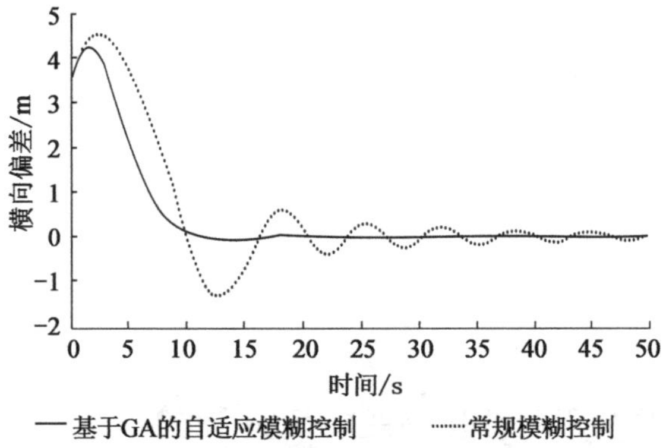

图 6-15　直线跟踪仿真结果

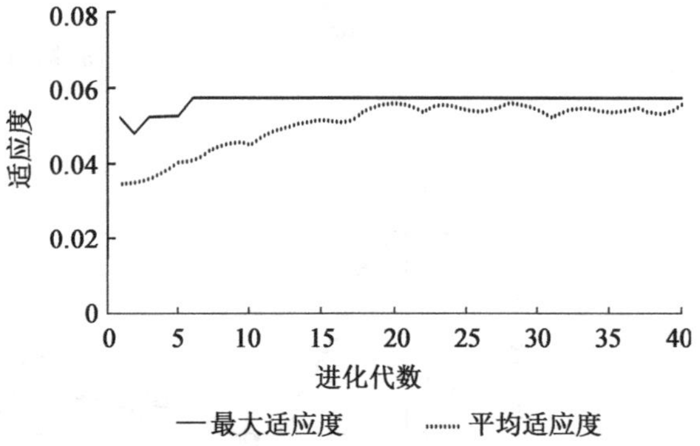

图 6-16　适应度函数曲线

此外，在拖拉机智能导航过程中，必须考虑导航控制算法的实时性。将上述自适应控制方法在 Visual C++6.0 环境下进行验证，计算机主频 2.5 GHz，内存 2 GB，进化代数设置为 10 代，优化步数为 500 步，每步消耗时间的统计结果如图 6-17 所示。

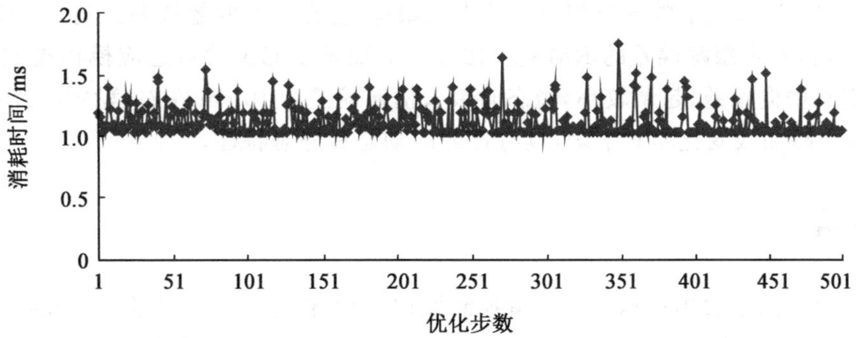

图 6-17　优化时间统计

经过统计，每步优化平均耗时 1.1 ms 左右，与百毫秒级别的导航控制周期相比，该算法耗时造成的影响可以忽略不计。

6.3.4 路径跟踪试验结果

智能导航试验地点选择在北京小汤山国家精准农业研究示范基地秋收后的玉米地进行，拖拉机速度 2 m/s 左右，分别对常规模糊控制方法和基于 GA 的自适应模糊控制方法进行试验。对比试验结果如图 6-18 所示。

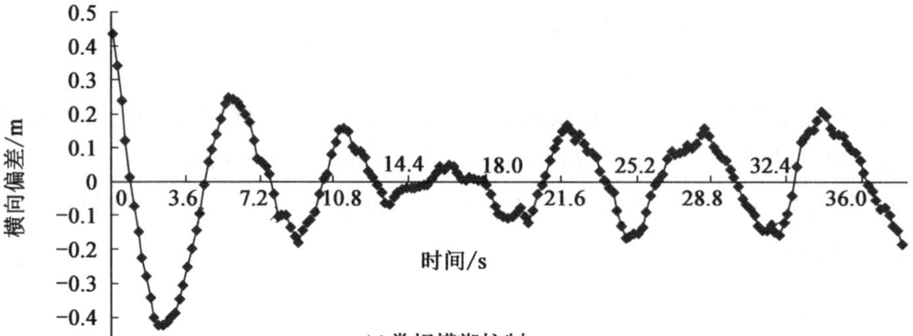

(a)常规模糊控制

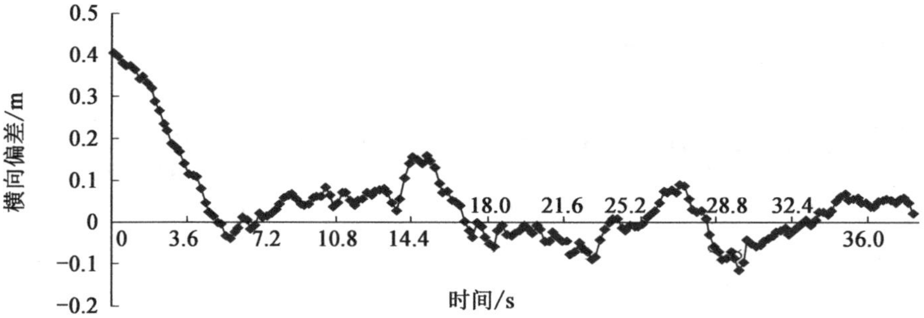

(b)基于GA的自适应模糊控制

图 6-18 基于常规模糊控制与基于 GA 的自适应模糊控制直线跟踪试验结果

由图 6-18 可知，基于常规模糊控制的直线跟踪，存在一定的超调和振荡，稳态时最大偏差为 20 cm 左右，稳定跟踪误差的 RMS 为 13.8 cm，而基于 GA 的自适应模糊控制的直线跟踪可以迅速消除横向偏差，超调较小，稳态时最大横向偏差为 10 cm 左右，稳定跟踪误差的 RMS 为 4.8 cm，跟踪曲线变化相对平缓，具有良好的动态和静态特性。

本章小结

本章主要介绍了农用车辆导航决策控制原理、导航作业路径规划的意义和指标、遗传算法的基本原理、拖拉机路径跟踪模型，以及在此基础上设计的基于遗传算法的自适应模糊导航决策控制器。通过仿真和农田试验，比较了基于遗传算法的自适应模糊控制器与传统模糊控制器的效果，前者可以迅速消除横向偏差，超调较小，跟踪曲线变化相对平缓，具有良好的动态和静态特性，控制精度更高。

参考文献

[1] 刘兆祥. 农业车辆自动导航控制方法及导航路径识别算法研究[D]. 北京：中国农业大学，2011.
[2] 吕安涛. 基于 GPS/IMU 的拖拉机自动驾驶方法的研究[D]. 北京：中国农业大学，2006.
[3] 周俊，姬长英. 基于视觉导航的轮式移动机器人横向最优控制[J]. 机器，2002，24(3)：209-212.
[4] 李敏强，寇纪淞，林丹，等. 遗传算法的基本理论与应用[M]. 北京：科学出版社，2002.
[5] 王小平，曹立明. 遗传算法：理论、应用与软件实现[M]. 西安：西安交通大学出版社，2002.
[6] 李士勇. 模糊控制、神经控制和智能控制论[M]. 哈尔滨：哈尔滨工业大学出版社，1998.
[7] 周建军. 车辆自动导航定位与控制方法研究[D]. 北京：中国农业大学，2009.
[8] 周建军，张漫，汪懋华，等. 基于模糊控制的农用车辆路线跟踪[J]. 农业机械学报，2009，40(4)：151-156.
[9] 刘兆祥，刘刚，籍颖，等. 基于自适应模糊控制的拖拉机自动导航系统[J]. 农业机械学报，2010，41(11)：148-152，162.
[10] 孟志军，刘卉，王华，等. 农田作业机械路径优化方法[J]. 农业机械学报，2012，43(6)：147-152.

第7章 基于GNSS及多传感器信息融合的导航定位方法研究

智能导航系统是将多种导航关键技术进行综合应用的结果，本章及后续章节，将围绕农业机械智能导航系统，介绍若干定位及控制系统的研究与开发实例，包括虚拟差分GPS接收系统、基于机器视觉的导航线提取方法、多传感器信息融合导航定位方法、自动导航车载终端、农机农具组合导航系统、多机协同导航系统等，旨在为解决农业机械智能导航系统中的关键技术问题，提出相应的智能导航解决方案。

7.1 基于NTRIP的虚拟差分GPS接收系统

虚拟参考站(virtual reference system，VRS)技术将差分GPS技术与网络技术相结合，能够有效提高GPS接收机的定位精度和可靠性。VRS网络一旦建立，用户无须再建立基站即可实现实时差分。因此，VRS技术是目前解决精细农业低成本、高精度、宽覆盖GPS差分需求的一种有效途径。针对现有GPS设备不具备VRS差分功能的问题，梁静娴等开发了一种低成本的基于VRS差分技术的GPS接收设备。

7.1.1 VRS网络无线传输协议

VRS的基本工作原理是：建立多参考站系统，通过计算机网络，将多参考站的实时观测信息建成数据库；利用移动站的实时位置信息，建立精确的误差修正模型，解算出一个虚拟的、在移动站附近的GPS参考站的改正信息，并将此信息发送给移动站。采用此项技术，用户无须建立基站也可实现实时差分。

NTRIP(Networked Transport of RTCM via Internet Protocol)是VRS网络进行数据无线传输所采用的标准协议，是国际海事无线电技术委员会制定的关于RTCM改正信息的应用层通信协议。NTRIP是一个开放的、非私有的协议，适用于通过互联网传输GNSS数据流及差分改正信息，允许计算机、移动终端和接收机连接到数据处理中心；支持通过移动网络IP(GSM、GPRS和CDMA)进行无线访问。NTRIP系统由NtripSource、NtripServer、NtripCaster和NtripClient 4部分组成，系统数据流如图7-1所示。

NtripCaster是一台HTTP服务器，负责接收和分发差分数据。NtripSource相当于VRS系统中的参考站，实时提供参考站的GPS信息。NtripServer将NtripSource的原始观测数据传送到NtripCaster。每个参考站都拥有自己的识别码，而且是唯一的。所有挂载在控制中心的参考站都被控制中心记录在一张资源表中，当用户连接到控制中心时，查找这张资源表，就

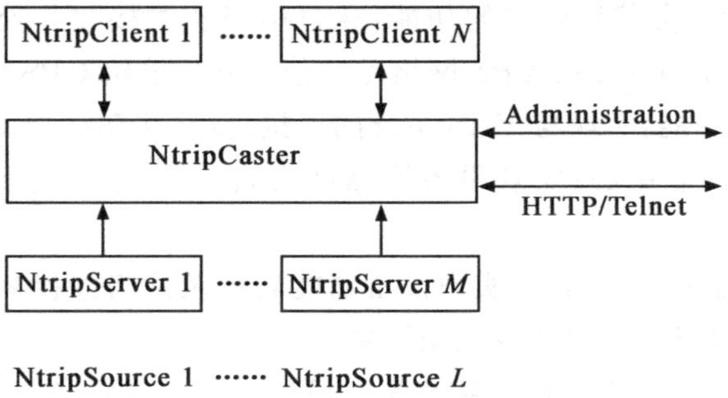

图 7-1　NTRIP 数据流

可以确定是否存在用户所需定位点上的差分信息。NtripClient 对应于 VRS 网络中的用户，用户通过指定的 IP 连接到控制中心，并使用正确的用户名和密码登录，通过验证后，方可上传 GPS 位置信息和下载差分信息。

7.1.2　系统硬软件设计

7.1.2.1　硬件构成

基于 NTRIP 的虚拟差分 GPS 接收设备，主要由卫星信号接收单元、无线通信单元和主控单元组成，其中微处理器采用飞利浦 LPC2119 ARM7，GPS OEM 板采用泰雷兹 AC12，定位精度为亚米级，GPRS 无线通信模块采用西门子 MC55。此外，系统还包括键盘模块、液晶显示模块和优盘存储模块等。硬件结构框图如图 7-2 所示。

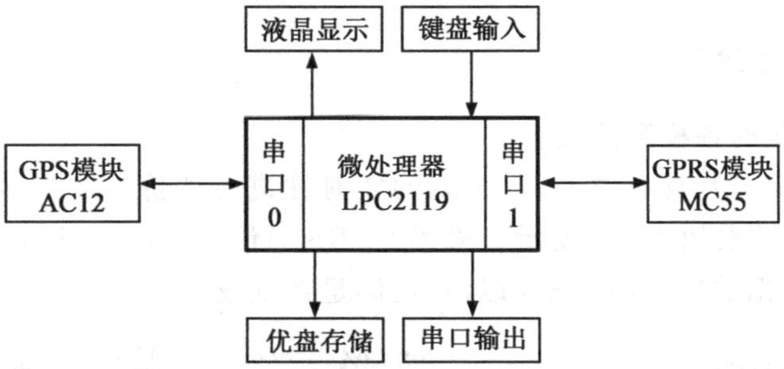

图 7-2　基于 NTRIP 的虚拟差分 GPS 接收系统硬件结构框图

微处理器用来控制 GPS 模块和 GPRS 模块的启动与工作，并完成 GPS 定位信息的实时显示、存储及上传；GPS 模块负责接收 GPS 信号和差分改正信息；GPRS 模块主要负责系统与 VRS 控制中心进行信息通信；键盘用于输入用户的控制命令；液晶显示模块实时显示当前的位置信息以及设备的状态信息；优盘用于存储 GPS 数据。

7.1.2.2　软件设计

系统开机并完成初始化后，可通过人机界面选择工作模式及数据输出模式。工作模式有 3 种，即单机定位模式、SBAS 差分模式和 VRS 差分模式。数据输出模式有 2 种，即输出到串口和输出到优盘。另外，当系统选择 VRS 差分模式时，用户可更改 VRS 网络的连接参数，每 10 s 发送一帧当前位置信息给 VRS 控制中心。系统软件结构如图 7-3 所示，主要包括以下功能：

①GPS数据采集及差分信息处理的功能：通过串口实时接收并处理符合NMEA0183标准的GPS数据，频率为1 Hz；接收VRS网络差分信息并传输给GPS OEM板。

②GPRS无线通信功能：实现与VRS系统的连接；发送移动站身份、权限验证信息及自身GPS位置信息给VRS控制中心；实现设备网络状态自检，并能在连接丢失的情况下重新与VRS网络建立连接。

③键盘输入功能：输入控制信息，实现设备功能转换及网络连接参数设置；在设备的运行过程中产生中断，改变设备运行模式或关闭设备。

④液晶显示功能：显示设备状态信息及参数设置界面。在设备接收GPS信号时，实时显示GPS的经纬度、差分状态等信息。

⑤数据上传功能：将采集到的GPS数据通过串口传送给上位机，或者存入优盘。

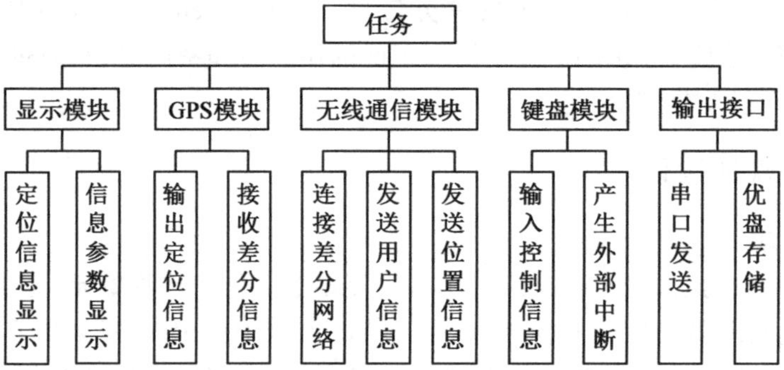

图7-3 基于NTRIP的虚拟差分GPS接收系统软件结构框图

7.1.3 试验结果与分析

7.1.3.1 差分数据实时性检测试验

通过计算VRS差分数据有效期，对系统的实时性进行评价。2008年10月23—24日进行了24 h观测试验，结果如图7-4所示。采用GPRS通信方式，99.78%的数据得到了有效差分，98.62%的差分数据的有效期在5 s以内，可满足系统设计要求。

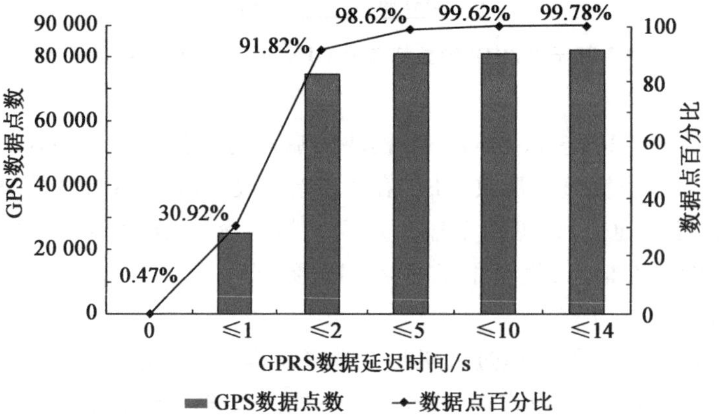

图7-4 VRS差分数据有效期统计

7.1.3.2　静态测量试验

为检验系统的稳定性、可靠性以及 3 种模式(单机定位模式、SBAS 差分模式、VRS 差分模式)下的定位精度,进行了 24 h 静态观测试验,采样频率为 1 Hz。在实时性和可靠性试验中,均以高精度 GPS 测量值作为真实值。

首先统计 3 种方法测量数据与真实值之差,用散点图方法检验 GPS 数据误差的分布。由于数据点较多,且 GPS 数据帧与帧之间存在较大相关性,故采取抽样的方法,每 3 组数据取平均,与真实值进行比较后取绝对值。利用散点图可观察平均值的变化趋势,结果如图 7-5 所示。

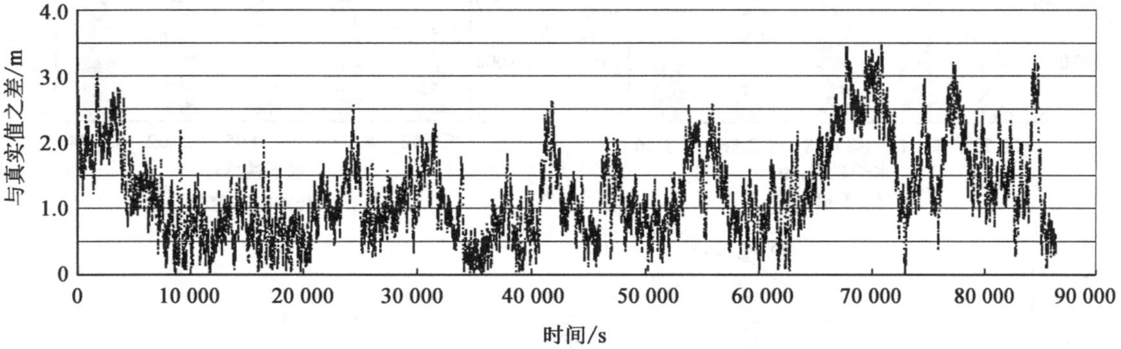

(a)单机

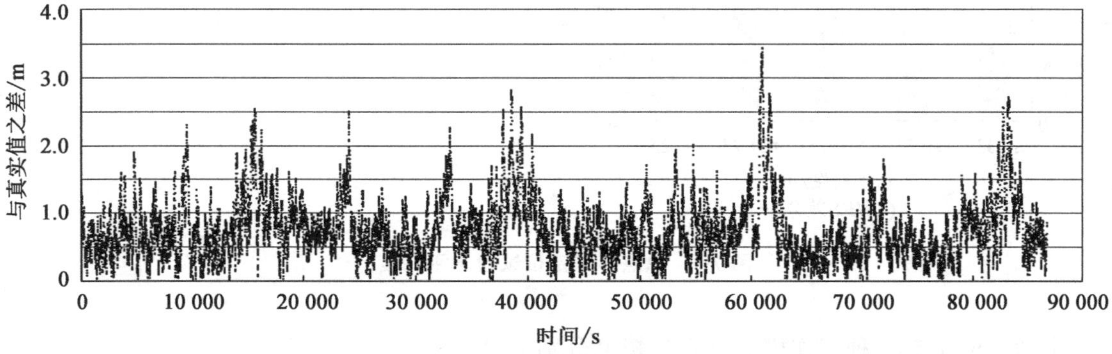

(b)SBAS差分

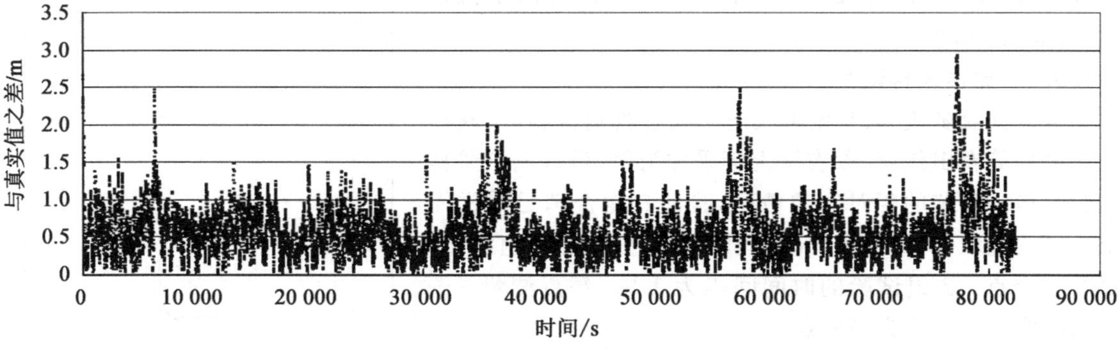

(c)VRS差分

图 7-5　不同工作模式下 24 h 的定位误差分布图

分析试验数据可知：采用 VRS 差分，系统误差小于 SBAS 差分和单机定位。在一天内的任意时段，VRS 系统提供的差分改正信息，对于 GPS 原始定位数据都起到了明显的校正作用。

计算 3 种模式下的外符合精度。计算以真值点为圆心，包含 25%、50%、75%、95%、100%的数据点的圆形半径，结果如图 7-6 所示。

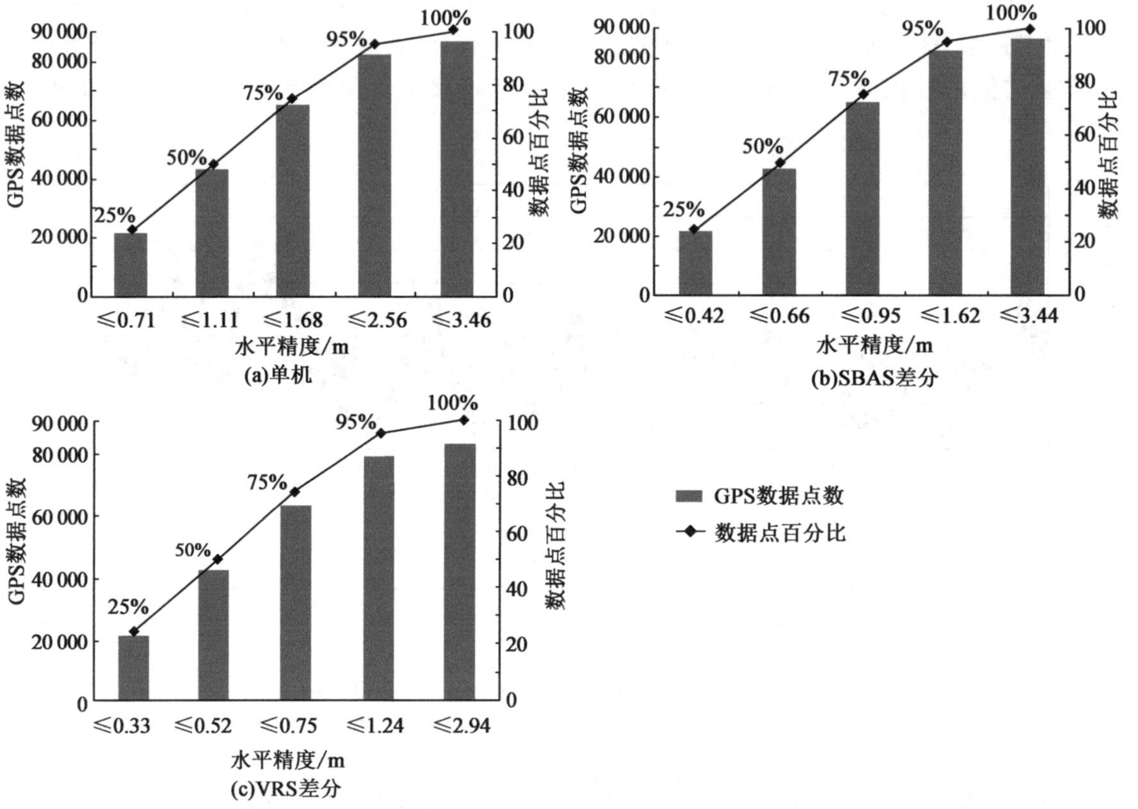

图 7-6 单点静态定位试验水平精度

由图 7-6 可知，3 种工作模式下定位精度分别为：VRS 差分，1.24 m(95%)；SBAS 差分，1.62 m(95%)；单机定位，2.56 m(95%)。

7.1.3.3 栅格采样试验

考虑到亚米级 GPS 设备较适于联合收割机测产、农田土壤采样等农田作业，以农田土壤采样为例，设计栅格采样试验来检验系统的相对定位精度，验证其能否满足采样需求。试验选取 4×4 个 20 m 等间距的采样点，分 2 组测量，每组 8 个点。2 组试验的时间间隔为 1 h。每点测量 2～3 min，取其均值作为采样点。

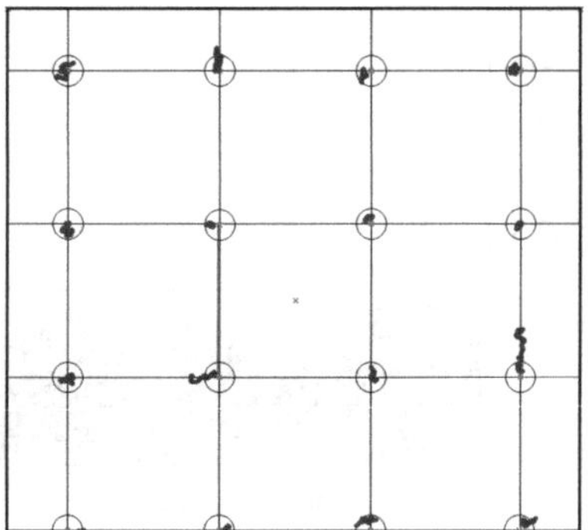

图 7-7 栅格采样测量试验数据点位置示意图

测量结果如图 7-7 所示。以定点为圆心，以 2 m 为半径分别作圆，观察 GPS 测量平均值的分布情况。试验结果表明：16 个点中，以 3 min 的观测数据平均值寻找定点,87.5%落在以定点为圆心、半径2 m的圆内,精度可满足采样测量需求。

7.2 基于卡尔曼滤波的车辆导航定位系统

采用多传感器信息融合技术可以提高导航定位精度。籍颖等建立了基于卡尔曼滤波的多传感器信息融合模型,通过对GPS天线晃动产生的误差进行补偿,对RTD-GPS数据和电子罗盘、速度传感器数据进行卡尔曼滤波,可提高直线和曲线导航精度。

7.2.1 系统硬件构成

该研究选用一台电动车作为导航车,导航系统包括主控计算机、操纵控制器、转向驱动机构、前轮偏角测量装置、电子罗盘、姿态传感器和速度传感器。操纵控制器采用ARM7微控制器LPC2119;转向驱动机构由北京和利时电机技术有限公司的减速器和步进电动机组成;前轮转角测量装置采用WYTAT-1型角度传感器;电子罗盘采用北京星网宇达科技开发公司的XWLP3300三维固态电子罗盘;姿态传感器采用MTi-28A33G35以及πW10Li型速度传感器。由车载蓄电池提供电源。使用两种精度的GPS设备:一种是高精度GPS,选用美国天宝公司的RTK AgGPS332/MS750;另一种是低精度GPS,选用7.1节介绍的基于VRS的GPS接收机作为RTD-GPS,由单片机、AC12 GPS模块、GSM模块等组成,采用VRS差分后定位精度达到1.24 m(95%)。RTK-GPS和RTD-GPS天线同时安装在导航车顶部,两天线中心距为20 cm。将RTD-GPS和电子罗盘采集的数据进行融合,为导航车提供位置信息。以高精度RTK-GPS数据作为参考,将融合后数据与之进行比较。

7.2.2 模型构建

7.2.2.1 天线位置补偿模型

实际农田应用中,由于田间环境复杂,农用车辆在田间行走时颠簸较大,致使固定在农用车辆上的GPS天线有较大晃动,导致测得的GPS数据误差增加,定位精度下降。通过大量试验得出,天线杆长42 cm、横滚角为15°时,有10.5 cm的偏差。因此,需要通过补偿来减小天线倾斜对定位精度的影响,以减少定位误差。天线位置补偿计算公式如下:

$$\begin{bmatrix} x \\ y \\ z \end{bmatrix} = \begin{bmatrix} X_a \\ Y_a \\ Z_a \end{bmatrix} - \boldsymbol{E}^{-1}(\theta \quad \theta_p \quad \theta_r) \begin{bmatrix} a \\ b \\ h \end{bmatrix} \tag{7-1}$$

$$\boldsymbol{E}^{-1}(\theta \quad \theta_p \quad \theta_r) = \boldsymbol{E}(-\theta \quad -\theta_p \quad -\theta_r) =$$
$$\begin{bmatrix} \cos\theta_r\cos\theta + \sin\theta_r\sin\theta_p\sin\theta & \cos\theta_p\sin\theta & -\cos\theta_r\sin\theta_p\sin\theta + \sin\theta_r\cos\theta \\ -\cos\theta_r\sin\theta + \sin\theta_r\sin\theta_p\cos\theta & \cos\theta_p\cos\theta & -\cos\theta_r\sin\theta_p\cos\theta - \sin\theta_r\sin\theta \\ -\sin\theta_r\cos\theta_p & \sin\theta_p & \cos\theta_r\cos\theta_p \end{bmatrix} \tag{7-2}$$

式中:x、y、z为准确的天线位置坐标;X_a、Y_a、Z_a为测得的天线位置坐标;$\boldsymbol{E}$为转换矩阵;θ_r为横滚角;θ_p为俯仰角;θ为航向角;a、b、h为天线顶端在3个方向的投影距天线中心的距离。

使用姿态传感器获得横滚角、俯仰角和航向角等信息，通过这些信息和 GPS 测得的天线位置信息，计算出天线的准确位置，从而对其进行补偿。

7.2.2.2 车辆运动学模型

电动车长 278 cm，宽 114 cm，轴距 131 cm。在不考虑轮胎与地面侧向滑动的前提下，将四轮车辆简化为如图 6-10 所示二轮车模型。

7.2.2.3 卡尔曼滤波模型

通过多传感器信息融合技术，可以获得环境特征较为准确的描述信息，提高系统的可信度和增加容错能力。目前在导航系统中使用较多的是卡尔曼滤波方法。卡尔曼滤波利用递推方法估计导航系统的各种状态，并通过估计的状态值去校正系统，其基本原理参见第 4 章。这里基于航位推算的方法，建立线性离散的卡尔曼滤波模型。

根据运动学模型和航位推算公式，可得到状态转移矩阵

$$\boldsymbol{\Phi}_k=\begin{bmatrix}1 & 0 & T\cos\theta_k & 0\\ 0 & 1 & T\sin\theta_k & 0\\ 0 & 0 & 1 & 0\\ 0 & 0 & T\tan\delta_k/L & 1\end{bmatrix} \tag{7-3}$$

式中：T 为采样时间，δ_k 是转向轮转角（以电动车纵向轴线为基准，转向轮偏左为正，偏右为负）。电子罗盘采集的角度 θ_k 提供给主控计算机，可对状态转移矩阵 $\boldsymbol{\Phi}_k$ 进行实时更新。

将 RTK-GPS 采集到的位置信息作为观测向量，$\boldsymbol{Z}_k=[x\quad y]^{\mathrm{T}}$。

测量矩阵 $\boldsymbol{H}_k=\begin{bmatrix}1 & 0 & 0 & 0\\ 0 & 0 & 1 & 0\end{bmatrix}$，为常数矩阵。根据卡尔曼滤波基本原理，通过计算可获得预测方程、滤波方程、增益方程和滤波误差方差方程。

在卡尔曼滤波中，系统噪声协方差 $\boldsymbol{Q}_k$、观测噪声协方差 $\boldsymbol{R}_k$ 和先验估计误差协方差 $\boldsymbol{P}_k$ 初始值的选取对融合效果有很大影响，并且它们之间有一定的关系：$\boldsymbol{R}_k$ 越小，残余的增益越大；$\boldsymbol{P}_k$ 越小，残余的增益越小。经过反复试验，设定初始 $\boldsymbol{Q}_k$、$\boldsymbol{R}_k$ 和 $\boldsymbol{P}_k$ 分别为

$$\boldsymbol{Q}_k=\begin{bmatrix}0.3 & 0.5 & 0 & 0\\ 0.5 & 1.0 & 0 & 0\\ 0 & 0 & 0.3 & 0.5\\ 0 & 0 & 0.5 & 1.0\end{bmatrix},\ \boldsymbol{R}_k=\begin{bmatrix}2\ 250 & 0\\ 0 & 2\ 250\end{bmatrix},\ \boldsymbol{P}_k=\begin{bmatrix}2\ 500 & 0 & 0 & 0\\ 0 & 100 & 0 & 0\\ 0 & 0 & 2\ 500 & 0\\ 0 & 0 & 0 & 100\end{bmatrix}$$

7.2.3 试验结果与分析

为了验证 RTD-GPS 和电子罗盘、速度传感器信息融合后的定位精度的变化，分别进行了直线和曲线的导航试验。

7.2.3.1 直线跟踪试验

电动车沿直线行驶，速度为 1 m/s。直线导航定位效果如图 7-8 所示。图中 * 线是高精度 GPS(RTK-GPS)采集到的数据（即真值），+线是低精度 GPS(RTD-GPS)采集到的数据（测量值），Δ 线是使用卡尔曼滤波融合后的数据（滤波值）。可以看出，测量值和真值始终有一致的偏移，使用卡尔曼滤波融合后偏差有明显下降，如图 7-9 所示。融合后定位精度显著提高，

平均提高 62.55%，定位精度在 0.6 m 左右。

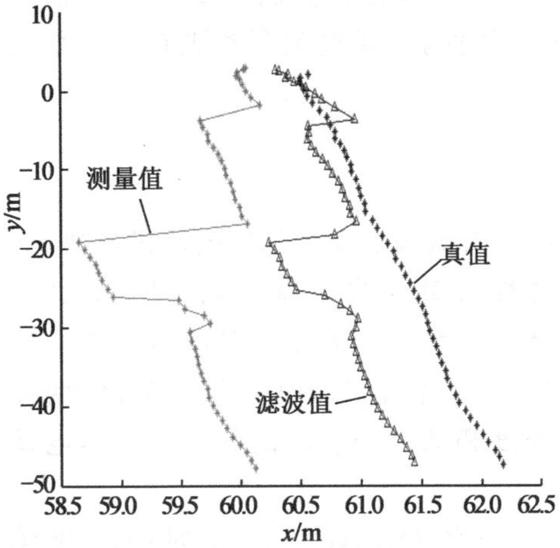

图 7-8 直线导航定位效果

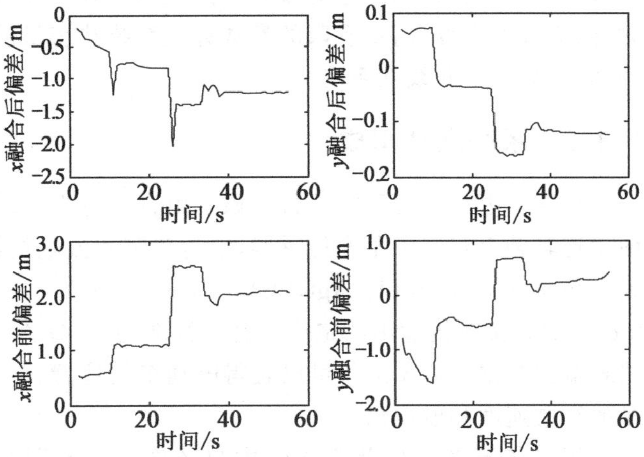

图 7-9 直线导航融合前、后偏差

7.2.3.2 曲线跟踪试验

电动车沿弯道进行曲线跟踪，行驶速度为 1 m/s。图 7-10 为曲线导航定位效果图，图中 * 线是高精度 GPS 采集到的数据（即真值），+线是低精度 GPS 采集到的数据（测量值），Δ 线是使用卡尔曼滤波融合后的数据（滤波值）。图 7-11 是融合前、后偏差图，可以看出，融合后定位精度明显提高。

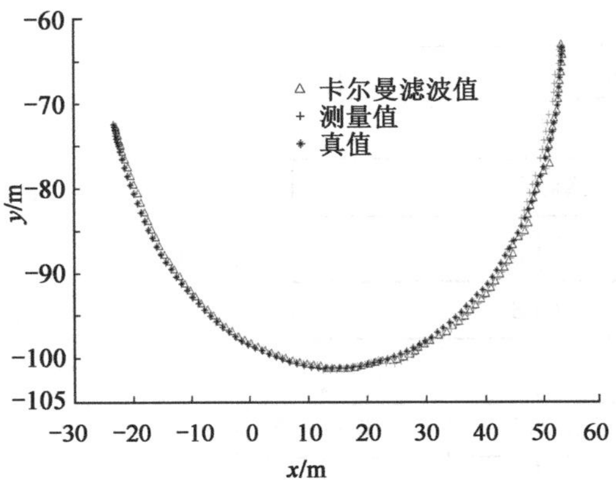

图 7-10 曲线导航定位效果

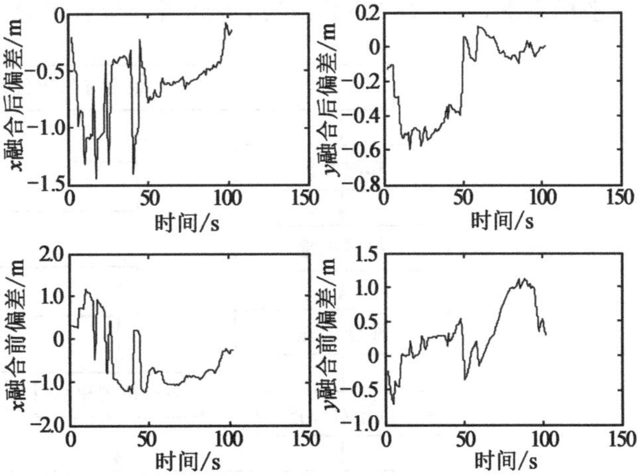

图 7-11 曲线导航融合前、后偏差

7.3 基于GPS 和机器视觉的组合导航定位系统

GPS 和机器视觉是自动导航中使用较多的两种传感器，可实时获得农机的绝对位置和相对位置。陈艳等将 GPS 和机器视觉相结合进行导航，并使用滤波算法进行信息融合。卡尔曼滤波算法适用于动态环境中传感器信息的实时融合，但卡尔曼滤波器是一种线性滤波器，对于非线性系统不易得到满意的效果。陈艳等的研究采用无迹卡尔曼滤波算法(UKF)进行信息融合，通过 UT 变换，用有限的参数近似系统状态量的统计特性，再通过预测和更新进行系统的估计，适用于非线性系统。

7.3.1 系统硬件构成

以四轮电动车为研究平台。该车由直流电机驱动，在方向盘轴上安装了转向步进电机，在前轮连轫轴上安装了角度传感器，通过改装直流电机驱动器，实现了自动调节速度功能。选择天宝公司生产的 RTK AgGPS332/MS750 作为 GPS 定位系统，差分后的定位精度为 1～2 cm；GPS 接收机输出的定位信息是标准的 NMEA-0183 语句格式，采用 GGA 和 VTG 两种格式输出数据，GGA 语句可以获得电动车的位置，包括经度和纬度；VTG 语句可以获得电动车的行驶速度和航向角。

视觉传感器选用北京嘉恒中自图像技术有限公司生产的 OK AC1310 系列 CCD 摄像机，输出图像为 bmp 格式的彩色图像；CCD 尺寸为 60 mm×60 mm×50 mm，像元大小为 4.65 μm×4.65 μm，有效像素为 1 300×1 024，在全图模式下帧频在 8～24 Hz 范围内可调，电子快门最短曝光时间为 20 μs。摄像机通过 USB2.0 接口与计算机进行数据传输。

系统主要包括两部分，即 GPS 定位部分和机器视觉部分，如图 7-12 所示。GPS 定位部分主要提供农机的绝对位置坐标、航向角和行驶速度；机器视觉部分将采集到的图像经过图像预处理，得到导航路径中已知点的相对位置坐标。在两部分处理完成之后，将两组信息统一到同一坐标系下，并进行 UKF 滤波，得到新的位置信息。

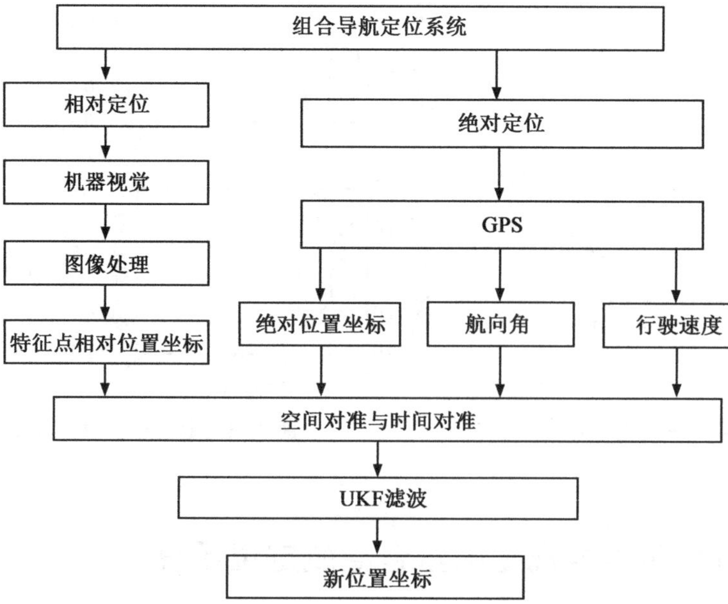

图 7-12 组合导航定位系统整体设计思路

7.3.2　数据处理方法

7.3.2.1　机器视觉定位

机器视觉定位是从图像中提取出导航基准线，并确定导航路径中的特征点。图像处理的主要流程包括灰度变换、图像分割、图像去噪、提取候选点、直线拟合和确定特征点，参见图 3-1。

对农田环境彩色图像进行处理分析时，应选择适宜的彩色特征模型。图像预处理部分包括灰度变换、图像分割和去噪等环节。综合分析农田景物的特点，发现 $2G-R-B$ 特征可以增强作物行与背景的对比度，故应用此特征对图像进行灰度变换。综合考虑处理时间和处理效果等因素，选择最大类间方差法（Otsu 法）对灰度图像进行分割，将作物行设定为目标像素，即白像素。分割后的图像中，目标像素群中存在许多噪声点，因此选用形态学的膨胀和腐蚀算法对图像进行去噪，膨胀选用 1×3 模板，腐蚀选用 3×1 模板。

图像预处理后，在图像中提取出代表作物行特征的候选点。采用基于移动窗口的垂直投影法进行候选点的选取，基本方法为：设定一个 1×20 的模板，将此模板从图像底层开始由左向右移动，计算模板中目标像素的灰度值，扫描完一行后，计算各列灰度值的平均值和标准差，并设定其和为灰度阈值，图像中灰度值大于阈值的部分即为目标区域，在边界处灰度值存在跳跃，因此可以通过计算前后两点间的灰度差提取出边界候选点。按照此方法将模板依次向上移动 1 像素，直到距离顶部 20 像素为止。根据提取出的候选点，运用基于已知点的霍夫变换方法进行直线拟合，已知点取所有候选点的几何中心。在得到导航路径之后，选择其中的一个点作为代表路径的特征点，记录其在图像坐标系中的位置。

7.3.2.2　传感器数据配准

组合导航系统坐标系如图 7-13 所示，图中共有 2 个坐标系：视觉坐标系和大地坐标系。GPS 输出数据为 WGS-84 大地坐标系的经纬度信息，经过高斯投影后转换到平面坐标系下，

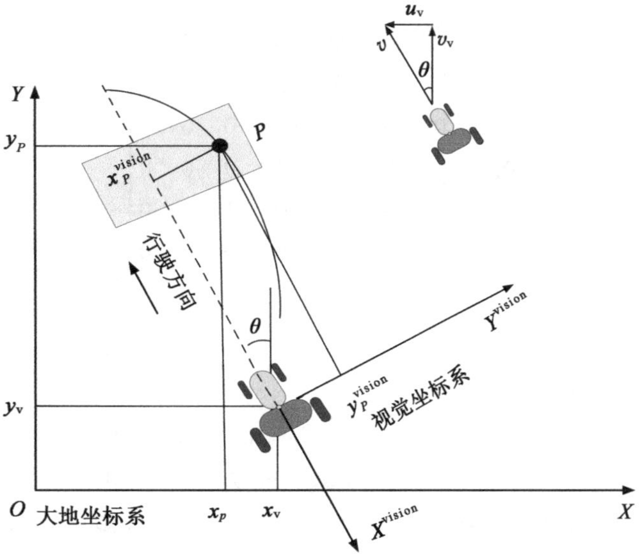

图 7-13　组合导航系统坐标系

并以此坐标系为主坐标系，统一两个坐标系。视觉坐标系的原点为摄像机光心在地面上的投影点，其 X 轴的正方向为行驶方向的负方向，Y 轴的正方向垂直于 X 轴，水平向右，即图中 X^{vision}、Y^{vision}。图中的目标点 P 即为前面图像处理得到的目标路径中的特征点，它在视觉坐标系下的坐标为$(x_P^{\text{vision}}, y_P^{\text{vision}})$。摄像机在大地坐标系中的位置是由 GPS 实时获得的，其坐标为$(x_{\text{v}}, y_{\text{v}})$，通过此坐标和导航车的航向可以将视觉坐标系转换到大地坐标系下，从而求出目标点 P 在大地坐标系下的坐标(x_P, y_P)。

$$\begin{aligned} x_P &= x_{\text{v}} + x_P^{\text{vision}}\cos\theta + y_P^{\text{vision}}\sin\theta \\ y_P &= y_{\text{v}} - x_P^{\text{vision}}\sin\theta + y_P^{\text{vision}}\cos\theta \end{aligned} \tag{7-4}$$

式中 θ 为电动车的航向角。

7.3.2.3 多传感器信息融合模型

根据上述融合方法和 UKF 滤波的基本原理，确定 k 时刻的状态向量为

$$\boldsymbol{x}_k = (x_{\text{v},k}, y_{\text{v},k}, u_{\text{v},k}, v_{\text{v},k}, \theta_k, x_{P,k}, y_{P,k}) \tag{7-5}$$

式中：$(x_{\text{v},k}, y_{\text{v},k})$ 为 GPS 获得的电动车在大地坐标系中的坐标；$u_{\text{v},k}$ 和 $v_{\text{v},k}$ 分别为电动车在大地坐标系 X 和 Y 方向的速度分量；θ_k 为电动车的航向角；$(x_{P,k}, y_{P,k})$ 为目标点 P 在大地坐标系中的坐标。

将 GPS 和机器视觉输出的信息作为观测值，得到 k 时刻的观测向量为

$$\boldsymbol{z}_k = (x_{\text{v},k}, y_{\text{v},k}, \theta_k, v_k, x_{P,k}^{\text{vision}}, y_{P,k}^{\text{vision}}) \tag{7-6}$$

式中：$(x_{P,k}^{\text{vision}}, y_{P,k}^{\text{vision}})$ 为视觉传感器获得的目标点 P 在视觉坐标系中的位置坐标；v_k 为 GPS 获得的电动车的行驶速度；其他同式(7-5)。

在电动车恒速行驶的条件下，可以确定 k 时刻到 $k+1$ 时刻（Δt 为其间所经历的时间）的状态转移矩阵 $\boldsymbol{\Phi}_k$ 和测量矩阵 $\boldsymbol{H}_k$ 分别为

$$\boldsymbol{\Phi}_k = \begin{bmatrix} 1 & 0 & \Delta t & 0 & 0 & 0 & 0 \\ 0 & 1 & 0 & \Delta t & 0 & 0 & 0 \\ 0 & 0 & 1 & 0 & 0 & 0 & 0 \\ 0 & 0 & 0 & 1 & 0 & 0 & 0 \\ 0 & 0 & 0 & 0 & 1 & 0 & 0 \\ 0 & 0 & 0 & 0 & 0 & 1 & 0 \\ 0 & 0 & 0 & 0 & 0 & 0 & 1 \end{bmatrix}$$

$$\boldsymbol{H}_k = \begin{bmatrix} 1 & 0 & 0 & 0 & 0 & 0 & 0 \\ 0 & 1 & 0 & 0 & 0 & 0 & 0 \\ 0 & 0 & 0 & 0 & 1 & 0 & 0 \\ 0 & 0 & \cos\theta_k & \sin\theta_k & 0 & 0 & 0 \\ -\cos\theta_k & \sin\theta_k & 0 & 0 & 0 & \cos\theta_k & -\sin\theta_k \\ -\sin\theta_k & -\cos\theta_k & 0 & 0 & 0 & \sin\theta_k & \cos\theta_k \end{bmatrix} \tag{7-7}$$

7.3.3　试验结果与分析

7.3.3.1　图像处理

为了验证图像处理的效果，在北京小汤山国家精准农业研究示范基地采集小麦的图像进行处理，图像均为 640×480 的 bmp 图像，共采集了 20 组，在 VC++7.0 环境下，使用该算法平均一幅图像的处理时间为 126 ms，满足视觉导航的要求。取其中一组图像进行分析，处理结果如图 7-14 所示(参见二维码 7-1)。可以看出，该算法能有效地降低图像中玉米秸秆的影响，得到小麦地块的边界。

二维码 7-1

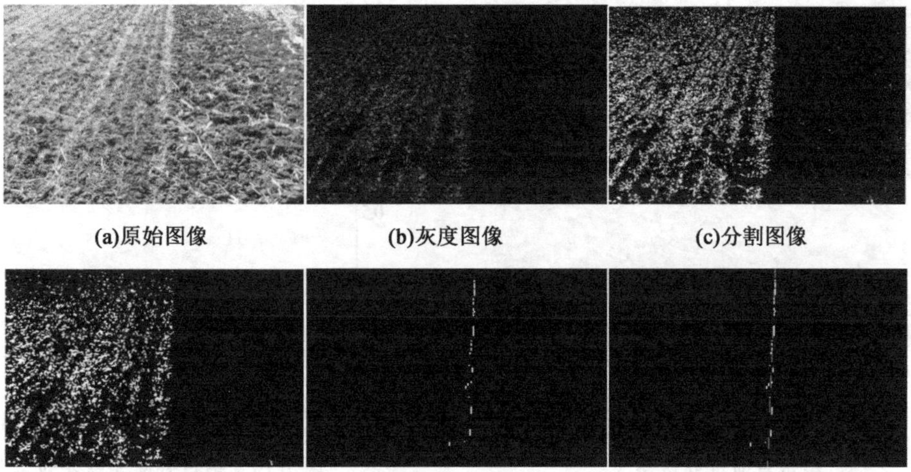

(a)原始图像　(b)灰度图像　(c)分割图像

(d)噪声处理图像　(e)候选点图像　(f)直线提取结果

图 7-14　组合导航系统图像处理效果

7.3.3.2　导航定位试验

为了验证组合导航系统的定位效果，进行了大量前期试验。如图 7-15 所示，将摄像机安装在电动车前端的支架上，距离地面高度为 0.93 m，与水平面的夹角为 45°左右，前视距离大约 1.75 m。在地面上粘贴宽 10 cm、长 15 m 的绿色条带，用于模拟农作物行。人工驾驶电动车沿模拟的作物行以 0.5 m/s 的车速行进，采集传感器数据。行驶方向为东西方向，也就是沿着大地坐标系的 X 轴方向行驶。电动车行驶 20 m 后得到各传感器的输出数据，并以此为参考，计算各传感器的定位偏差。根据计算结果和以往的导航经验，确定滤波器矩阵 $\boldsymbol{R}$、$\boldsymbol{Q}$ 和 $\boldsymbol{P}$ 的初值分别为

$$\boldsymbol{P}=\begin{bmatrix}1&0&0&0&0&0\\0&1&0&0&0&0\\0&0&1&0&0&0\\0&0&0&1&0&0\\0&0&0&0&1&0\\0&0&0&0&0&1\end{bmatrix},\ \boldsymbol{Q}=\begin{bmatrix}0.01&0&0&0&0&0\\0&0.01&0&0&0&0\\0&0&0.01&0&0&0\\0&0&0&0.01&0&0\\0&0&0&0&0.01&0\\0&0&0&0&0&0.01\end{bmatrix}$$

$$
\boldsymbol{R}=\begin{bmatrix}0.05^2 & 0 & 0 & 0 & 0 & 0\\ 0 & 0.05^2 & 0 & 0 & 0 & 0\\ 0 & 0 & 0.1 & 0 & 0 & 0\\ 0 & 0 & 0 & 0.1^2 & 0 & 0\\ 0 & 0 & 0 & 0 & 0.3^2 & 0\\ 0 & 0 & 0 & 0 & 0 & 0.3^2\end{bmatrix} \tag{7-8}
$$

定位效果如图 7-16 所示。可以看出,融合后减少了视觉定位信息中一些野值点的影响,定位曲线趋于平滑。

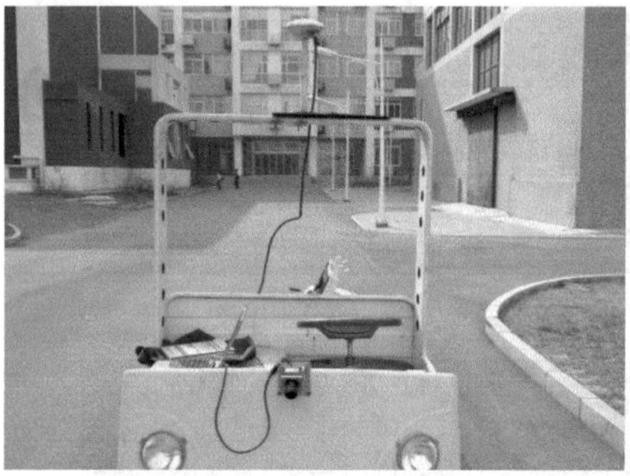

图 7-15　基于 GPS 和机器视觉的组合导航试验设备

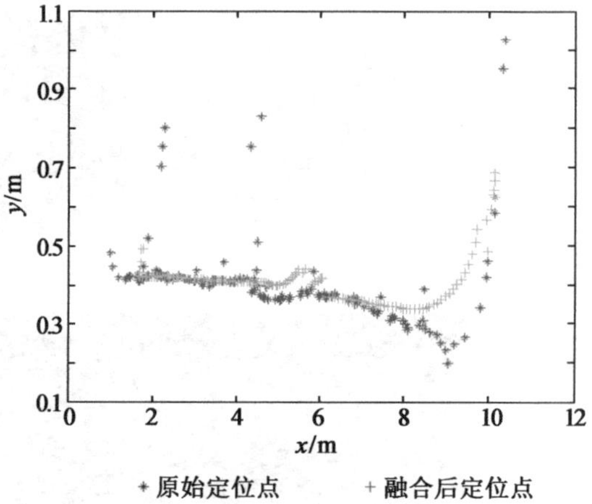

图 7-16　组合导航系统定位效果

7.4　基于GPS 和IMU 的组合导航定位方法

吴琼等将 GPS 和 IMU(惯性测量单元)组合进行导航,对导航定位中的 UKF、PF 和 UPF 3 种融合方法进行对比分析,研究了各融合方法的优劣。

7.4.1　系统硬件构成

系统主要用到 3 种传感器:RTK-GPS、RTD-GPS 和 IMU。RTK-GPS 选用美国天宝公司产品 AgGPS332 作为移动站接收机,MS750 作为基准站接收机,该组 GPS 设备可以提供厘米级的定位数据,其硬件设备主要包括 GPS 接收机、GPS 天线、数据电台和数据电台天线。RTD-GPS 采用中国农业大学精细农业研究中心研制的 VRS-GPS,试验时选择不差分模式,提供米级的定位数据。IMU 选择北京星网宇达科技开发有限公司的 XW IMU5100 数字式微机械惯性测量单元(AHRS),此惯性测量单元包含 3 个采用微机械技术加工的石英角速率陀螺仪和 3 个高性能的加速度计,可靠性高,性能稳定,结构紧凑。数据输出采用 RS232 接口,输出频率为 120 Hz。

选择电动车为试验平台,将 RTK-GPS 和 RTD-GPS 天线并排安装在车体的顶部,AHRS 安装在车体后端,尽量保持 RTD-GPS 天线和 AHRS 在一条纵线上。仿真分析时,将 RTK-GPS 的数据作为真值,将 RTD-GPS 和 AHRS 数据通过不同的方法进行融合,分析比较融合效果。

7.4.2 数据处理方法

UKF 方法参见第 4 章，下面主要介绍另外两种融合方法。

7.4.2.1 PF 算法

PF(粒子滤波)算法的核心思想是由一组随机样本近似表示后验概率密度函数，并根据这些样本和权重计算估计值。

设 $\boldsymbol{x}_{0:k}$ 为系统状态向量，$\boldsymbol{z}_{1:k}$ 为量测向量，后验概率密度 $p(\boldsymbol{x}_{0:k} \mid \boldsymbol{z}_{1:k})$ 由 N 个随机样本近似表示，其权重为 w_k^i，$\sum_{i=1}^{N} w_k^i = 1, i = 1,2,\cdots,N$。其后验概率密度可近似为

$$p(\boldsymbol{x}_{0:k} \mid \boldsymbol{z}_{1:k}) \approx \sum_{i=1}^{N} w_k^i \delta(\boldsymbol{x}_{0:k} - \boldsymbol{x}_{0:k}^i) \tag{7-9}$$

其中 $\boldsymbol{x}_{0:k}^i$ 称为粒子，$i = 1,2,\cdots,N$。

因此，如果从重要性密度函数 $q(\boldsymbol{x}_{0:k} \mid \boldsymbol{z}_{1:k})$ 中得到样本，权重就可以定义为

$$w_k^i \propto \frac{p(\boldsymbol{x}_{0:k}^i \mid \boldsymbol{z}_{1:k})}{q(\boldsymbol{x}_{0:k}^i \mid \boldsymbol{z}_{1:k})} \tag{7-10}$$

归一化权值更新方程为

$$w_k^i = w_{k-1}^i \frac{p(\boldsymbol{z}_k \mid \boldsymbol{x}_k^i) p(\boldsymbol{x}_k^i \mid \boldsymbol{x}_{k-1}^i)}{q(\boldsymbol{x}_k^i \mid \boldsymbol{x}_{0:k-1}^i, \boldsymbol{z}_{1:k})} \propto \frac{p(\boldsymbol{z}_k \mid \boldsymbol{x}_k^i) p(\boldsymbol{x}_k^i \mid \boldsymbol{x}_{k-1}^i)}{q(\boldsymbol{x}_k^i \mid \boldsymbol{x}_{0:k-1}^i, \boldsymbol{z}_{1:k})} \tag{7-11}$$

粒子滤波存在粒子退化现象，经过几次迭代，只有少数粒子具有不可忽略的权重，估计值可能变得不可靠，但采样重要性密度函数的选取和重采样可克服这个缺点。

7.4.2.2 UPF 算法

UPF 算法是一种基于 PF 和 UKF 的非线性滤波方法，更适合用于非高斯非线性系统。UPF 的核心思想就是利用 UKF 获得重要性密度函数 $q(\boldsymbol{x}_k \mid \boldsymbol{x}_{0:k-1}, \boldsymbol{z}_{1:k}) = p(\boldsymbol{x}_{0:k-1}, \boldsymbol{z}_{1:k-1})$，更新高斯近似的均值和方差的分布状态，以获得比常规 PF 更好的滤波器。

UPF 算法步骤如下：

(1)初始化。从 $p(\boldsymbol{x}_0)$ 生成一系列粒子 $\boldsymbol{x}_0^i$，且 $w_0^i = \frac{1}{N}, i = 1,2,\cdots,N$。

(2)重要性采样。用 UKF 更新每个粒子 $\boldsymbol{x}_k^{i-1}$，可得到 $\boldsymbol{x}_k^i$、p_k^i。

(3)重采样。为了得到 $\{\boldsymbol{x}_k^i, i = 1,2,\cdots,N_s\}$，通过各自的重要性权值，从 $\{\boldsymbol{x}_k^i, i = 1,2,\cdots,N\}$ 中重采样 N_s 次，设定权值为 $w_k^i = \frac{1}{N_s}$。

(4)输出。状态向量被 $\boldsymbol{x}(k \mid k) = \sum_{i=1}^{Ns} \boldsymbol{x}_k^i w_k^i$ 更新。

7.4.3 试验结果与分析

以四百米操场环形跑道为导航路径，选取不同的滤波方法和不同的粒子数进行试验。试验结果表明，粒子数为 50 的 UPF 比 UKF 和粒子数为 1 000 的 PF 有更好的精度。PF 和 UKF 有相同的精度时，PF 需要的粒子数高于 1 000 个。这使得滤波时间比 UKF 长。在这些

滤波方法中,UPF 效果最好,其精度和实时性都可满足智能导航的要求。

试验数据分析如表 7-1 所示。图 7-17 是 RTD-GPS 测量值及 UKF、PF-500、UPF-20 在 X 方向和 Y 方向的预估值与真值(RTK-GPS 数据)的偏差(参见二维码 7-2)。图 7-18 是 RTD-GPS 测量值及 UKF、PF-1 000、UPF-50 在 X 方向和 Y 方向的预估值与真值的偏差(参见二维码 7-3)。

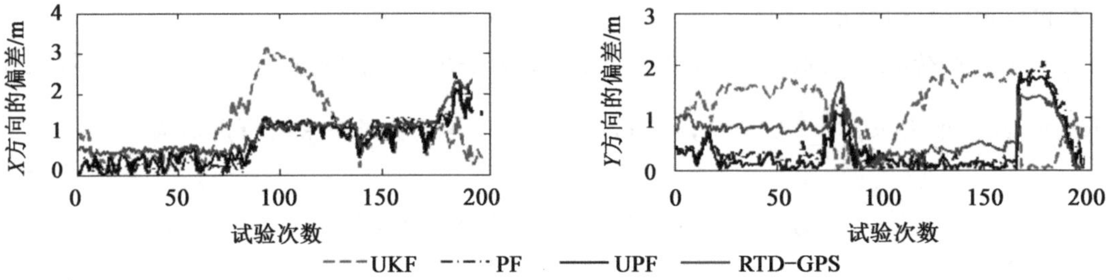

图 7-17 RTD-GPS 测量值及 UKF、PF-500、UPF-20 预估值在 X 方向和 Y 方向的偏差

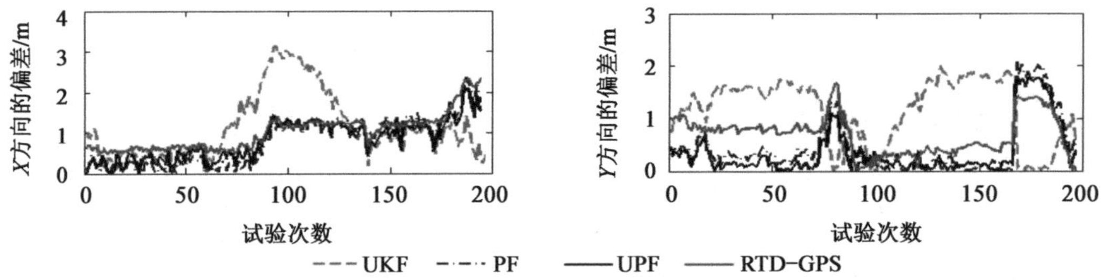

图 7-18 RTD-GPS 测量值及 UKF、PF-1 000、UPF-50 预估值在 X 方向和 Y 方向的偏差

表 7-1 RTD-GPS 测量值及 UKF、PF 、UPF 算法的融合效果

融合方法	方向	最大偏差/m	平均绝对误差/m	RMSE/m	每个数据点所花时间/s
RTD-GPS	*X*	2.68	1.21	0.43	
	Y	2.24	0.75	0.22	
UKF	*X*	3.12	1.01	0.65	0.000 3
	Y	1.99	1.05	0.38	
PF-500	*X*	2.58	0.97	0.50	0.110 5
	Y	1.98	0.481	0.29	
PF-1 000	*X*	2.52	0.97	0.49	0.246 0
	Y	1.99	0.48	0.30	
UPF-20	*X*	2.36	0.95	0.36	0.010 0
	Y	1.79	0.42	0.27	
UPF-50	*X*	2.34	0.95	0.36	0.027 0
	Y	1.79	0.42	0.26	

二维码 7-2　　二维码 7-3

由于 PF 和 UPF 在粒子初始化阶段都有随机性，所以每次的融合效果都不尽相同，但通过 100 次试验整体分析可以看出：在精度上，UPF 方法具有最好的融合效果，PF 方法次之；在时间消耗上，UPF 的融合时间仅为 PF 的 1/10 左右，使得需要实时融合的车辆行驶速度范围扩大。不同环境下，UPF 的粒子数选取对融合效果影响较大，以后的研究应重点考虑融合参数的在线调整问题。

本章小结

本章主要介绍了基于 NTRIP 的虚拟差分 GPS 接收系统、基于卡尔曼滤波的车辆导航定位系统以及基于 GPS 和机器视觉、基于 GPS 和 IMU 的组合导航定位系统的设计方法及试验结果，这些方法对提高定位精度和实时性有显著作用。

参考文献

[1] 梁静娴，张漫，李民赞，等. 基于 NTRIP 协议的虚拟差分 GPS 接收设备设计[J]. 农业机械学报，2009，40(S)：165-168.

[2] 梁静娴. 基于 NTRIP 协议的虚拟差分 GPS 接收设备的研究开发[D]. 北京：中国农业大学，2008.

[3] 籍颖，刘兆祥，刘刚，等. 基于 Kalman 滤波农用车辆导航定位方法[J]. 农业机械学报，2009，40(S)：13-17.

[4] 籍颖. 农业机械导航系统定位方法研究[D]. 北京：中国农业大学，2011.

[5] 陈艳，张漫，马文强，等. 基于 GPS 和机器视觉的组合导航定位方法[J]. 农业工程学报，2011，27(3)：126-130.

[6] 陈艳. 基于 UKF 的 GPS-MV 组合导航定位方法研究[D]. 北京：中国农业大学，2010.

[7] 吴琼，马文强，李茗萱，等. 基于 GPS 和 IMU 的农业机械导航定位融合方法研究[C]//中国农业工程学会. 中国农业工程学会 2011 年学术年会论文集. 北京：中国农业工程学会，2011：1 154-1 157.

[8] 吴琼. 基于 GPS 和 AHRS 的农业机械自动导航系统多传感器信息融合方法研究[D]. 北京：中国农业大学，2012.

第8章 基于机器视觉的导航基准线快速检测方法研究

机器视觉可实时获取丰富的环境信息，进而获取作业农机相对于检测目标的位置，具有GPS无法比拟的优势，常用于收获作业中收割边缘的检测、行间机械除草等。但机器视觉又易受外部环境的影响，尤其是光照等因素的影响。为了快速、准确提取图像中的导航基准线，研究人员开展了一系列研究工作。

8.1 基于扫描滤波的农机具视觉导航基准线快速检测方法

视觉导航系统目前多用霍夫变换、随机算法等方法进行导航基准线（简称导航线）检测。霍夫变换有鲁棒性强、受噪声影响小等优点，但同时也有算法复杂、运算量较大的缺陷。随机算法引入了随机性的思想，大大降低了计算复杂度，但需要选取较为准确的随机点，因此在农田复杂环境下利用随机方法检测出的导航线，其稳定性相对较低。

为了解决上述问题，李茗萱等提出了一种基于扫描滤波（scan-filter，SF）的导航线检测算法。该算法通过对预处理之后的图像进行扫描滤波，将作物行检测问题转化为极大值检测问题，同时还可以避免霍夫变换和随机算法中特征点过拟合的问题，减少了计算量，提高了检测的稳定性。

8.1.1 SF算法设计

8.1.1.1 算法流程

作物行一般为直线且相互平行，若将图像传感器安装在农机具的中间位置，通常情况下图像中的作物行具有以下3个特点：

①图像底端分辨率高，但拍摄范围较小，顶端相反；

②所有作物行走向大致呈直线；

③所有作物行向远离观察者方向延伸的交点与图像中线的延长线交于一点。

基于上述3个特点，李茗萱等设计了SF算法来求解导航线位置，该算法的输入为一幅二值图像，输出为导航线参数，即导航线在图像坐标系下的极角与极径。该算法的主要思想是：由于作物行在图像中的分布近似为一条直线，可以用作物行在图像上、下两端点的位置表示作物行的位置。通过控制一条直线上、下两端点的位置对图像进行划分，划分出的每个区域中白色点的个数代表图像中相应直线附近的白色点个数，然后通过分析白色点个数在不同区域的变化情况求解作物行位置，最后通过作物行位置求出导航线的位置。这里采用的划分方案是

底边长为 s、高为 h 的一系列等面积三角形$\triangle ij$，图 8-1 所示为图像的右半部分，$\triangle ij$ 的顶点坐标分别为 $\left(1,\frac{w}{2}+i\times s\right)$、$\left(h,\frac{w}{2}+(i+j)s\right)$、$\left(h,\frac{w}{2}+(i+j+1)s\right)$，其中 w 为图像的宽度。

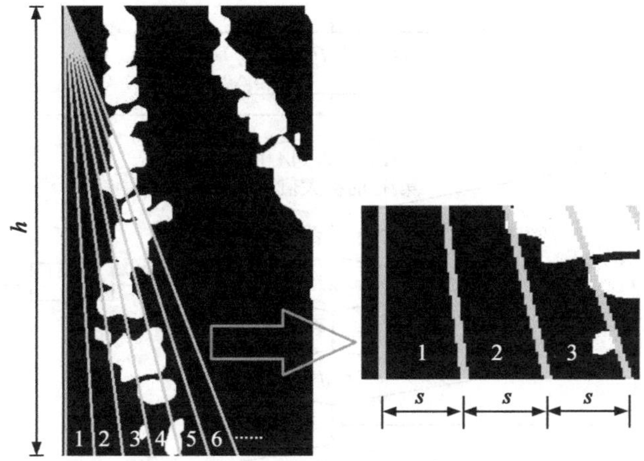

图 8-1　扫描三角形示意图

作物行所对应直线位置的检测算法流程如图 8-2 所示，其中 $\mathbf{A}$ 是行、列数均为 $N=w/2s$ 的矩阵，它记录了每个三角形所包含的白色点个数。由于每个三角形底边非常小，三角形内部的白色点个数可以认为是三角形一条斜边附近的白色点个数，当该三角形与作物行重合时，三角形内部的白色点个数则会达到极大值，而出现第一个极大值时$\triangle ij$ 的位置，即是距离图像中心最近的作物行的位置。图 8-2 中

$$\delta_P=\begin{cases}1 & P\text{ 点为白色点}\\0 & P\text{ 点为黑色点}\end{cases}$$

$filter(\cdot)$ 为低通滤波器的响应函数；$w(j)=\dfrac{h}{\sqrt{h^2+(K\times j\times s)^2}}$，为权重因子，用于修正作物行倾斜度对白色点个数统计值的影响，此处取常数 $K=2.5$。

按照图 8-2 的流程，同样可以对图像的左半部分进行处理，得到 i_1 和 j_1。则导航线参数方程为

$$y=\frac{h-1}{D-B}x+1-\frac{h-1}{D-B}B \tag{8-1}$$

其中

$$B=\frac{w+(i_r-i_1)s}{2},\ D=\frac{w+(i_r+j_r-i_1-j_1)s}{2}$$

D 和 B 分别表示导航线在图像底部和顶部的位置。

由于农田中可能存在作物行缺株、多株和有杂草等情况，经预处理后仍然可能存在未被滤除的干扰，产生矩阵 $\mathbf{A}$ 的虚假峰值。为了提高算法的鲁棒性，在检测是否为极大值之前，需要对 $A(i,j)$进行滤波处理。

为了提高信号处理的实时性，减少每次滤波所花费的时间，这里将滤波器设计为阶数较低的、具有因果性质的 I^2R 滤波器。由于摄像头在农机具上安装的高度以及农作物每垄宽度的

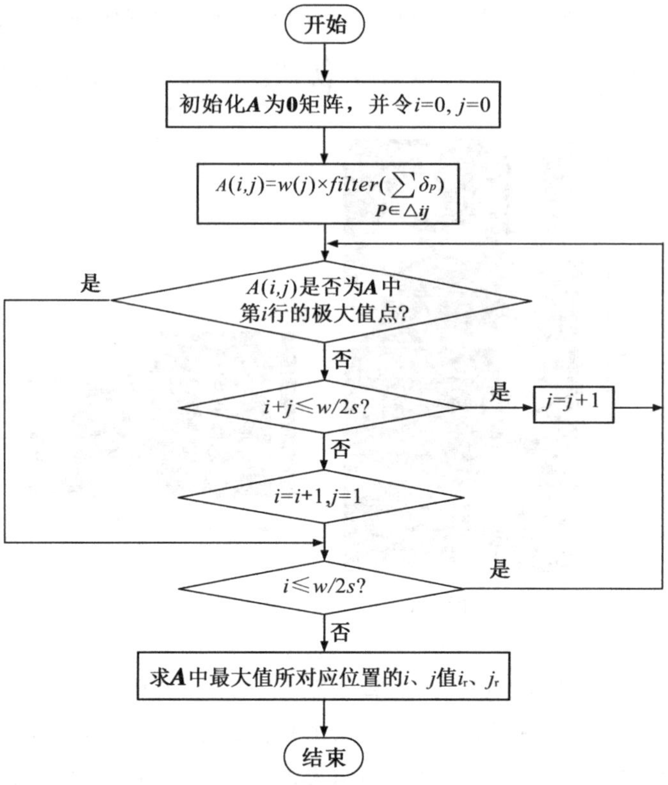

图 8-2 SF 算法流程图

限制，相机所采集的图像中大致包含 2～6 个作物行。假设所处理的杂草宽度最大不超过垄宽的 1/8(大致为一株作物宽度的 1/4)，可得滤波器参数 $\omega_p = 12\pi/w$ 和 $\omega_s = 32\pi/w$，其中 ω_p 为滤波器通带截止数字角频率，ω_s 为滤波器阻带截止数字角频率。若阻带衰减为 20～40 dB，当 $w = 640$ 像素时，采用巴特沃思(Butterworth)滤波器，使用 MATLAB DSP Filter Design & Analysis Tool 设计出的滤波器阶数为 5。

8.1.1.2 复杂度分析

SF 算法将图像分成左、右两部分进行检测，所以 **A** 为一个次对角线下方均为 0 的矩阵，矩阵的每个非 0 元素为相应 $\triangle ij$ 内部白色点的个数。若不考虑由于提前检测到峰值而终止扫描的情况，即在最坏的情况下，计算矩阵 **A** 共需要 T_1 次滤波和极大值检测运算：

$$T_1 = \frac{N(N+1)}{2} \times \frac{hs}{2} \tag{8-2}$$

将 $N = \frac{w}{2s}$ 代入式(8-2)，得到

$$\begin{cases} T_1 = \dfrac{S_F}{8} \times \varepsilon + \dfrac{S_F}{4} \\ T = T_1 t = \left(\dfrac{S_F}{8} \times \varepsilon + \dfrac{S_F}{4}\right) t \end{cases} \tag{8-3}$$

所以整个算法的时间复杂度为 $T = O(S_F \times \varepsilon)$。其中，$S_F = w \times h$ ，为整幅图像的像素数；

$\varepsilon = w/s$ 为系统所要求的精度；t 为一次滤波和一次极大值检测所需的时间。通常情况下，由于待处理图像的总像素数为常数，所以整个算法的时间复杂度为 ε 的线性函数。由于图像左、右两部分在处理过程中互不影响，可以采用双核 DSP 芯片实现并行处理，使处理时间缩短一半左右。

8.1.2　基于 SF 算法的农机具导航线检测方案

8.1.2.1　方案整体结构

农机具导航线检测方案的整体结构如图 8-3 所示，它由图像预处理和导航线提取两部分构成。导航线检测过程存在 3 种较大的干扰，分别是由图像传感器内部噪声产生的颗粒状噪声干扰、由杂草石块等引起的干扰以及作物行缺株或多株造成的干扰。在此方案中，图像预处理模块主要负责图像分割及前 2 种干扰的滤除；导航线提取模块主要负责减少缺株或多株对导航线提取精度的影响，提取出作物行，获取导航线。

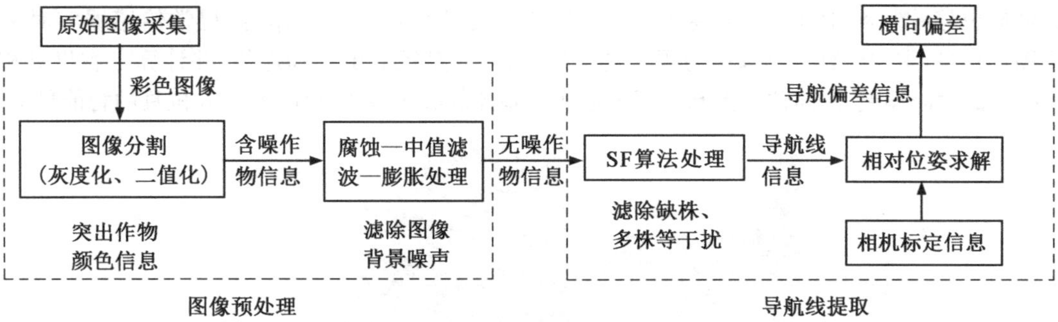

图 8-3　基于 SF 算法的农机具导航线检测方案的整体结构

8.1.2.2　图像预处理

图像预处理包含图像分割、图像膨胀与腐蚀两部分。

图像预处理的目的是，在尽可能多地包含作物行位置信息的前提下，把彩色图像转化成二值图像，以增强前景目标，抑制背景噪声，并降低后期信号处理的数据量。一般情况下，对于主要色素为叶绿素的作物（如玉米、大豆等），作物区域的绿色分量 G 远远大于红色分量 R 和蓝色分量 B，故采用强调绿色分量、抑制其余 2 个分量的 $2G-R-B$ 滤光算法对彩色图像进行灰度化。由于在不同光照条件下图像传感器所获得的图像亮度和颜色构成均会有所不同，所以采用了最大类间方差法（Otsu 法）对图像进行二值化处理。

为滤除颗粒状噪声，首先选用半径为 5 像素的圆盘状结构元素对图像进行腐蚀，将噪声干扰降低，再通过大小为 5 像素×5 像素的结构元素对图像进行中值滤波。经中值滤波后的图像，背景噪声基本被滤除，这时图像仅保留作物行的骨架部分。由于图像是在农机行驶过程中采集的，有可能会因为农机具的振动导致图像模糊，为了提高中心作物行检测的稳定度，需对上述骨架进行膨胀处理。为了突出作物行的纵向结构，选用 5 像素×1 像素结构元素进行膨胀。

8.1.2.3　导航线提取及农机具相对位姿求解

经过图像预处理后得到的二值图像，再通过调用前述 SF 算法处理，即可得到在图像坐标系下的导航线方程[式(8-1)]。该导航线反映的是作物与农机具在图像坐标系下的位置关系，要将其用于农机具的导航，还需要对农机具的相对位姿进行求解。所采用的相对位姿求解算法简述如下：农机具的定位以作物行为参照系，不需要确定它在世界坐标系中的绝对位置，所以选择农机具的车体坐标系为导航坐标系，导航坐标系随着农机具的移动而移动。一般选取摄像机在地面的投影点作为导航坐标系的原点，则农机具相对目标路径的位置关系如图 8-4 所示。

图 8-4 中 X 轴负方向为农机具行驶方向，虚线为目标路径。农机具相对目标路径横向偏差的大小即为坐标系原点 O 到导航线 $y=kx+b$ 的距离，即 $\rho=|b|\sqrt{1+k^2}$。直线与 X 轴的夹角即为航向偏差，即 $\psi=\arctan k$，其中 $\psi\in(-90°,90°)$。根据所得横向偏差与航向偏差，即可实现农机具智能导航。

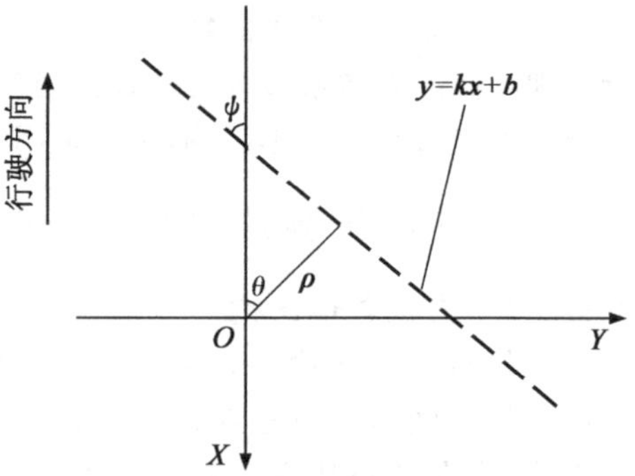

图 8-4 农机具相对目标路径的姿态

注：k 为导航线斜率，b 为导航线截距。

8.1.3 试验结果与分析

试验平台如图 8-5 所示，包括视觉传感器（摄像机）、横向位移控制器（PLC）、液压系统、农机具和主控计算机等。工作时，视觉传感器实时采集农田图像信息，主控计算机对采集的图像进行处理，完成路径的识别和定位，并计算出农机具相对目标路径的横向偏差；横向位移控制器再根据此偏差控制液压系统动作，实现农机具的智能导航。

图 8-5 基于 SF 算法的农机具视觉导航基准线快速检测试验平台

视觉传感器选用北京嘉恒中自图像技术有限公司生产的 OK AC1310 型 CCD 摄像机，输出 bmp 格式的彩色图像，像元大小为 4.65 μm×4.65 μm，有效像素为 1 300×1 024，帧频在全图模式下 8～24 Hz 可调，电子快门最短曝光时间为 20 μs。摄像机通过 USB2.0 接口与计算机进行数据传输。

主控计算机为 Intel(R) Core(TM)2 Quad CPU Q9400 @2.66GHz 2.96 GB 的台式机，操作系统为 Windows XP，开发环境为 Microsoft Visual C++6.0。

试验主要分为 3 部分：首先将大田采集的图像进行图像预处理，分析图像预处理算法的前景提取能力及抗噪能力；其次使用 SF 算法、霍夫变换算法、随机算法对导航线进行提取，并对提取结果进行比较；最后采用 SF 算法对不同作物环境下采集的图像进行处理，分析该算法的适应能力。

8.1.3.1 图像预处理效果

为了验证图像预处理的效果，对采集的若干组大豆、玉米和小麦图像进行预处理。图 8-6 是大豆图像预处理后的结果，可以看出，该预处理算法能有效地降低图像中颗粒状噪声的影响，得到清晰的作物边界。

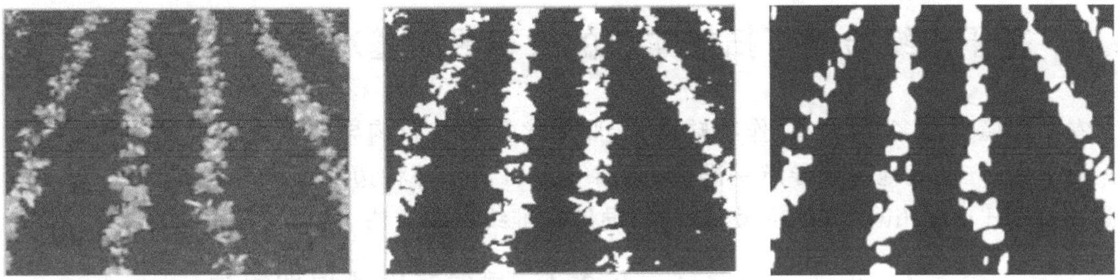

(a) 灰度图像　　(b) 二值图像　　(c) 滤波后图像

图 8-6　大豆图像预处理效果

8.1.3.2　SF 算法性能检测试验

对预处理后的图像，分别采用 SF 算法、传统霍夫变换算法和随机算法提取导航线并进行比较分析。提取玉米图像中心的 2 个作物行的参数和导航线，结果如图 8-7 和表 8-1 所示。图 8-7 中，实线为检测出的导航线，虚线为检测出的距离图像中心最近的 2 个作物行。

(a) 霍夫变换　　(b) 随机算法　　(c) SF算法

图 8-7　玉米作物行和导航线检测结果

表 8-1　SF 算法和其他算法所得直线参数比较

提取方法	左作物行参数		右作物行参数		导航线参数		所用时间/ms
	ρ/mm	θ/(°)	ρ/mm	θ/(°)	ρ/mm	θ/(°)	
霍夫变换	241.00	−1.00	379.00	0	310.00	−0.48	200
随机算法	215.84	−5.40	432.81	7.63	316.92	−1.08	78
SF 算法	207.03	−7.48	415.18	6.65	316.00	0.36	76

从试验结果可以看出，上述几种方法都能够正确地检测出大豆的作物行。从时间上来看，霍夫变换需要的时间最长，随机算法次之，SF 算法所需的时间最短，后者基本上可以满足农机智能导航的实时需求。从精度上来说，SF 算法与随机算法相当。因此，SF 算法可以高效、实时地处理视觉导航图像传感器所采集的图像，而且该算法有着良好的可并行计算结构，易于在多核 DSP 上实现导航线的实时检测。

8.2 基于边缘检测与扫描滤波的农机导航基准线提取方法

农田环境复杂多变，杂草、作物缺株、光照变化等均会影响导航基准线检测的精度和实时性。为了实时、准确地提取导航基准线，何洁等提出了一种将边缘检测和扫描滤波(boundary detection and scan-filter，BDSF)相结合的导航基准线提取方法。

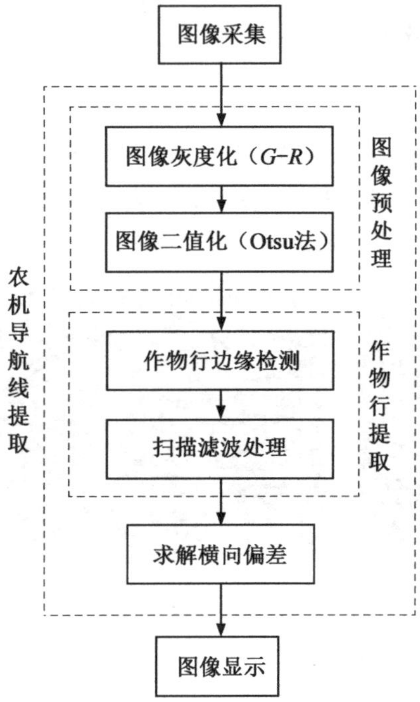

图 8-8 基于 BDSF 算法的农机导航线提取流程图

8.2.1 导航基准线提取算法

8.2.1.1 算法整体流程图

BDSF 算法首先采用 $G-R$ 颜色特征因子进行图像灰度化，采用最大类间方差法(Otsu 法)对灰度图像进行分割，得到二值图像，获取较好的作物信息；其次，分别对图像的底部和顶部区域进行垂直投影，获取作物行的位置，形成一个包含作物行直线的条形框；然后，在这个条形框内，再用等面积的小条形框对图像进行扫描并统计有效点的个数；最后，根据扫描的结果来提取作物行，进而获取导航线。导航线提取流程如图 8-8 所示。

8.2.1.2 图像预处理

农田彩色图像包含了作物和土壤信息，如图 8-9(a)所示。图像预处理的目的是将作物信息从土壤背景中分离出来，主要步骤包括图像的灰度化和二值化(参见二维码 8-1)。

采用 $G-R$ 特征对图 8-9(a)进行灰度化的结果如图 8-9(b)所示，图 8-9(c)为得到的灰度直方图。然后采用最大类间方差法计算出连通区域的阈值，进行图像分割。分割后的图像如图 8-10 所示，可以看出作物被清晰地分割出来。

(a)原始图像 (b)$G-R$灰度图 (c)灰度直方图

图 8-9 农田图像灰度化

二维码 8-1

图 8-10　采用最大类间方差法分割后的二值图像

8.2.1.3　作物行边缘检测

二值化后的图像白色部分代表作物，黑色部分代表背景土壤。作物行可以看作是图像底部和顶部 2 个端点连成的直线。为了确定作物行的精确位置，分别对图像底部和顶部区域进行灰度垂直投影，得到作物行底部和顶部的位置，形成连接作物行底部和顶部的斜条形框。作物行边缘检测的处理过程包括初步检测、行间合并、作物行筛选和上下匹配等 4 部分，具体如下：

设图像高为 H，宽为 W，$I(i,j)$是图像点(i,j)的灰度值，$N_b(j)$为从图像底部开始 H_b 行第 j 列灰度不为零的像素点数，$N_t(j)$为从图像顶部开始 H_t 行第 j 列灰度不为零的像素点数，m_b 和 m_t 为窗口 N_b 和 N_t 的平均值，即垂直投影的阈值。数组元素 $L_b(k)$和 $R_b(k)$分别记录第 k 个左边缘点和右边缘点的位置。

①对图像底端选定一个 $H_b \times W$ 窗口，其中 H_b 取值为 20。

②对窗口进行列扫描，计算出每一列中白色像素点数 $N_b(j)$，并且求出窗口的平均白色像素点数 m_b。

③选择合适的阈值 T_1，对作物行端点范围粗略定位。如果 $N_b(j+1)>T_1$，且 $N_b(j)<T_1$，则记 j 点为作物行的左边缘点位置，存储到 $L_b(k)$中；如果 $N_b(j+1)<T_1$，且$N_b(j)>T_1$，则记 j 点为作物行的右边缘点位置，存储到 $R_b(k)$中；否则不做处理。其中，T_1 取值为 m_b，行数为 p。

④设 $c(k)$为左、右边缘点之间的距离，m_c 为 $c(k)$的平均值，T_2 为作物行合并的阈值，取值为 m_c。计算左边缘点与右边缘点的距离 $c(k)$，并且求平均值 m_c。

⑤为了消除因作物叶片散乱而造成的一个真实作物行分成多个作物行的情况，对粗略定位的左、右边缘位置进行位置调整。如果 $L_b(k+1)-L_b(k)<T_2$，则认为第 $k+1$ 个作物行和第 k 个作物行为同一个作物行，合并形成一个新的作物行，作物行数为 q。

⑥设 $d(t)$为新作物行左、右边缘点之间的距离，m_d 为 $d(t)$的平均值。根据左、右边缘点之间的距离进行作物行边缘位置的筛选。如果左、右边缘点的距离 $d(t)>m_d/2$，则认为这是作物行的边缘点位置，存入到数组 b 中，其中 $b(t,1)$存储作物行左边缘点的位置，$b(t,2)$存储作物行右边缘点位置；否则剔除该伪作物行位置。其中，作物行数为 l_b。

⑦根据底端作物行的位置，对顶端图像对应的位置进行顶端作物行位置计算。设顶端作物行位置范围为 $a \sim b$，对图像顶端选定一个 $H_t \times W_t$ 窗口，其中 W_t 窗口位置范围为 $a \sim b$。

重复步骤②～⑥对顶端作物行位置进行精确定位。其中，顶端作物行数为 l_t。

⑧对每个底端作物行与顶端所有作物行位置点进行连线，形成 $l_t \times l_b$ 个封闭的四边形。设封闭四边形内中间 H_m 行小块四边形的白色像素点数为 $m(i,j)$，其中 i 表示顶端第 i 个作物行，j 表示底端第 j 个作物行，H_m 取值 20。从底端作物行开始匹配顶端作物行，对于每个底端作物行，求 $\max m(i,j)$ 对应的顶端作物行位置，作为上、下作物行的匹配位置。底端作物行全部扫描完成，程序结束。

图 8-11 是基于两端点的作物行边缘位置定位的过程。其中，图 8-11(a)为图像底部的二值图像，可看到明显的作物行位置，图 8-11(b)、图 8-11(c)、图 8-11(d)分别为作物行灰度垂直投影、作物行合并以及筛选去除伪作物行后的示意图。图 8-12 中直线为检测到的作物边缘，可以看出，代表作物行边缘的直线较为精确地反映了作物行的位置。

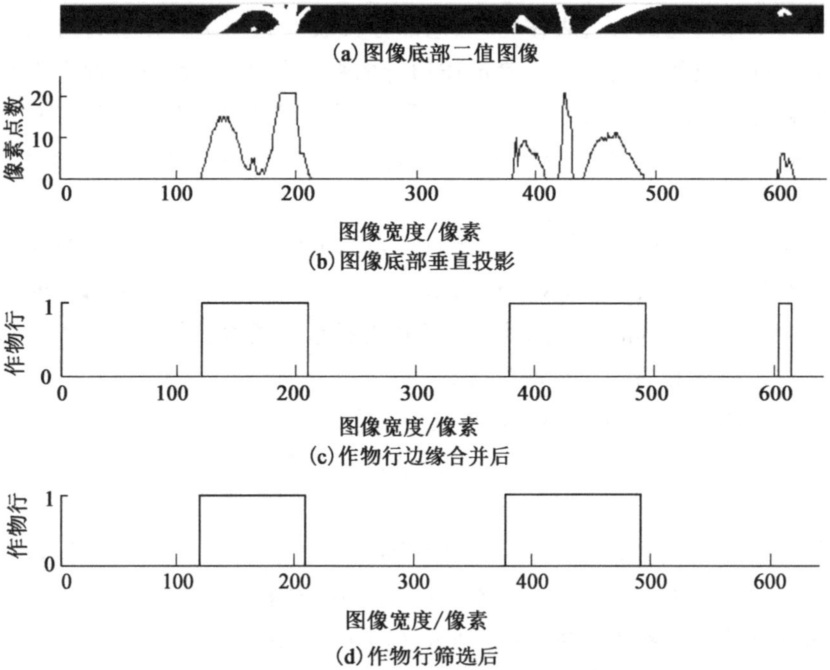

(a)图像底部二值图像

(b)图像底部垂直投影

(c)作物行边缘合并后

(d)作物行筛选后

图 8-11 基于两端点的作物行边缘位置定位

图 8-12 基于两端点的作物行边缘检测结果

8.2.1.4　导航线提取

以上处理已经将作物行的位置定位到一定范围内，可采用两端点的位置来确定作物行中心直线。设(x_1,y_1)和(x_2,y_2)为直线的两个已知端点，则有

$$\frac{x-x_1}{x_2-x_1}=\frac{y-y_1}{y_2-y_1} \tag{8-4}$$

导航线提取算法步骤如下。

①检测到作物行端点后，形成一个以顶部端点构成上底边、以底部端点构成下底边、高为图像高度 H 的条形框 $ABCD$，模拟作物行的形状，从底部到顶部由宽变窄。如图 8-13 所示，设上底边两点坐标为 $A(x_a,y_a)$、$B(x_b,y_b)$，下底边两点坐标为 $C(x_c,y_c)$、$D(x_d,y_d)$。其中 $y_a=y_b=H$，$y_c=y_d=0$，且 $x_a\neq x_b$，$x_c\neq x_d$。

图 8-13　条形框扫描示意图

②将条形框 $ABCD$ 的上底边和下底边各分成 N 等份，分割成 $N\times N$ 个等面积的小条形框 $C(i,j)$，其中 i 表示上底边的第 i 等份，j 表示下底边的第 j 等份。则小条形框 $C(i,j)$ 的端点坐标为 $A_i(x_i,y_i)$、$B_i(x_{i+1},y_i)$、$C_j(x_j,y_j)$ 和 $D_j(x_{j+1},y_j)$，有

$$x_i=x_a+\frac{(i-1)(x_b-x_a)}{N}\qquad i=1,2,\cdots,N \tag{8-5}$$

$$x_j=x_c+\frac{(j-1)(x_d-x_c)}{N}\qquad j=1,2,\cdots,N \tag{8-6}$$

$$y_i=H\qquad i=1,2,\cdots,N \tag{8-7}$$

$$y_j=0\qquad j=1,2,\cdots,N \tag{8-8}$$

③统计每个小条形框 $C(i,j)$ 中白色像素点数并存储到矩阵 Q 中。

④求矩阵 Q 中元素 $Q(i,j)$ 的最大值 m，将最大值对应的条形框 $C(i,j)$ 视为最靠近作物行直线的条形框。

⑤求最大值 m 对应的条形框的上底边和下底边位置及其左、右邻近的两个小条形框的位置，将这 3 个条形框合并成一个条形框，作为新的条形框 $ABCD$。

⑥转到步骤②，直到条形框 $ABCD$ 的宽度 x_b-x_a 小于 N、不能再分割成更小的 N 等份的小条形框为止。

⑦提取两个作物行直线后，对两个作物行直线取中线，作为导航基准线。

导航线提取算法流程如图 8-14 所示。

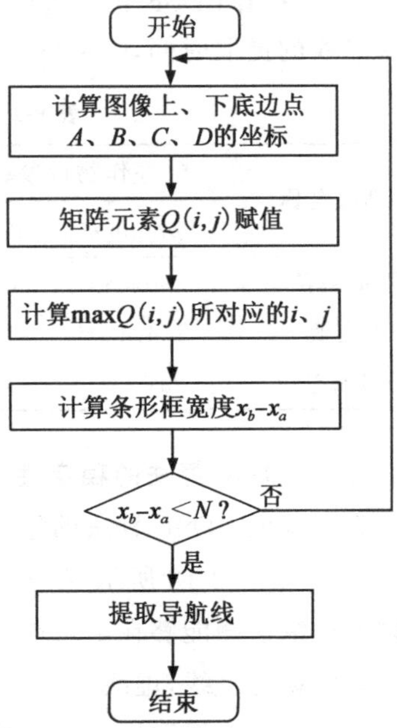

图 8-14　导航线提取算法流程图

8.2.2 试验结果与分析

8.2.2.1 BDSF 算法的性能

为了对 BDSF 算法的性能进行评价，与霍夫变换和最小二乘法(least square method, LSM)算法进行了比较分析。3 种算法采用相同的图像预处理方法得到作物的二值图像，霍夫变换和 LSM 算法在提取特征离散点后再进行导航基准线提取。

导航基准线提取结果如图 8-15 所示，图中实线为作物行直线，虚线为提取到的导航基准线，可见 BDSF 算法提取的导航基准线更准确。

(a) BDSF算法　　(b) 霍夫变换　　(c) LSM算法

图 8-15 BDSF 算法和其他算法检测结果比较

表 8-2 为 3 种算法提取的导航线直线极坐标参数。由表 8-2 可知，BDSF 算法的 ρ 值与霍夫变换相差 16.31 mm，θ 值相差 0.10°；而 LSM 算法的 ρ 值与霍夫变换相差 37.48 mm，θ 值相差 0.17°。因此，在精度方面，BDSF 算法提取的导航基准线比 LSM 算法更接近霍夫变换。

霍夫变换处理一幅图像的耗时约为 130 ms，BDSF 算法约为 40 ms，比霍夫变换耗时减少约 69%。采用 BDSF 算法进行图像预处理的时间和特征区域提取的时间约为 27 ms，加上导航基准线的提取时间，一共约为 67 ms，可满足农机智能导航实时作业的要求。

表 8-2 BDSF 算法和其他算法所得直线参数比较

算法名称	左作物行参数		右作物行参数		导航线参数		耗时/ms
	ρ/mm	θ/(°)	ρ/mm	θ/(°)	ρ/mm	θ/(°)	
BDSF 算法	290.38	0.26	371.94	−0.16	338.63	0.05	40
霍夫变换	154.43	0.28	409.91	−0.02	354.94	0.15	130
LSM 算法	251.25	0.10	378.88	−0.14	317.46	−0.02	33

8.2.2.2 BDSF 算法的稳定性

为了验证 BDSF 算法的稳定性，分别对有杂草和作物缺株情况下的玉米地图像进行处理，如图 8-16 至图 8-18 所示(参见二维码 8-2 至二维码 8-4)。从图 8-17 可以看出，基于两端点的作物行边缘检测能够在尽可能小的范围内包含作物行直线，定位作物行位置区域。图 8-18 中实线为作物行直线，虚线为导航基准线。可以看出，即使在有杂草和作物缺株的情况下，BDSF 算法仍能有效地提取导航基准线，具有较强的适应能力。

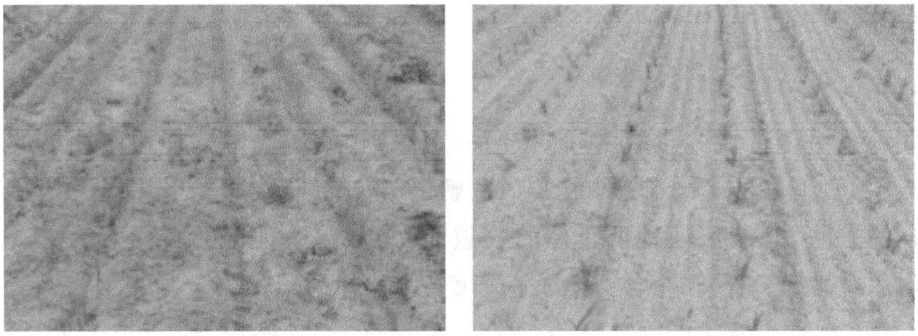

(a)有杂草　　(b) 作物缺株

图 8-16　有杂草和缺株情况的原始图像

二维码 8-2

(a)有杂草　　(b) 作物缺株

图 8-17　基于 BDSF 算法的作物行检测结果

二维码 8-3

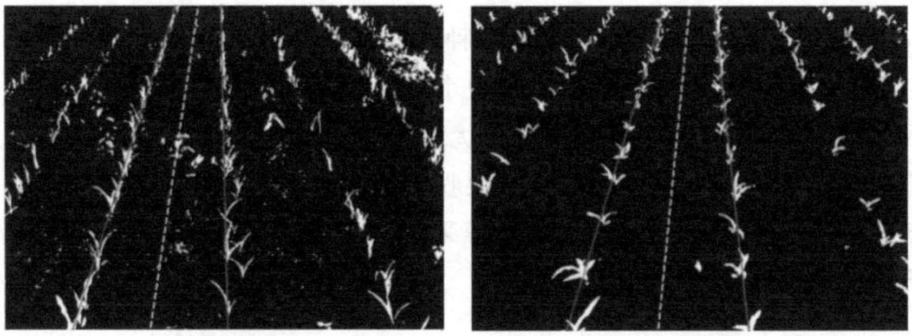

(a)有杂草　　(b)作物缺株

图 8-18　基于 BDSF 算法的导航基准线提取结果

二维码 8-4

8.3　基于改进遗传算法的农机具视觉导航基准线检测方法

孟庆宽等为机器视觉导航系统提出了一种基于改进遗传算法(improved genetic algorithm,IGA)的导航基准线检测方法,利用遗传算法较强的全局搜索和方向性搜索能力,增强作物行直线检测的鲁棒性;通过对遗传交叉算子和变异算子进行改进,克服了传统遗传算法收敛速度慢、局部搜索能力弱、容易出现早熟等问题,提高了作物行直线检测的速度与精度。

8.3.1 遗传算法的改进

8.3.1.1 选择算子改进

选择算子通过适应度函数对个体优劣进行评价，按照一定原则，从父代中选择适应度好的个体遗传给下一代，淘汰适应度不好的个体，使种群向最优解的方向靠近。这里采用概率保留法和最优保存策略相结合的方法，既能保证种群个体的收敛性，又能保证种群的多样性。

首先计算群体的平均适应度值 f_{avg} 和个体 x_i 的适应度值 f_i，如果

$$f_i > f_{avg} \tag{8-9}$$

则 x_i 予以保留，否则，令

$$P_i = \frac{f_i}{\sum_{i=1}^{M} f_i} \tag{8-10}$$

式中 M 为适应度小于 f_{avg} 的个体的数量。自动生成一个 0 到 1 之间的随机数 r，如果 $P_i > r$，则 x_i 予以保留，否则将 x_i 淘汰。

运用最优保存策略对上面保存的个体进行运算，具体步骤如下：

①计算当代保留个体的适应度值，找出 K 个适应度最好的个体。

②将这 K 个个体的适应度值与到目前为止适应度最好的 K 个个体相比较，用适应度值大的个体替代适应度值小的个体。

③将替代后的 K 个个体放入子代中，进行交叉变异运算。

8.3.1.2 交叉算子改进

传统遗传算法按照固定交叉概率实施进化，很难保证种群的多样性和收敛性。当个体适应度小于种群平均适应度时，为保持种群个体多样性，加快个体更新，应使用较大的交叉概率；当个体适应度大于种群平均适应度时，个体往往集中在最优解附近，如果这时依然使用大的交叉概率，可能会降低适应度高的个体在群体中的比例，减缓收敛速度。为了提高遗传算法的收敛速度，应采用较小的交叉概率。综合以上因素，孟庆宽等采用自适应交叉算子，以个体适应度作为判断依据，交叉概率 P_c 随着适应度的变化而变化：

$$P_c = \begin{cases} P_{c2} + \dfrac{(P_{c1} - P_{c2})(f_{avg} - f_{cm})}{f_{avg} - f_{min}} & f_{cm} \leqslant f_{avg} \\ P_{c3} + \dfrac{(P_{c2} - P_{c3})(f_{max} - f_{cm})}{f_{max} - f_{avg}} & f_{cm} > f_{avg} \end{cases} \tag{8-11}$$

式中：f_{max} 为种群中个体最大适应度，f_{min} 为种群中个体最小适应度，f_{cm} 为 2 个交叉个体中较大的适应度，P_{c1} 为 $f_{cm} = f_{min}$ 时的交叉概率，P_{c2} 为 $f_{cm} = f_{avg}$ 时的交叉概率，P_{c3} 为 $f_{cm} = f_{max}$ 时的交叉概率。交叉概率 P_c 的自适应调整曲线如图 8-19 所示。

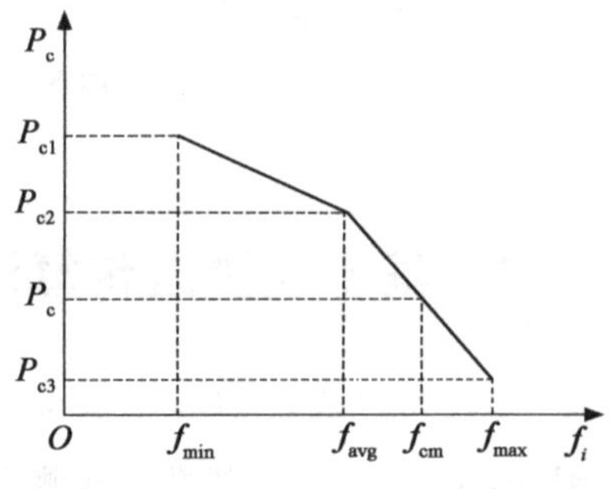

图 8-19 交叉概率自适应调整曲线

8.3.1.3　变异算子改进

变异算子使染色体基因的某些位点发生改变，对保持种群个体多样性起着重要作用。对变异算子的改进主要考虑两点：

①个体适应度小于种群平均适应度时，使用大的变异概率，增加产生优良个体的概率；个体适应度大于种群平均适应度时，使用小的变异概率，加快算法的收敛速度。

②二进制编码染色体各基因位点所表示的权重不一样。染色体高位变异，产生的新个体与原个体差异较大；染色体低位变异，产生的新个体与原来个体差异较小。对适应度小于种群平均适应度的个体，进行高位变异，增强个体在搜索空间的扩散；对适应度大于种群平均适应度的个体，进行低位变异，提高算法局部寻优能力。

设染色体位长为 N，N 为奇数时，$[N,(N+1)/2]$为高位区，$[(N+1)/2-1,0]$为低位区；N 为偶数时，$[N,N/2]$为高位区，$[N/2-1,0]$为低位区。

变异概率 P_m 的公式为

$$P_m=\begin{cases}P_{m1} & f_i\leqslant f_{avg}\\ P_{m2}+\dfrac{(P_{m1}-P_{m2})(f_{max}-f_i)}{f_{max}-f_{avg}} & f_i>f_{avg}\end{cases} \tag{8-12}$$

式中：P_{m1} 为 $f_i=0$ 时的变异概率，P_{m2} 为 $f_i=f_{max}$ 时的变异概率。变异概率 P_m 的自适应调整曲线如图 8-20 所示。

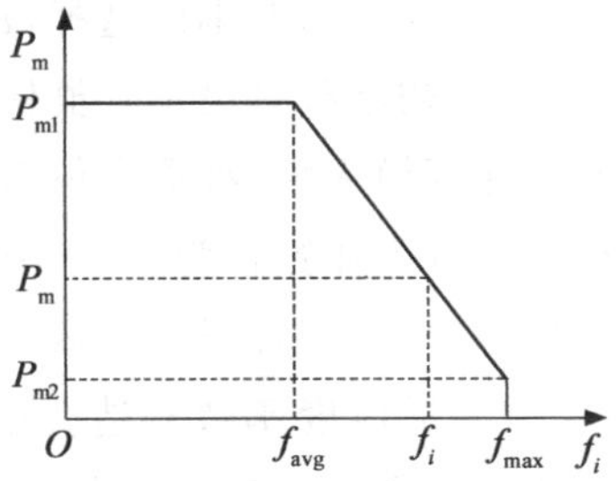

图 8-20　变异概率自适应调整曲线

8.3.2　基于改进遗传算法的导航线检测方案

8.3.2.1　图像预处理

图像预处理包括彩色图像灰度化和二值化，采用 $2G-R-B$ 颜色特征因子对图像进行灰度处理，采用 Otsu 法进行图像分割，将农作物信息从土壤、杂草等背景中提取出来。图 8-21 为作物图像二值化处理结果。

8.3.2.2　作物行位置信息获取

通常视觉传感器采集的农田图像中有多行作物，采用基于图像灰度的垂直投影法检测作物行的数目和近似位置信息具有较强的抗干扰性。首先对二值图像进行膨胀、腐蚀，然后根据位置信息确定作物行直线起点范围。图 8-22 为作物行位置检测结果。

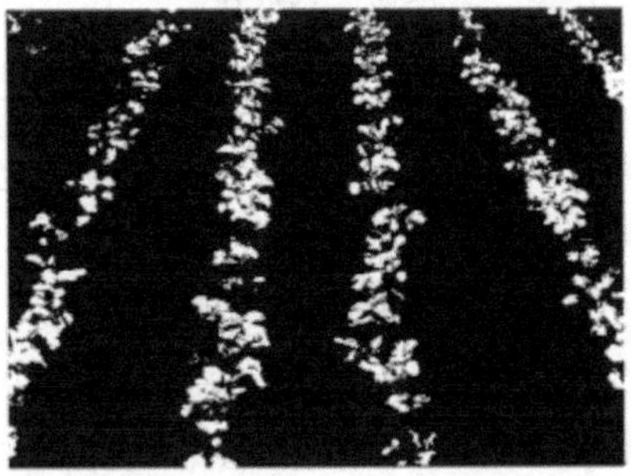

图 8-21　采用 Otsu 法分割后的二值图像

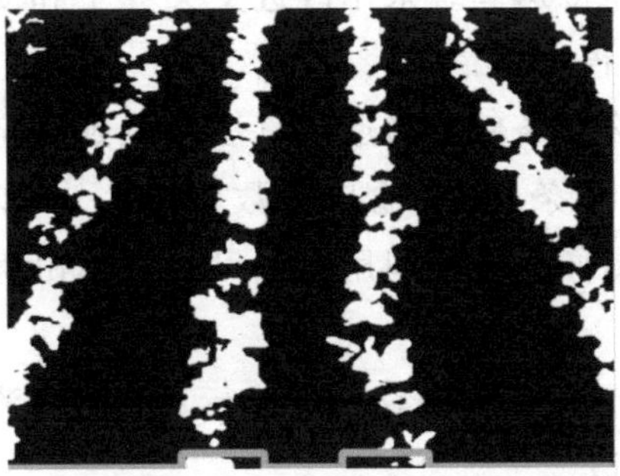

图 8-22　作物行位置检测结果

8.3.2.3 作物行中心线识别

在基于机器视觉的农机智能导航过程中,视觉传感器采集的农田作物图像具有以下特点:①作物行走向近似呈直线并且相互平行,但由于相机视角的原因,图像底部的作物行间距较大,而图像顶部的行间距较小。②作物行开始于图像底边,终止于图像顶边,通过底边和顶边上 2 个点可以确定作物行直线。

图像中作物行走向近似呈直线,将图像底边点作为直线起点,顶边点作为直线终点,分别从顶边和底边各选 1 个数据点进行编码,编码后的染色体代表一条待检测的直线,构造适应度函数来判断直线的优劣程度,通过多次进化搜索寻找到适应度最高的个体,将此直线作为作物行中心线。具体步骤如下:

(1)染色体编码。图像顶边和底边的数据点构成了直线解空间,直线起点横坐标 x_0,要在垂直投影法获取的作物行位置存储矩阵内选择;直线终点横坐标 x_1,要在$(x_0,x_0+w/2)$或$(x_0+w/2,x_1)$范围内选择,$w=x_1-x_0$,为图像宽度。将 x_0 和 x_1 进行编码构成染色体。

(2)初始种群设定。群体规模太小,种群个体多样性不高,会造成遗传算法搜索空间受限。而群体规模太大,种群个体多样性增加,又使得计算的复杂度增加,执行效率下降。这里设定初始种群个体数量为 30,随机生成一定数量个体(为 30 的倍数),从中筛选优良个体放入初始化种群内,直到种群个体数量达到设计要求。

(3)适应度函数构造。如果目标像素到一条直线的距离小于给定阈值 d,则认为目标点在直线上。通常到一条直线的距离小于 d 的目标点数量越多,表示该直线离作物行中心线越近,将适应度值最大的染色体所代表的直线,作为作物行中心线,适应度函数设计为

$$f=N_d \tag{8-13}$$

式中 N_d 表示距离小于 d 的范围内目标点个数。

(4)选择。采用概率保留法和最优保存策略相结合的方法进行选择。

(5)遗传运算。采用改进交叉算子和变异算子进行遗传运算。

(6)终止条件。当遗传算法进化到规定代数或满足收敛条件时,输出参数为$(x_0,0)$和(x_1,h),h 为图像高度。利用两点可以计算出直线方程。

基于改进遗传算法的作物行直线检测流程图如 8-23 所示。

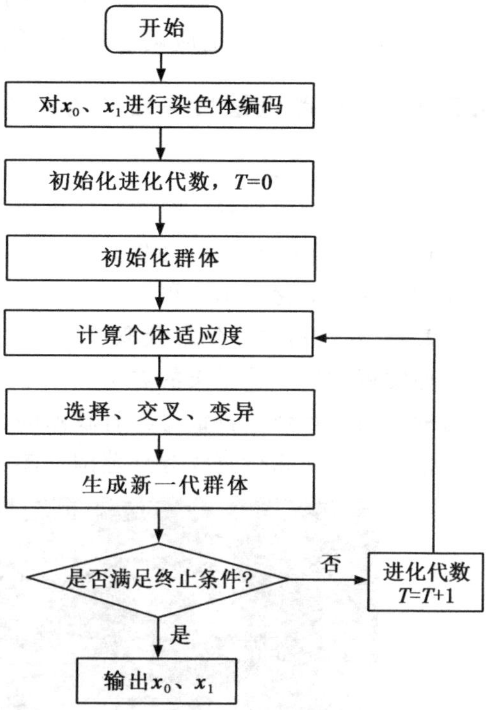

图 8-23 基于改进遗传算法的作物行直线检测流程图

8.3.3 试验结果与分析

8.3.3.1 试验平台

农机具导航试验平台如图 8-24 所示，主要由视觉传感器、工控机、横向位移控制器、液压系统和农机具组成。视觉传感器实时采集农田图像传输到工控机，工控机对图像进行处理分析，完成路径识别和定位，输出导航信息。横向位移控制器根据导航信息控制液压系统运动，实现农机具对目标路径自动追踪。

视觉传感器使用美国灰点公司(Point Grey)生产的 Zebra 2 型高分辨率 CCD 彩色摄像机，图像输出格式为 bmp，像素 480×640，采用千兆网接口与外界进行数据传输，镜头选用 JVPM1216 自动光圈镜头，可根据光照环境自动调节入射光强，可有效消除田间自然光照变化对图像处理的影响。工控机采用 Intel(R) HM65 @ 3.0 GHz 处理器，2 GB 内存，操作系统为 Windows 7，导航程序运行环境为 VS2010。

图 8-24 采用改进遗传算法检测导航线的试验平台

8.3.3.2 试验结果

为了对改进遗传算法检测导航线的速度和精度作出评价，分别利用传统霍夫变换、传统遗传算法、改进遗传算法进行导航线提取，试验对象为处于生长期早期的大豆作物。

标准霍夫变换算法中，$\theta \in [-90°, +90°]$，$\rho = [-800\ \text{mm}, +800\ \text{mm}]$，量化精度 0.5°。

传统遗传算法中，$P_c = 0.5$，$P_{m2} = 0.1$，$d = 5$，终止条件为进化代数 $T = 50$ 或目标点像素阈值 $N' > 2\ 000$。

改进遗传算法中，$P_{c1} = 0.6$，$P_{c2} = 0.4$，$P_{c3} = 0.2$，$P_{m1} = 0.15$，$P_{m2} = 0.05$，$d = 5$，$K = 1$，终止条件为 $T = 50$ 或 $N' > 2\ 000$。

由于遗传算法的随机搜索特性，每次运行得到的直线参数和耗时都有差别，所以用遗传算法进行 50 次检测，将 50 次检测结果(如导航参数、时间消耗等)取平均值作为最终结果。3 种方法检测结果如图 8-25 所示，直线参数如表 8-3 所示，k 表示直线斜率，b 表示直线截距。图 8-25 中虚线为检测出的导航线，实线为距离图像中心最近的两条作物行中心线。从检测结果可以看出，3 种方法均可以正确地检测出作物行中心线和导航线。

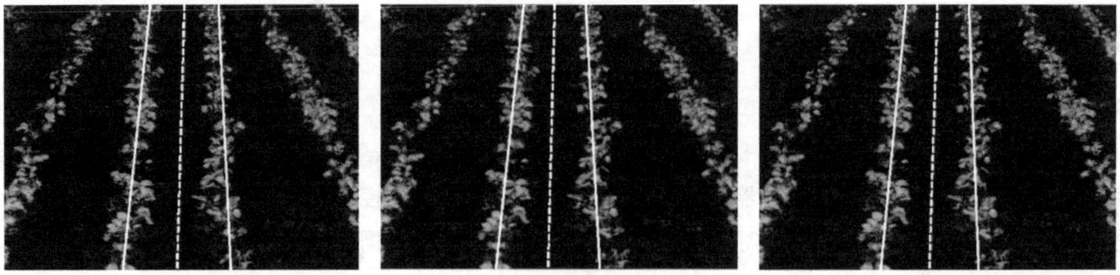

(a)霍夫变换　(b) 传统遗传算法　(c)改进遗传算法

图 8-25　改进遗传算法和其他算法检测结果比较

表 8-3　改进遗传算法和其他算法检测结果比较

处理方法	左作物行参数		右作物行参数		导航线参数		时间消耗/ms
	k	b/mm	k	b/mm	k	b/mm	
霍夫变换	−9.6	2 534.4	21.8	−8 421.8	−34.2	11 142.8	169
传统遗传算法	−8.8	2 337.7	17.1	−6 445.7	−37.1	11 778.4	107
改进遗传算法	−10.4	2 713.0	26.2	−10 053.3	−35.4	11 462.8	81

在时间消耗方面，霍夫变换所用时间最长，为 169 ms；传统遗传算法次之，为 107 ms；改进遗传算法耗时最少，为 81 ms。在导航线准确度方面，改进遗传算法与霍夫变换接近，优于传统遗传算法。

8.4　基于线性相关系数约束的作物行中心线检测方法

孟庆宽等还设计了一种基于线性相关系数约束的作物行中心线检测方法，能够快速准确地提取出作物行中心线，抗噪声性能良好。

8.4.1　作物行中心线识别算法

根据田间农机导航作业环境和图像信息处理特点，孟庆宽等确定了作物行中心线提取方法，主要包括 5 部分，如图 8-26 所示。

图 8-26　基于线性相关系数约束的作物行中心线提取算法步骤

8.4.1.1　农田图像采集

图像采集单元使用北京嘉恒中自图像技术有限公司生产的 OK AC1310 型 CCD 摄像机，输出像素为 640×480 的 bmp 格式彩色图像。图 8-27(a)为在自然光条件下获取的玉米图像。

农田导航作业过程中，光照变化对视觉导航系统有很大影响。不同时刻光照强度不同，导致获取图像的亮暗不同，影响图像处理效果。为降低光照影响，选用可调光圈镜头，通过主控计算机输出控制信号调节光圈，从而调节所获取图像的亮度。程序中设定图像亮度最佳阈值(可通过大量实验获取，在这个阈值范围内图像处理效果较好)。导航过程中，如果获取的图像亮度在阈值范围内，则不输出光圈控制信号；如果获取的图像亮度超过阈值，则输出相应光圈控制信号，调节光圈大小，直到图像亮度满足阈值要求。利用上面方法，构成了一个图像亮度闭环控制调节系统，有效地解决了光照强度影响问题。

8.4.1.2　图像预处理

采用 $2G-R-B$ 颜色特征因子对图像进行灰度处理，利用 Otsu 法进行图像分割，将农作物信息从土壤、杂草等背景中提取出来。Otsu 法综合考虑了目标物与背景物之间的差异，当这两者之间的方差最大时确定阈值，能有效抑制噪声。图 8-27(b)和(c)为农田原始图像的灰度化、二值化处理结果(参见二维码 8-5)。

二维码 8-5

(a)原始图像　(b)灰度图像　(c)二值图像

图 8-27　玉米田图像及预处理结果

8.4.1.3　图像感兴趣区域设定

在视觉导航过程中，提取导航线需要处理大量数据，使得计算时间过长，导航系统实时性较差。为提高导航识别的实时性，调整好摄像头离地高度和倾角后，对二值图像设定一个感兴趣区域(region of interest，ROI)，只对 ROI 内的图像进行处理。区域的大小关系到导航线提取的准确度和图像处理时间，区域过大，处理的数据较多，会影响图像处理时间；区域过小，得到的作物行特征较少，在导航过程中容易出现作物行超出 ROI 范围的情况。

为了解决此类问题，孟庆宽等采用动态 ROI 对目标路径位置进行跟踪。程序开始运行时对 ROI 位置进行初始化，使 ROI 中心线位置与图像中心线重合，处理完一帧图像后，水平移动 ROI 使其中心线与导航线重合。处理下一帧图像时，根据上一帧图像 ROI 位置进行导航线提取，然后再水平调整 ROI 位置，实现对导航路径跟踪。利用 ROI 处理图像时，需要设定 3 个初始参数，即 ROI 尺寸、ROI 起始位置和 ROI 最大极限偏移量 R_L。最大极限偏移量即允许 ROI 中心线在水平方向移动的最大距离。一般情况下，R_L 值过大会造成 ROI 边缘超出图像范围，即 ROI 边缘的 X 坐标为负值或者超出图像右侧边缘。用变量 R_O 表示导航线与 ROI 中心线的偏差距离，为避免 ROI 边缘超出图像，当 $R_O>R_L$ 时，对 ROI 位置进行初始化，将 ROI 设置在图像中间，使 ROI 中心线与图像中心线重合。ROI 尺寸如图 8-28 所示，图中 M_a 为图像宽度，N_a 为图像长度。程序开始时首先对 ROI 位置进行初始化，设置 $R_L=0.3M_a$，保证 ROI 左、右两侧边缘不会超过图像左、右边缘。图 8-29 是 ROI 区域内的作物行。

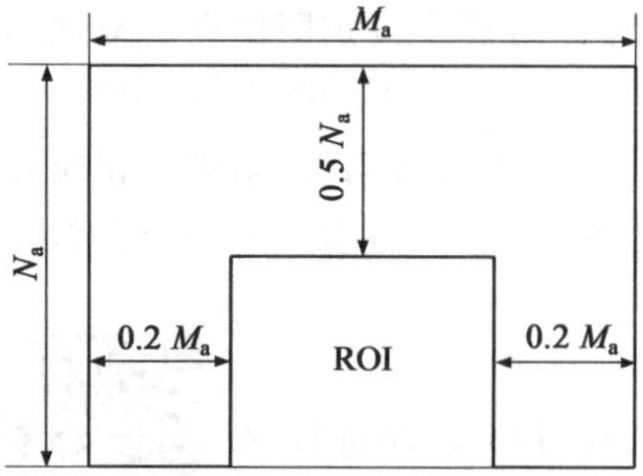

图 8-28 ROI 尺寸示意图

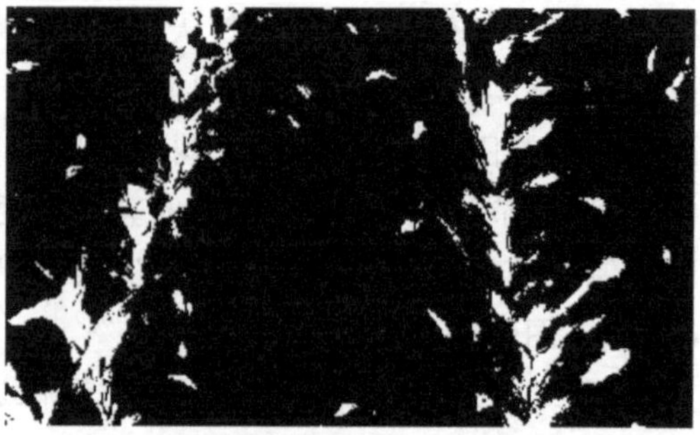

图 8-29 ROI 区域内作物行

8.4.1.4 作物行数计算及边缘区域确定

采用基于图像灰度的垂直投影法，检测 ROI 内作物行的数目以及作物行左右边缘位置。在 ROI 内，设 $I(i,j)$ 为图像中 (i,j) 位置像素灰度值，$L(j)$ 为第 j 列像素灰度之和，T 为投影区域内像素灰度平均值，则

$$L(j)=\sum_{i=1}^{N'} I(i,j) \qquad j=1,2,\cdots,M' \tag{8-14}$$

$$T=\frac{1}{M'}\sum_{j=1}^{M'} L(j) \tag{8-15}$$

式中：M' 为图像宽度 M_a 的 3/5，N' 为图像长度 N_a 的 1/2。

作物行的数目及位置信息检测算法如下：

①垂直投影。计算 ROI 区域每一列像素灰度值之和 $L(j)(j=1,2,\cdots,M')$ 和平均灰度 T。

② 投影结果二值化。将 $L(j)$ 与 T 比较并重新赋值：

$$L(j)=\begin{cases}T, & L(j)>T\\ 0, & L(j)\leqslant T\end{cases}$$

③作物行边缘检测。建立二维数组 A，记录作物行边缘位置。设第 m 个作物行记录在数组 A 的第 m 行，$A(m,1)$ 记录第 m 个作物行的左边缘位置，$A(m,2)$ 记录第 m 个作物行的右边缘位置。

比较 $L(j+1)$ 和 $L(j)$，若 $L(j+1)>L(j)$，则认为 $L(j+1)$ 是作物行左侧边缘，$A(m,1)=j+1$。若 $L(j+1)<L(j)$，则认为 $L(j)$ 是作物行右侧边缘，$A(m,2)=j$。

④滤除噪声。设定作物行宽度阈值 R，计算检测到的作物行的宽度 $D_s=A(m,2)-A(m,1)$。若 $D_s\geqslant R$，则认为是有效作物行；若 $D_s<R$，则认为是噪声，将该信息删除。

算法流程如图 8-30 所示。

图 8-31 显示了利用投影法确定的作物行数和位置信息（参见二维码 8-6）。图 8-31(a) 中曲线为垂直投影曲线，横线为投影区域内像素灰度平均值。图 8-31(b) 中出现了多个的条带，有些条带由杂草的投影产生，宽度小于设定的阈值 R，需要滤除，这里取 R 为图像宽度的 1/10。滤除后效果如图 8-31(c) 所示。

利用垂直投影法进行作物行数检测具有较强的抗干扰性，能有效消除杂草影响。检测完作物行数和左右位置信息后，先对作物行进行特征点提取，然后进行直线拟合。

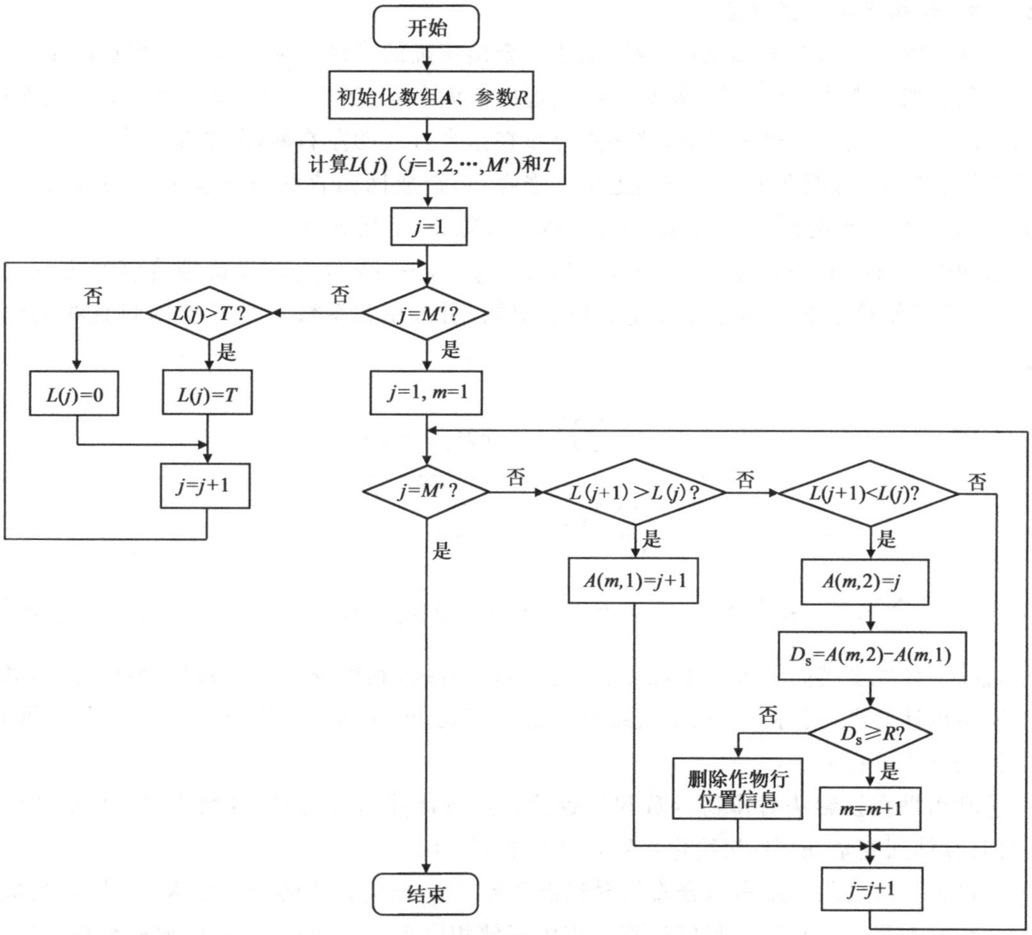

图 8-30　作物行数及边缘检测程序流程图

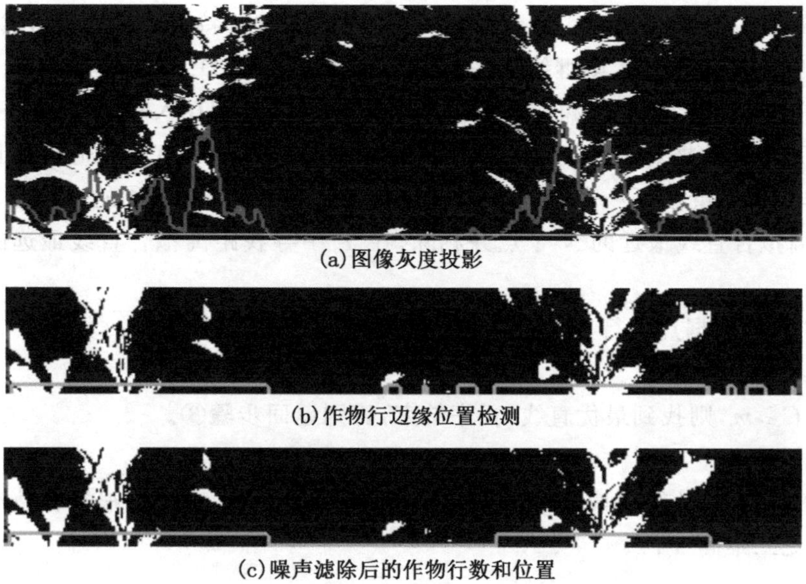

图 8-31　低杂草密度条件下用垂直投影法检测作物行

二维码 8-6

8.4.1.5 作物行中心线提取

在噪声较大的图像中，最小二乘法无法拟合出精确的直线。为了消除干扰点的影响，利用最小二乘法拟合直线之后，剔除距离直线最远的 $2N$ 个点，然后更新回归直线，重复上面过程，直到求出最佳直线。一般情况下，这些点分布在拟合直线的左右两侧，如果拟合直线的一侧去除的干扰点过多，可能在另一个方向上引入强噪声，造成回归直线偏向反方向，所以在直线一侧去除 N 个最远点的同时，在直线的另一侧也去除 N 个最远点。

已知作物行提取的 n 个点为 $(x_1,y_1),(x_2,y_2),\cdots,(x_n,y_n)$，设待拟合直线方程为 $y=kx+b$。为了使算法本身具有直线优劣判断功能，引入相关系数 r 来检验回归直线的优劣程度：

$$r=\frac{\sum_{i=1}^{n}(x_i-\bar{x})(y_i-\bar{y})}{\sqrt{\sum_{i=1}^{n}(x_i-\bar{x})^2\sum_{i=1}^{n}(y_i-\bar{y})^2}} \tag{8-16}$$

式中：$\bar{x}=\frac{1}{n}\sum_{i=1}^{n}x_i$，$\bar{y}=\frac{1}{n}\sum_{i=1}^{n}y_i$。$r$ 表示 y 与 x 之间的线性程度，$0\leqslant|r|\leqslant1$，$|r|$ 越接近于 1 表示直线的线性度越高。去除干扰点后，更新回归直线，利用 $|r|$ 检测回归直线线性度，如果线性度满足设计要求，则将本次回归直线作为最优直线，否则继续去除干扰点，进行线性回归。

算法具体过程如下：

①利用垂直投影法对作物行数和位置信息进行计算，存储到二维数组 A 中；统计作物行数，将其存储到变量 m 中；初始化作物行数标志 $C=0$。

②设置一次去除的距离拟合直线最远点个数 $2N$，最优直线的线性度 R_1。设 M 为拟合区域原始数据点集，S、Q、T 为程序运行过程中存储相应点集的数据空间，将原始数据点集 M 存入 S，即 $S=M$。

③根据作物行位置信息，对数组 $A(C,0)\sim A(C,1)$ 之间的作物行特征点进行直线拟合，计算直线的线性相关度 r，如果 $r<R_1$，则继续下一步骤，否则转到步骤⑦。

④搜索拟合直线右侧数据点集 V_{right} 和左侧数据点集 V_{left}，将其分别存入 Q、T 中，即 $Q=V_{\text{right}}$，$T=V_{\text{left}}$。对 Q、T 中的数据点进行统计，如果 Q 中的数据点数 $N(Q)\geqslant N+1$，并且 T 中的数据点数 $N(T)\geqslant N+1$，继续下一步骤；否则，令 $2N=2N-2$，返回步骤④的开始。

⑤在 Q 中寻找距离拟合直线最远的 N 个点并删除，在 T 中寻找距离拟合直线最远的 N 个点并删除。

⑥$S=T+Q$，对 S 中的数据点进行直线拟合，计算拟合直线的线性相关度 r，如果 $r<R_1$，则返回步骤④，否则继续下一步骤。

⑦$C=C+1$，如果 $C\geqslant m$，则找到最优直线，程序结束，否则返回步骤③。

算法流程如图 8-32 所示。

图 8-33 为作物行中心线及导航线检测结果，实线为作物行中心线，虚线为根据作物行中心线计算的导航线（参见二维码 8-7）。

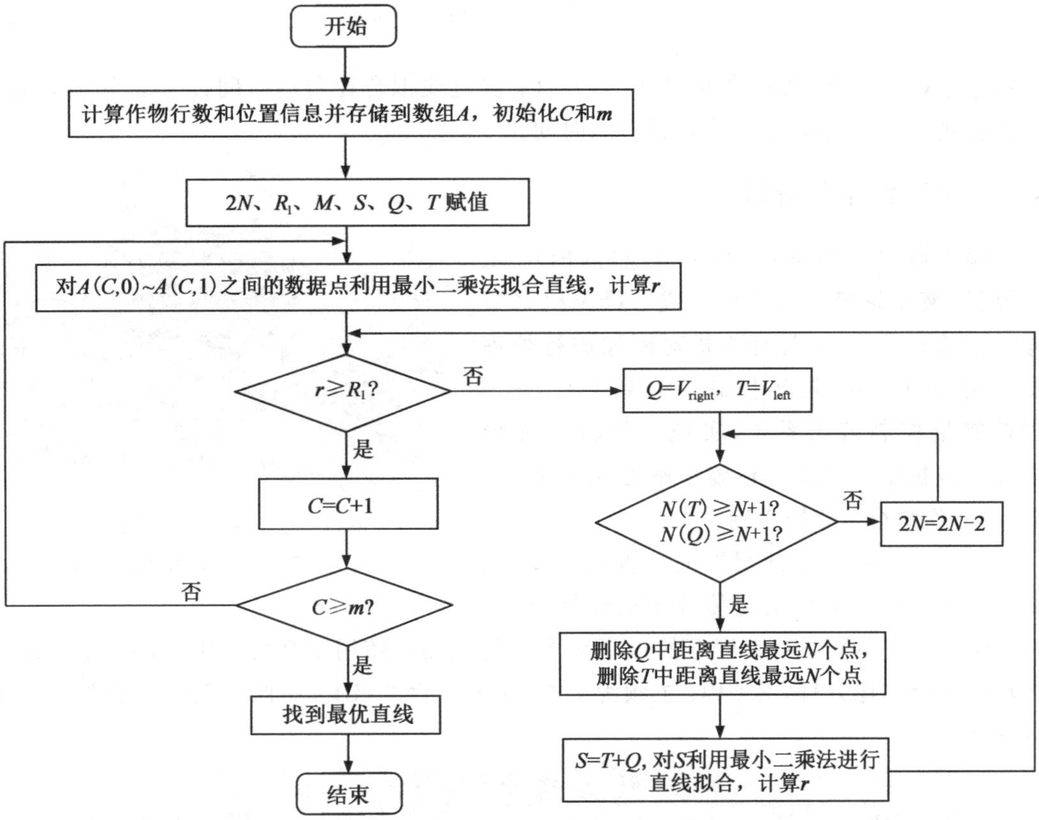

图 8-32　基于线性相关系数约束的作物行中心线检测程序流程图

图 8-33　基于线性相关系数约束的作物行中心线及导航线检测结果

二维码 8-7

8.4.1.6　算法复杂度分析

该直线拟合算法中 $2N$、R_1 不仅关系到拟合直线的精度，也关系到拟合直线计算时间。在 R_1 确定的情况下，$2N$ 决定了拟合次数。设 $N_{outlier}$ 为求取最优拟合直线需要剔除的干扰点数，则得到一条最优直线所需要的最大时间为

$$t_{\max}=\sum_{i=1}^{n}t_i+n_{\text{fit}}(t_{\text{L}}+t_{\text{R}}) \tag{8-17}$$

式中：$n_{\text{fit}}=N_{\text{outlier}}/2N$，为拟合的次数；$t_i$ 为第 i 次直线拟合耗费的时间；t_{L}、t_{R} 分别为剔除拟合直线左侧和右侧最远的 N 个点耗费的时间。

8.4.2 试验结果与分析

试验平台如图 8-34 所示，由摄像机、PLC、主控计算机、液压系统和农机具组成。摄像机采集图像并传给计算机，主控计算机对图像进行处理后提取出导航路径，输出控制信号到 PLC，PLC 根据控制量控制液压系统，实现农机具智能导航。导航线提取及农机具位姿求解见 8.1.2.3。

图 8-34 基于线性相关系数约束的作物行中心线检测试验平台

8.4.2.1 作物行中心线检测

为比较作物行中心线提取的速度和精度，采用线性相关系数约束算法与传统霍夫变换算法、随机算法对两组不同杂草密度下的玉米图像进行检测。使用 HP 公司生产的 CQ45-m02TX 型计算机进行图像处理，其 CPU 主频为 2.6 GHz，内存 2 GB。图像处理结果如图 8-35 和图 8-36 所示。

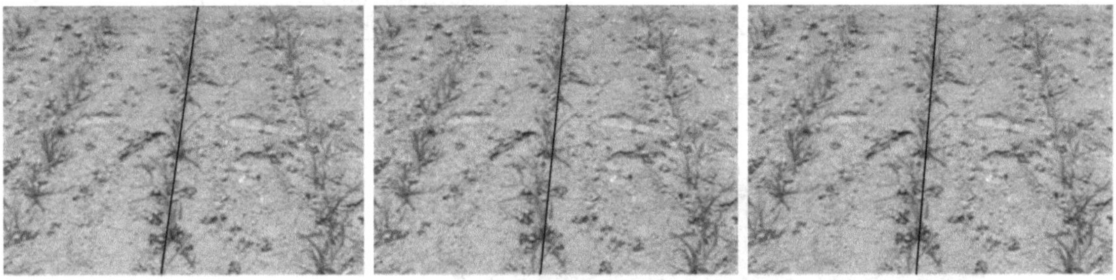

(a)约束算法　(b)霍夫变换　(c) 随机算法

图 8-35 低杂草密度下玉米行中心线检测结果

(a)约束算法　(b)霍夫变换　(c) 随机算法

图 8-36 高杂草密度下玉米行中心线检测结果

试验结果表明，农田中杂草较少时，3 种算法都可以准确检测出玉米行中心线。杂草较多的情况下，随机算法检测到的作物行中心线精度降低，而霍夫变换和线性约束算法依然能够准确检测出作物行直线，说明线性约束算法具有较好的抗干扰性。在时间消耗方面，霍夫变换耗费的时间最多，随机算法耗时最少，线性约束算法次之，如表 8-4 所示。试验中，线性约束算法 $2N=40$，$R_1=0.8$；霍夫变换算法中 $\theta\in[-90°,90°]$，$\rho=[-800\ \text{mm},800\ \text{mm}]$，其中 800 mm 为图像对角线长度。

表 8-4　线性相关系数约束算法和其他算法所得直线参数比较

算法	低杂草密度			高杂草密度		
	k	b/mm	时间消耗/ms	k	b/mm	时间消耗/ms
约束算法	10.13	−3 374.8	45	−13.58	1 370.1	118
霍夫变换	10.04	−3 368.5	103	−13.84	1 376.5	215
随机算法	10.27	−3 376.5	38	−7.53	862.8	95

由 8.4.1.5 节可知，当 r 确定后，N 决定了直线提取的时间，表 8-5 为 $R_1=0.8$、N 取不同值时进行作物行中心线检测耗费的时间。从表 8-5 可以看出，随着 N 值增大，拟合次数逐渐减少，寻找最优直线的时间也逐渐减缩短。但并不是 N 值越大越好，N 值过大会在去除干扰点的同时去掉一些有效特征点，造成直线的有效特征点减少，求取的最优直线准确度降低。

8.4.2.2　作物行跟踪试验

在位于河北省保定市的河北农业大学实验田进行导航跟踪试验，实验田中玉米植株高度约 15 cm，跟踪长度 20 m。开始导航时，调节横向偏差在 10 cm 左右，分别在 0.6 m/s 和 1.2 m/s 的行驶速度下进行试验，两组试验结果如图 8-37 所示。

表 8-5　N 取不同值时的检测耗时　ms

N	低杂草密度	高杂草密度
10	76	220
20	45	118
25	32	90
30	26	75

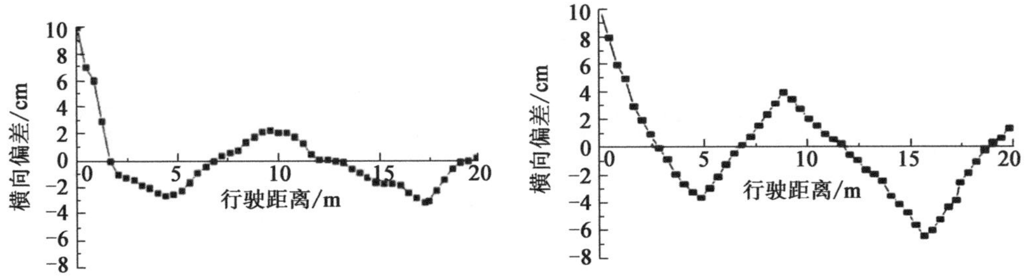

(a)$v=0.6$ m/s　　(b)$v=1.2$ m/s

图 8-37　农机具导航跟踪试验结果

可以看出，当农机行驶速度为 0.6 m/s 时，跟踪可以很快进入稳定状态，能比较准确地对作物行进行跟踪，最大横向偏差不超过 4 cm，平均横向偏差不超过 0.8 cm。当农机行驶速度为 1.2 m/s 时，最大横向偏差不超过 7 cm，平均横向偏差不超过 1.2 cm，但是跟踪曲线呈现比较明显的 S 形，这主要是因为控制滞后造成的，要改进跟踪效果，应增加对农机行驶速度的采集，将速度和横向偏差作为输入控制因子，来控制农机具横向移动。

本章小结

本章主要介绍了几种基于机器视觉的智能导航系统的导航线提取方法。光照、阴影、杂草等因素对导航线提取精度和提取时间都会产生影响，文中介绍的扫描滤波、边缘检测与扫描滤波相结合、线性相关系数约束等方法及改进遗传算法，都在一定程度上提高了导航线提取的精度并减少了提取所花费的时间，几种方法各有利弊，可以为以后的研究提供参考。

参考文献

[1] 李茗萱，张漫，孟庆宽，等. 基于扫描滤波的农机具视觉导航基准线快速检测方法研究[J]. 农业工程学报，2013，29(1)：41-47.

[2] 李茗萱. 基于机器视觉的自动导航农机具导航线提取方法研究[D]. 北京：中国农业大学，2013.

[3] 何洁，孟庆宽，张漫，等. 基于边缘检测与扫描滤波的农机导航基准线提取方法[J]. 农业机械学报，2014，45(S)：265-270.

[4] 何洁. 基于 DSP 的机器视觉导航终端设计[D]. 北京：中国农业大学，2015.

[5] 孟庆宽，张漫，仇瑞承，等. 基于改进遗传算法的农机具视觉导航线检测[J]. 农业机械学报，2014，45(10)：39-46.

[6] 孟庆宽. 基于机器视觉的农业车辆-农具组合导航系统路径识别及控制方法研究[D]. 北京：中国农业大学，2014.

[7] 孟庆宽，刘刚，张漫，等. 基于线性相关系数约束的作物行中心线检测方法[J]. 农业机械学报，2013，44(S1)：216-223.

第9章 农业机械智能导航系统设计与开发

9.1 基于DSP和MCU的农机具视觉导航终端

通常情况下,为了满足作业实时性要求,基于机器视觉的导航终端对硬件要求较高,终端设备大多选用x86架构的工业控制计算机,成本较高,不易在生产实践中进行大规模推广。何洁、项明等开发了一种基于DSP(digital signal processor)和MCU(microprogrammed control unit)的农机具机器视觉导航终端,能将复杂的业务划分成图像处理部分和流程控制部分,采用DSP进行图像采集和作物行检测,采用MCU进行系统流程控制和通信管理,发挥双处理器的作用,既保证系统的高性能和低功耗,也在很大程度上降低了成本。

9.1.1 系统总体设计

基于机器视觉的农机具导航系统总体结构如图9-1所示,主要包含网络层、控制层和执行层3部分。控制层中的导航终端为系统的核心部分,负责采集视觉信息和GNSS位置信息并进行处理,将处理后的数据分别发送到网络层和执行层。GNSS定位数据以无线传输方式发送到网络层,服务器接收到信息后存入数据库,用户可以通过互联网访问服务器,查询农机的实时作业轨迹。执行层的PLC(programmable logic controller)接收到的信息是农机具相对于作物行的横向偏差数据,该信息通过图像处理获取,导航系统以此为依据来控制农机具的左右移动,完成农田作业。PLC与导航终端之间通过CAN总线连接。

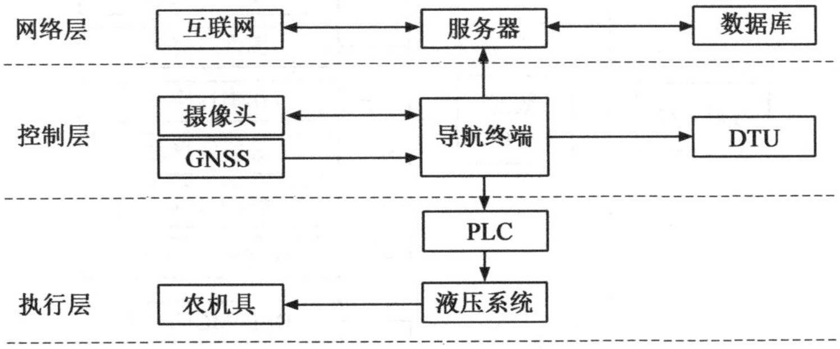

图9-1 基于机器视觉的农机具导航系统总体结构

9.1.2 导航终端硬件设计

导航系统硬件结构及实物如图9-2所示。信息采集部分包括GNSS接收机、工业摄像头,信息处理部分包括DSP、MCU,数据存储、传输与浏览部分包括DTU(date transfer unit)、SD

卡以及液晶显示屏。DSP 和单片机为核心处理单元，主要完成图像信息采集与处理、导航线提取、导航控制量计算等。DSP 采用 TI 公司（德州机器，Texas Instruments）的 TMS320 DM6437 集成芯片，主频 600 MHz，内存 128 MB。摄像头选用 FPV 航拍视频摄像头，型号为 1/3 Sony 960H CCD Sensor，支持 PAL（Phase Alteration Line）和 NTSC（National Television Standards Committee）视频制式。DSP 可实时获取摄像头采集的农田图像信息并进行处理。MCU 选用飞思卡尔公司的 MC9S12XEP100，支持串行通信、串行外设通信（serial peripheral interface，SPI）和控制器区域网络总线（CAN 总线）通信。GNSS、DSP 和 DTU 数据传输模块均通过串口与单片机通信，MCU 对 SD 卡的读写操作通过 SPI 协议实现。SD 卡用于存储农机具的位置信息，DTU 可将农机具的作业位置信息实时发送到服务器端（Service）。

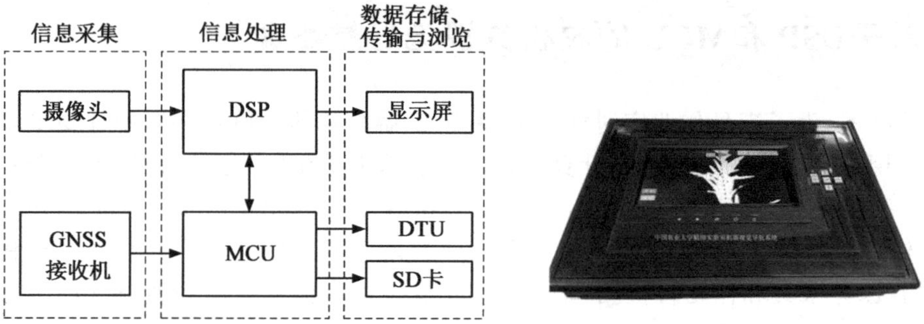

(a)系统硬件框图　　(b)系统实物图

图 9-2　基于机器视觉的农机具导航系统硬件结构

9.1.3　导航终端软件设计

9.1.3.1　软件功能模块

导航系统软件分成数据采集、数据处理和数据传输 3 个功能模块，如图 9-3 所示。

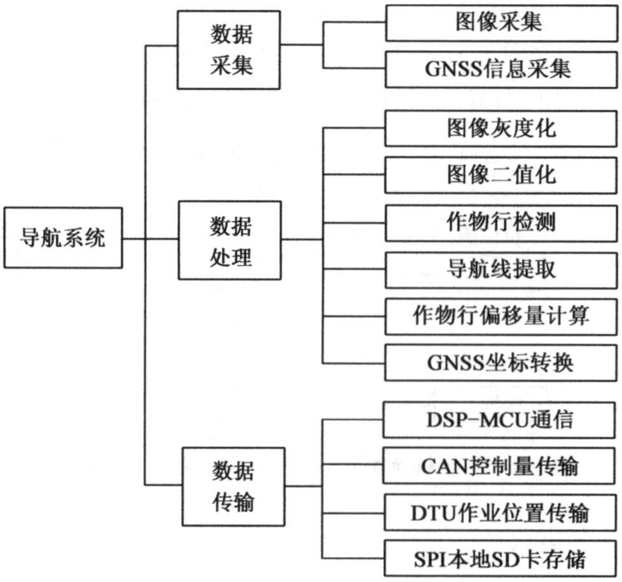

图 9-3　基于机器视觉的农机具导航系统功能模块框图

数据采集模块负责农作物图像信息和农机具GNSS位置信息的采集。

数据处理模块主要负责图像处理以及GNSS信息处理。图像处理过程包括图像灰度化、二值化、作物行检测、导航线提取和作物行偏移量计算；GNSS信息处理部分是对GNSS位置信息进行坐标转换，将WGS-84投影坐标转换到二维直角坐标系。

数据传输模块主要包括DSP与MCU通信、基于CAN总线的导航控制量传输、基于DTU的作业位置远程传输等。MCU是系统通信的主体部分，为了保证通信过程的稳定性和实时性，对系统的通信协议进行了重新定义，如表9-1所示。“发送1”为通信的标识符，“发送2”为通信的实际内容，“返回1”为接收成功/失败后返回的信息。DSP与MCU之间以及MCU与DTU之间通过RS232串口进行通信，MCU与PLC之间通过CAN总线进行通信，MCU与SD卡之间通过SPI接口连接。MCU通过按钮对DSP的作业流程进行控制，DSP完成图像处理后将作物行的偏移量由MCU经CAN总线发送给PLC控制器。DTU、SD卡分别将农机具的实时位置信息发送到服务器端和存储在本地SD卡上。

表9-1 系统通信协议

通信方向	接口	发送1	发送2	返回1
MCU→DSP	RS232	“D”	按钮信息	“SD”/ “FD”
DSP→MCU	RS232	“M”	偏移控制量	“SM”/ “FM”
MCU→PLC	CAN	“P”	偏移控制量	“SP”/ “FP”
MCU→DTU	RS232	“U”	位置坐标	无
MCU→SD卡	SPI	无	位置坐标	无

注：“D”“M”“P”“U”表示不同的通信方向，“SD”“FD”分别表示接收成功、失败。

9.1.3.2 程序时序图

系统作业时，程序的循环过程如图9-4所示。MCU通过按钮控制DSP进行摄像头初始化，DSP在提取导航线后将作物行的偏移量发送到MCU，MCU通过CAN总线将控制命令发送到PLC，从而实现农机具导航。同时，MCU可将实时获取的农机具绝对位置信息保存到SD卡中，并通过DTU上传至服务器。

9.1.4 试验结果与分析

9.1.4.1 偏移量测试试验

导航线提取采用8.2节介绍的将边缘检测和扫描滤波(BDSF)相结合的方法。为了检验导航终端对作物行检测的准确性以及导航线偏移量计算的精度，对系统进行了测试试验。结合摄像头标定过程以及实际作业中摄像头的状态，将摄像头放置于水平高度为60 cm、俯仰角为30°的测试平台上。在摄像头正前方的地面上插上一列仿真玉米苗。固定摄像头不动，移动仿真玉米苗，测量实际横向偏移量。实际偏移量和系统软件处理后得到的偏移量的对比结果如表9-2所示。系统输出的平均偏差为1.36 cm，标准差为1.79 cm，最大偏差为4.1 cm。可以证明该视觉导航终端偏移量计算模型是正确的，导航自动跟踪是稳定的。

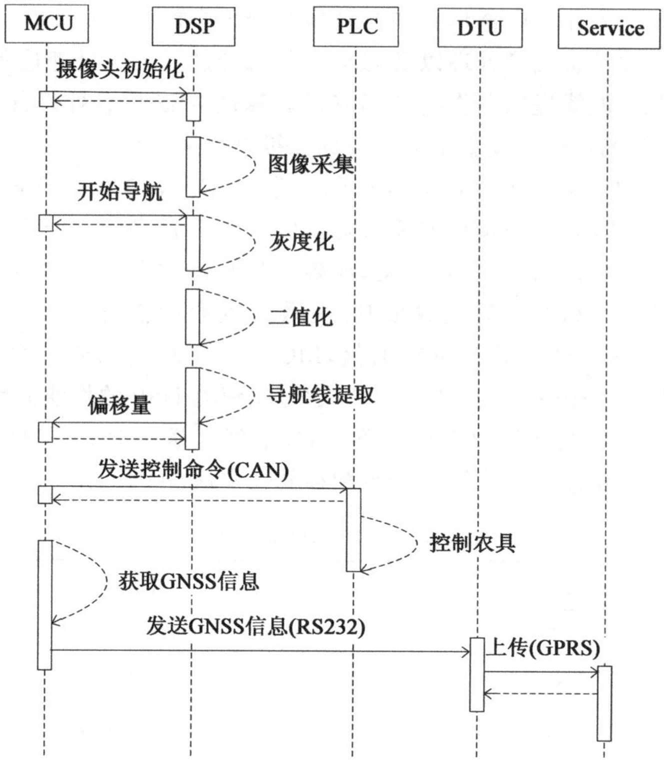

图 9-4 程序时序图

表 9-2 偏移量测试试验结果

cm

实际偏移量 λ	系统输出的偏移量 λ′	偏差 Δλ	实际偏移量 λ	系统输出的偏移量 λ′	偏差 Δλ
1.2	1.0	0.2	−3.0	−2.0	−1.0
1.8	2.0	−0.2	−4.2	−4.0	−0.2
4.0	3.0	1.0	−11.8	−9.0	−2.8
1.4	0	1.4	−14.1	−10.0	−4.1

9.1.4.2 系统性能对比试验

为了对该导航终端(DSP 端)进行性能分析,分别将 BDSF 算法移植到不同的终端上,包括 PC 端、DSP 端和 ARM 端,进行系统性能对比试验。PC 端、DSP 端和 ARM 端的配置以及运算耗时如表 9-3 所示。BDSF 算法在 PC 端的耗时为 10 ms,在 DSP 端和 ARM 端均为 30 ms;在一帧图像的完整处理上(包括图像采集、预处理、导航线提取等),PC 端优于 DSP 端,DSP 端优于 ARM 端。PC 端的处理时间小于 DSP 端的一半,而由于 DSP 是专门适用于数字信号处理的一款处理器,在配置上虽然远低于 ARM,但在算法处理速度上却优于 ARM。

上述配置中的 DSP 和 ARM 的成本约为工控机的 1/5,因此何洁、项明等开发的终端具有一定的成本优势。利用 3 种终端实现导航线提取的界面如图 9-5 所示,由于 PC 端和 ARM 端都有相应的操作系统,便于图像化界面管理和实现,而 DSP 端则采取 OSD(on-screen display)叠加菜单功能,界面相对简单,功能也较少。

表 9-3 3 种终端的配置及运算耗时对比

参 数	PC 端	DSP 端	ARM 端
型号	启天 M7150	TMS320 DM6437	iTOP4412
公司	联想	德州仪器	三星
系统平台	Windows XP	DSP/BIOS	Linux+ QT
主频	3.2 GHz(奔腾双核)	600 MHz(C64+)	1.6 GHz(Cortex+A9)
内存	3 GB	128 MB(DDR2)	2 GB(DDR2)
BDSF 算法耗时/ms	10	30	30
一帧图像耗时/ms	22	60	78

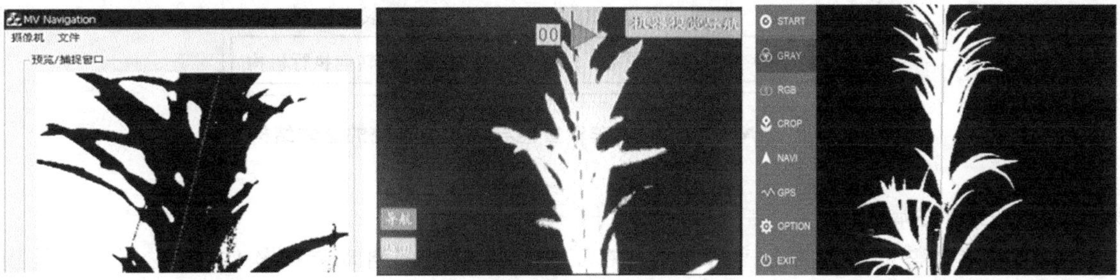

(a)PC端 (b)DSP端 (c)ARM端

图 9-5 3 种终端界面对比

9.2 基于CAN 总线的农用车辆智能导航控制系统

CAN(controller area network)作为一种有效支持实时分布式控制的串行通信网络,具有高可靠性和实时性。导航控制系统中引入 CAN 总线作为通信网络,可以将众多信息统一起来,很好地实现数据的传输和信息交换。纪朝凤等应用基于 ISO 1178 标准的 CAN 总线作为通信网络,构建了分布式导航控制系统;在转向控制方法上,对常规 PID 控制器进行改进,建立了比例参数随输入量的变化而自动进行调节的自适应 PID 控制器。

9.2.1 系统结构

导航控制系统由多个电子控制单元(electronic control unit,ECU)模块组成,包括控制终端、GPS 信号采集节点、电子罗盘信号采集节点、角度传感器信号采集节点以及行走机械转向控制节点。用 CAN 总线将导航控制系统的各个 ECU 模块连接起来,形成分布式控制系统。

智能导航系统的总体结构如图 9-6 所示。工控机通过一个 CAN 接口卡挂接到总线上。GPS 接收机、电子罗盘、角度传感器和转向执行机构等,均通过相应的节点连入总线。系统开始工作后,GPS 节点和电子罗盘节点首先采集车辆当前实际位置和方位信息,并将这些信息经过 CAN 总线提供给控制终端(工控机)。控制终端将车辆当前姿态信息和预定义跟踪路径进行对比分析,并通过转向决策控制方法,计算出转向轮的期望转角。该期望转角和经角度传感器节点测得的转向轮实际转角,作为转向控制节点的输入,转向控制节点根据一定的转向控制方法计算出合适的控制量，控制转向机构快速执行转向动作，达到期望的转角，从而实现路径跟踪。

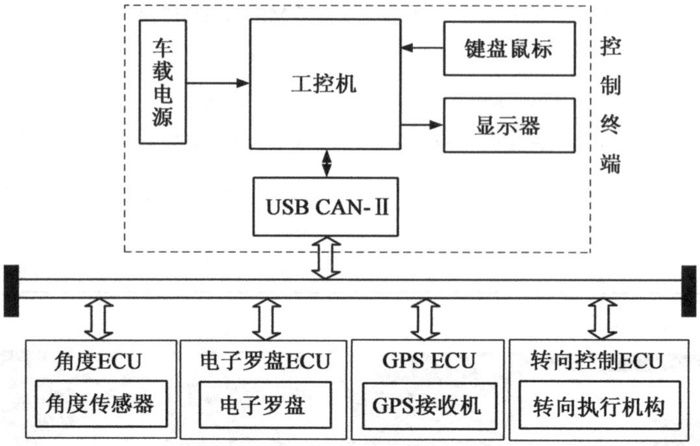

图 9-6 基于 CAN 总线的农用车辆智能导航控制系统的总体结构框图

9.2.1.1 控制终端

控制终端是整个系统的主控制节点。在工控机上开发的自动导航软件，其主要任务是接收数据采集节点发送来的车辆当前时刻的位姿信息，向转向控制节点实时发送决策控制指令。用户界面上可以显示所有的传感器信息及控制指令，使用户能够及时了解车辆行驶状态，监测各个传感器的工作状态。车辆在导航过程中产生的所有运行状态参数可保存为文本文件，方便运行后进行数据分析和处理。

9.2.1.2 转向控制节点

转向控制节点可直接控制农用车辆的转向执行机构。导航系统中由控制终端发送的控制指令是不停变化的，使转向机构快速、准确地跟踪目标设定值，是转向控制节点的主要功能。

PID 控制器具有原理简单、使用方便等特点，其比例环节能够及时成比例地反映控制系统的偏差信号，自适应 PID 控制器能够根据输入量的变化及时整定比例参数，使偏差尽量小，获得更好的控制效果。

图 9-7 是自适应 PID 控制原理图。首先计算控制终端实时决策的期望转角与实际转向轮(拖拉机为前轮，收割机为后轮)转角之间的偏差，以该偏差作为 PID 控制器的输入。PID 控制器的比例参数根据偏差的大小在线整定，并通过计算得到控制步进电机转速的脉冲周期，再由脉宽调制器(PWM)以该周期向步进电机驱动器发送脉冲信号，实现转向轮的转向控制。

两个信号(期望转角和偏差)之间的规律如下：当偏差为正向较大时，期望转角处于正向急剧变化中；当偏差为负向较大时，期望转角处于负向急剧变化中；当偏差的绝对值较小时，期望转角的数值比较稳定，上下浮动较小。根据以上 3 点，寻找一个以偏差 e 为自变量的非线性函数，利用该函数调节比例参数，以达到较为理想的控制效果。比例参数 K_p 可以表示为

$$K_p(t) = K_p(0) + f(e)K_m \tag{9-1}$$

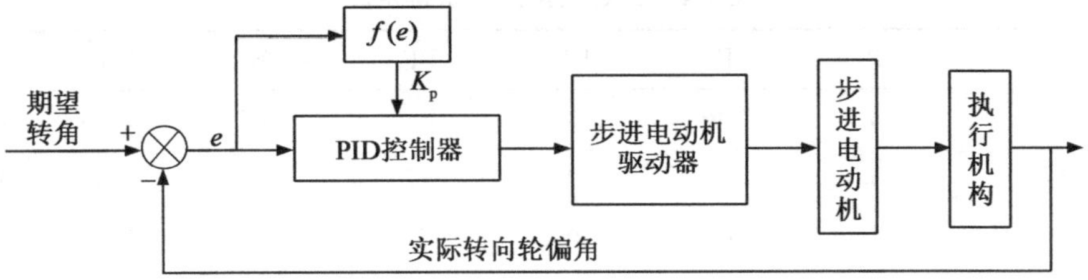

图 9-7　自适应 PID 控制原理

式中：$K_p(t)$为比例参数，$K_p(0)$为比例参数初值，$f(e)$为修正函数，K_m 为比例因子。

修正函数 $f(e)$的表达式为

$$f(e)=\begin{cases}800 & |e|\geqslant 3\\ 350e^2-1\,250e+1\,400 & 1<|e|<3\\ 500 & |e|\leqslant 1\end{cases} \tag{9-2}$$

该函数是分段函数，当偏差的绝对值较大时，为使偏差以最快速度减小，比例参数 $K_p(t)$取较大值；当偏差的绝对值为中等大小时，为使系统响应具有较小的超调，应取较小的比例参数；当偏差绝对值较小时，为保证系统的稳定性，比例参数应取较大值。

9.2.1.3　其他节点

除了控制终端、转向控制节点，导航系统中其他节点均用于传感器数据采集和处理。传感器包括 GPS 接收机、电子罗盘和角度传感器。传感器节点的作用是实时采集上述传感器的信息，并针对 GPS 接收机输出的 NEMA-0183 格式标准的字符串信息、电子罗盘输出的字符串信息以及角度传感器输出的电信号，采用不同的解析方法提取有用信息，以获得有效的农用车辆位置、航向及前轮转角等状态参数。最后，将相关信息以 CAN 数据包的形式发送给其他 CAN 节点。导航系统中除控制终端采用工控机外，其余节点的硬件电路是根据需求自行设计的。电路中的微处理器选用 P87C591，它的内部集成有 CAN 控制器 SJA1000，可简化外围电路的设计，CAN 总线收发器采用的是 PCA82C250。

9.2.2　系统通信协议

ISO 11783 协议是一种在 CAN210B 之上实现的高层协议。CAN210B 定义了两种信息帧的格式，分别为标准帧和扩展帧。ISO 11783 协议仅针对扩展帧定义了数据格式，协议数据单元(protocol data unit，PDU)是扩展帧的关键组成部分，它由 7 个部分构成：优先级 P、保留位 R、数据页 DP、PDU 格式 PF、特定 PDU 域 PS、源地址 SA 和数据域。

智能导航控制系统由 5 个节点组成，CAN 总线内部进行传输的数据有 4 种类型，即角度传感器数据、电子罗盘数据、GPS 接收机数据和控制指令。扩展帧具有 29 位标识符，4 种信息的标识符定义如表 9-4 所示。

表 9-4 系统数据的标识符定义

数据类型	P	R	DP	PF	PS	SA	标识符
角度传感器数据	6	0	0	E7	FF	D2	18E7FFD2
电子罗盘数据	5	0	0	E7	26	D1	14E726D1
GPS 数据	4	0	0	E7	26	D0	10E726D0
控制指令	3	0	0	E6	F0	F0	0CE6F026

优先级 P (3 bit):消息优先级最高为 0(000),最低为 7(111)。按照优先级设计规则,该系统中转向控制指令的优先级设为 3,其他数据(传感器类信息)的优先级分别设为 4、5、6。

保留位 R(1 bit):保留为将来的国际标准扩展用,以“0”发送。

数据页 DP(1 bit):页的识别位。目前有 2 页参数,页 0 包含现在被定义的所有报文,页 1 为将来额外扩展用,在页 0 用完后才被分配。

PDU 格式 PF(8 bit):用于决定协议数据单元的格式。PDU 分为 PDU1 和 PDU2 两种类型。当 PF<240(F0H)时为 PDU1 格式,实现点对点通信;当 PF≥240 时则为 PDU2 格式,实现广播通信。系统中的消息均采用点对点通信,按照协议规定均应小于 240,因此设定控制终端向转向控制节点发送的数据,取 PF 为 230(E6H);各传感器节点向控制终端发送的数据,取 PF 为 231(E7H)。

特定 PDU 域 PS(8 bit):在本系统中 PS 段作为数据发送的目的地址(DA)。

源地址 SA(8 bit):根据 ISO 11783 电子控制单元源地址的分配原则,208～240 是留给用户自由分配的地址范围,本系统中定义 GPS 接收机的地址为 208,电子罗盘 ECU 的地址为 209,角度传感器的地址为 210,转向控制节点为 240。

数据域:根据 ISO 11783 协议规定,CAN 总线每个数据帧最多只能发送 8 bit 的数据。系统中 4 种数据类型都在 8 bit 以内,一帧报文就可传输一个完整的数据。GPS 数据中的经纬度数据超过了 8 bit,需要采用多帧报文才能传输一个完整的数据。系统内部传输的一组数据如表 9-5 所示。为了区别不同类型的数据,数据段的第一位传送信息的类型符,从第 2 位开始传输具体的数据。

表 9-5 系统数据内容定义示例

数据类型	字位							
	1	2	3	4	5	6	7	8
电子罗盘数据	‘C’	1	0	8	.	1		
控制指令	‘&’	+	0	3	4	4	5	‘*’
角度传感器数据	‘A’	2	3	4	5			
纬度	01	4	0	0	0	.	1	3
	02	2	2	4	6	7	4	
经度	03	1	1	6	2	1	.	1
	04	3	4	2	6	8	9	5

表 9-5 中数据是:电子罗盘测得航向为 108.1°,控制指令命令车辆前轮右转 3.445°,角度传感器测得电压为 2.345 V,GPS 获得的纬度信息是 4 000.132 246 74,经度信息是 11 621.134 268 95。

9.2.3　系统测试与导航试验结果

纪朝凤等对系统进行了全面的通信测试。为进一步验证自适应 PID 控制方法对指令的动态响应特性以及测试整个导航系统对路径的跟踪效果,以改装后的电动车为试验平台,应用导航控制系统进行了如下试验。

试验 1:控制终端向转向控制节点连续发送不同的控制指令,角度传感器实时测量转向轮(前轮)转角,并在工控机上保存。通过观察控制节点对指令的跟踪情况,评估转向控制节点的性能。图 9-8 为电动车转向控制的测试结果,可以看出,转向控制节点能以较快的速度跟踪目标值,目标值和实际值之间的偏差在 3°以内,同时,在期望转角变化的情况下,控制器能够使被控制量(前轮转角)尽量随其变化而变化,将误差控制在较小的范围内。

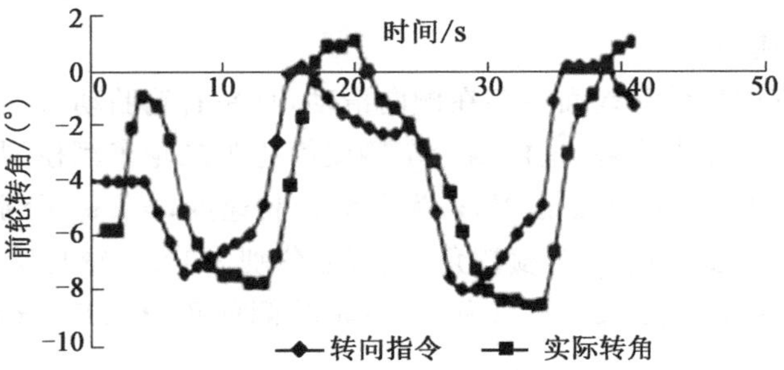

图 9-8　电动车转向控制测试结果

试验 2:将研制的基于 CAN 总线的导航控制系统应用在电动车上,控制车辆进行路径跟踪试验。车辆行驶速度约为 0.7 m/s,预定义的路径有直线也有曲线。直线路径长约 60 m,曲线路径是半径约为 30 m 的半圆弧段。重复进行了多次试验,图 9-9 为任选的一次试验结果。直线路径跟踪结果如图 9-9(a)所示,最大跟踪偏差为 23 cm,平均跟踪偏差小于 9 cm;曲线路径跟踪结果如图 9-9(b)所示,最大跟踪偏差 32 cm,平均跟踪偏差小于 13 cm。

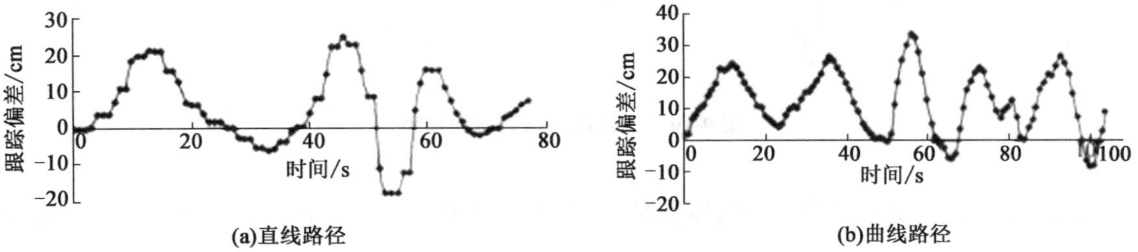

图 9-9　电动车路径跟踪结果

9.3　基于改进粒子群算法优化模糊控制的农用车辆导航系统

农用车辆沿目标路径行驶过程中，轮胎不能侧滑，只能沿车身纵向前进，是典型的非完整运动约束系统，具有高度的非线性和不确定性，难以建立精确的数学模型。模糊控制算法具有不依赖精确数学模型、鲁棒性高等特点，可以有效地应用于车辆导航控制。但常规模糊控制器的控制规则需要根据经验制定，主观性强，控制参数无法自适应调整，进而也降低了控制算法的自适应能力。采用遗传算法和粒子群算法优化模糊控制器参数，能有效提高控制器性能，但控制算法的实时性有待提高。针对常规模糊控制器控制规则无法自适应调整以及改进的模糊控制器实时性不高的问题，孟庆宽等提出了一种基于改进粒子群算法优化模糊控制器的农用车辆导航控制方法，通过对粒子群算法的改进，提高了算法的实时性；在模糊控制器中引入加权因子，利用改进粒子群算法对加权因子进行在线优化，实现了自适应控制。

9.3.1　导航车辆横向控制模型

9.3.1.1　车辆运动学模型

假设车辆行驶过程中轮胎与地面不存在侧向滑动，且左右轮胎动力学对称，则每个车轴上的两个车轮可以用一个车轮来代替，这样四轮车辆就简化为二轮车辆模型。图 9-10 为二自由度车辆转向模型，图中 O 为车辆质心位置，$\boldsymbol{v}$ 为车辆行驶速度，$\boldsymbol{v}_x$、$\boldsymbol{v}_y$ 分别为车辆在视觉坐标系中的横向和纵向行驶速度分量，φ 为横摆角，L_f、L_b 分别为前、后轮与质心间的距离，δ_f 为前轮转角，β_0 为车辆质心侧偏角，β_f、β_b 分别为前、后轮胎侧偏角，$\boldsymbol{F}_f$、$\boldsymbol{F}_b$ 分别为前、后轮胎所受的侧向力。

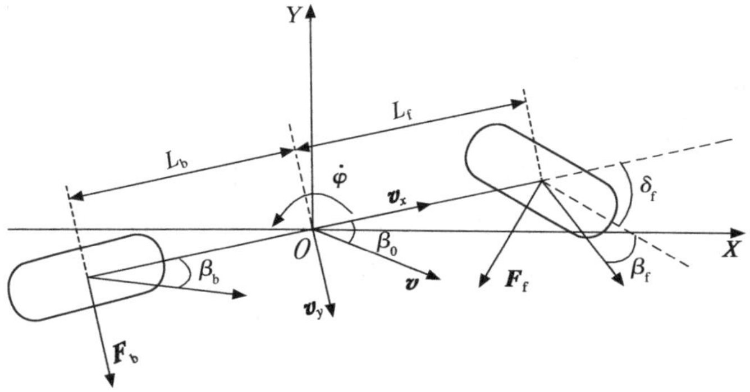

图 9-10　二自由度车辆转向模型

选取车辆质心所在点为世界坐标系原点，根据牛顿第二定律建立二自由度车辆横向运动学方程如下：

$$\dot{v}_y m=\frac{-C_f-C_b}{v_x}v_y+\frac{C_bL_b-C_fL_f}{v_x}\dot{\varphi}-v_x\dot{\varphi}+C_f\delta_f \tag{9-3}$$

$$\ddot{\varphi}I=\frac{C_bL_b-C_fL_f}{v_x}v_y-\frac{C_bL_b^2+C_fL_f^2}{v_x}\dot{\varphi}+C_fL_f\delta_f \tag{9-4}$$

式中：m 为车辆质量，C_f、C_b 分别为前、后轮胎侧偏刚度，I 为车辆转动惯量。

9.3.1.2 车辆视觉预瞄模型

驾驶员驾驶车辆行驶的过程中，需要提前对前方道路进行观察，并对道路方向进行估计判断，进而调整方向盘实现对目标路径的跟踪。基于机器视觉的农用车辆导航，通过视觉传感器采集前方道路信息，利用图像处理算法获取导航路径并计算车辆相对于预瞄点处的横向偏差 y 和航向偏差 ψ，然后结合一定的控制策略，实现车辆对目标路径的跟踪。

图像处理部分主要包括图像预处理、导航路径提取和位姿求解。图像预处理采用 $2G-R-B$ 特征因子对图像进行灰度处理，用 Otsu 法进行图像分割。导航路径采用最小二乘法获取，然后对车辆位姿进行求解，获取预瞄点处的横向偏差和航向偏差。车辆预瞄运动学模型如图 9-11 所示。

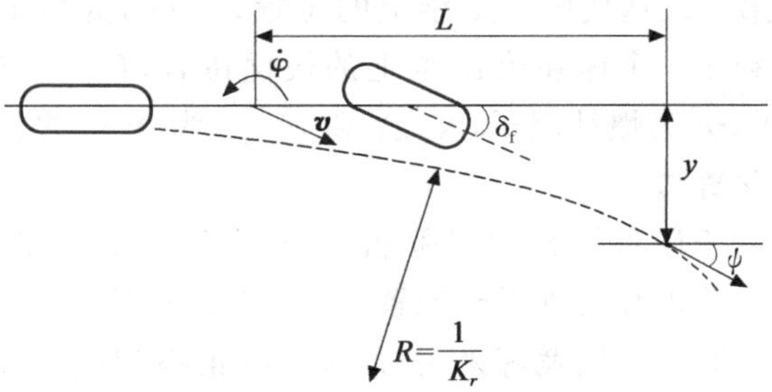

图 9-11 车辆预瞄运动学模型

由图 9-10、图 9-11 可以得到车辆运动学模型如下：

$$\dot{y}=v_x\psi-v_y-\dot{\varphi}L \tag{9-5}$$

$$\dot{\psi}=v_xK_r-\dot{\varphi} \tag{9-6}$$

式中：y 为车辆横向偏差，即视觉预瞄点至车辆中心线的距离；ψ 为航向偏差，即视觉预瞄点处切线与车辆中心线的夹角；L 为预瞄距离，即视觉预瞄点至车辆质心的纵向距离；K_r 为路径曲率。

将式(9-3)至式(9-6)联立，得到基于机器视觉的导航车辆横向控制状态方程：

$$\dot{\boldsymbol{X}}=\boldsymbol{AX}+\boldsymbol{B}u+\boldsymbol{F}R \tag{9-7}$$

$$\boldsymbol{Y}=\boldsymbol{CX} \tag{9-8}$$

式中：$\boldsymbol{X}$ 为状态变量，$\boldsymbol{X}=(v_y\quad\dot{\varphi}\quad y\quad\psi)^{\mathrm{T}}$；$\boldsymbol{Y}$ 为输出变量，$\boldsymbol{Y}=(y\quad\psi)^{\mathrm{T}}$；$u$ 为输入控制变量，$u=\delta_f$；R 为曲率半径，$R=1/K_r$；

$$\boldsymbol{A}=\begin{bmatrix}\frac{-C_f-C_b}{mv_x} & \frac{C_bL_b-C_fL_f}{mv_x}-v_x & 0 & 0\\ \frac{C_bL_b-C_fL_f}{Iv_x} & \frac{-C_bL_b^2-C_fL_f^2}{Iv_x} & 0 & 0\\ -1 & -L & 0 & v_x\\ 0 & -1 & 0 & 0\end{bmatrix},\ \boldsymbol{B}=\begin{bmatrix}\frac{C_f}{m}\\ \frac{C_fL_f}{I}\\ 0\\ 0\end{bmatrix},\ \boldsymbol{F}=\begin{bmatrix}0\\0\\0\\v_x\end{bmatrix},\ \boldsymbol{C}=\begin{bmatrix}0&0\\0&0\\1&0\\0&1\end{bmatrix}^{\mathrm{T}}$$

9.3.2 改进粒子群算法优化模糊控制器设计

9.3.2.1 粒子群优化算法的基本原理

粒子群优化算法（particle swarm optimization，PSO）是一种有效的全局寻优算法，通过个体间的协作与竞争，实现复杂空间最优解搜索。设粒子群在一个 n 维空间中搜索，粒子 i 在空间中的位置可以表示为 $x_i=(x_{i1},x_{i2},\cdots,x_{in})$，此即问题的一个解，$v_i=(v_{i1},v_{i2},\cdots,v_{in})$表示粒子的速度，则 PSO 算法公式为

$$v_{id}(k+1)=wv_{id}(k)+c_1N_{\text{rand1}}[P_{id\text{best}}(k)-x_{id}(k)]+c_2N_{\text{rand2}}[P_{gd\text{best}}(k)-x_{id}(k)] \tag{9-9}$$

$$x_{id}(k+1)=x_{id}(k)+v_{id}(k+1) \tag{9-10}$$

式中：$x_{id}(k)$为粒子 i 在第 k 次迭代中第 d 维上的位置，$v_{id}(k)$为粒子 i 在第 k 次迭代中第 d 维上的速度；$P_{id\text{best}}(k)$为粒子 i 个体在第 d 维上的最优位置，$P_{gd\text{best}}(k)$为整个粒子群全局最优位置；c_1、c_2 为学习因子，w 为惯性因子，N_{rand1} 和 N_{rand2} 为 0～1 之间的两个随机数。

9.3.2.2 改进粒子群优化算法

在实际工程应用中，由于硬件平台配置限制，粒子群算法的大量迭代运算会增加计算时间，影响控制系统实时性。除提高硬件平台配置外，还有必要对粒子群算法进行改进，提高粒子群收敛速度，减少算法耗时。孟庆宽等采用“最优保存策略”对粒子群算法进行改进，具体算法设计如下：

①初始化粒子群，粒子个数为 N，随机设定每个粒子的初始位置 x_i 和初始速度 v_i。

②根据初始速度和初始位置产生各个粒子的新位置。

③计算每个粒子的适应度值，在第 $k+1$ 次迭代中将每个粒子经历过的最好位置适应度与当前位置适应度进行比较，并更新粒子最好位置 $P_{id\text{best}}(k+1)$。

④针对每个粒子，比较其适应度值和群体所经历的最好位置 $P_{gd\text{best}}$ 的适应度值，选择当前全局最佳适应度粒子位置，作为第 $k+1$ 次全局最佳位置 $P_{gd\text{best}}(k+1)$。

⑤统计当前粒子个数 N_{k+1}，如果粒子个数 $N_{k+1}\geqslant N/2$，则执行步骤⑥，否则转至步骤⑦。

⑥根据适应度对群中的粒子进行降序排序，选择排在前面的粒子（选择比例为 r）组成新一代粒子群 $M(k+1)$。

⑦根据式(9-9)和式(9-10) 对第 $k+1$ 代粒子群 $M(k+1)$中的粒子速度和粒子位置进行更新。

⑧如果满足条件，结束，否则返回步骤③继续迭代。

其中，步骤⑤是为了防止粒子数量过小造成局部收敛，当迭代过程中粒子个数小于初始种群数量的一半时，则不再进行比例选择。

为进一步提高粒子群算法计算速度，孟庆宽等对惯性因子进行了优化。惯性因子较大时，具有较强的全局寻优能力，有利于找到全局最优解；惯性因子较小时，具有较强的局部寻优能力，有利于算法的收敛。令 $w=WN_k/N$，其中 W 为惯性因子初始值，N_k 为第 k 代粒子群中粒子个数，w 随着粒子群迭代次数的增加线性递减。在算法前期，若 w 较大，则说明具有较强的全局搜索能力；在算法后期，若 w 较小，则说明具有较快的收敛速度。

粒子群优化算法实现的基本步骤为：选择待优化参数，初始化粒子群及参数设置，建立适应度函数，粒子群更新。

9.3.2.3　自适应模糊控制器设计

为了克服常规模糊控制算法存在的不足，孟庆宽等设计了一种基于粒子群优化自适应模糊控制器的控制方法，通过粒子群优化控制器的加权因子，调整模糊推理规则和输出量，从而实现导航车辆的自适应控制。模糊控制器原理如图 9-12 所示，视觉系统采集到的预瞄点处横向偏差和航向偏差为模糊控制器的输入，车辆前轮期望转角为模糊控制器输出。

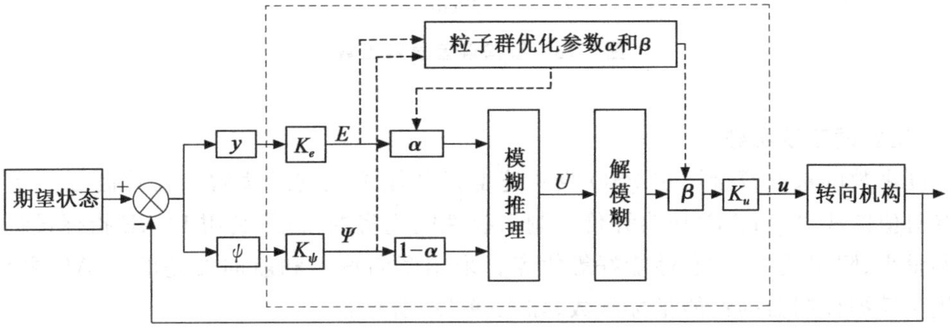

图 9-12　粒子群优化算法模糊控制器原理框图

图 9-12 中 y 和 ψ 为实际输入的横向偏差和航向偏差，E 和 Ψ 为量化后的横向偏差和航向偏差，输出 U 和 u 分别为前轮期望转角模糊值和精确值，$\alpha \in (0,1)$，$\beta \in (0,1)$，为加权调节因子。对于二维模糊控制器，当输入变量 E、Ψ 和输出控制量 U 的论域等级划分相同时，模糊控制查询表可采用如下解析式：

$$U = -\langle \alpha E + (1-\alpha)\Psi \rangle \tag{9-11}$$

式中〈 〉表示取整操作。调整 α 值可以调整模糊控制规则。

规定横向偏差、航向偏差和车辆前轮转角正负号如下：导航车辆位于导航线右侧时横向偏差为正，位于左侧时为负。航向偏差顺时针为正，逆时针为负；前轮右转为正，左转为负。横向偏差的基本论域为[−20 cm,20 cm]，量化等级为{−12,−11,−10,−9,−8,−7,−6,−5,−4,−3,−2,−1,0,1,2,3,4,5,6,7,8,9,10,11,12}，量化因子 $K_e=0.6$。航向偏差基本论域为[−15°,15°]，量化等级与横向偏差相同，量化因子 $K_\psi=0.8$。输出变量基本论域为[−12°,12°]，量化等级与横向偏差相同，比例因子 $K_u=1$。

为简化运算，将航向偏差、横向偏差和前轮期望转角划分为 7 个模糊子集，即 NB(负大)、NM(负中)、NS(负小)、ZO(零)、PS(正小)、PM(正中)、PB(正大)。输入、输出隶属函数相同，均采用三角形隶属函数，该隶属函数个数为 6 个。图 9-13 为横向偏差隶属函数。

9.3.2.4　确定模糊控制器待优化参数

由图 9-12 可知，在控制过程中改变 α 和 β 能够改变模糊控制器不同阶段上的控制特性。调整 α 可以改变横向偏差和航向偏差的权重，进而调整控制规则；调整 β 可以改变输出控制量的大小，改善输出特性。当横向偏差 E 较大时，控制系统的任务是消除偏差，增大 α 可提高偏差 E 的加权，尽快消除横向偏差，同时应采用较强的控制输出，即放大输出加权因子 β。当横向偏差较小、系统趋向稳定时，控制系统的主要任务是减小超调量，通过减小 α 来降低横向偏差的控制作用，同时缩小 β，采用较弱的控制输出，使系统尽快稳定。根据上面分析，选择模糊控制器的 α 和 β 因子作为待优化参数。

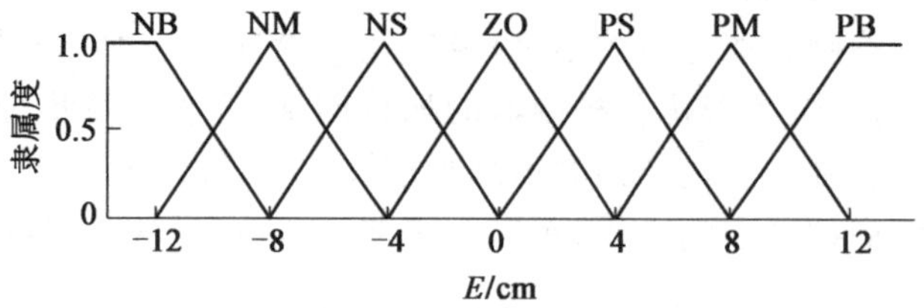

图 9-13 横向偏差隶属函数

9.3.2.5 建立适应度函数

适应度函数的选取直接影响 PSO 收敛速度以及能否找到最优解。在控制领域常以时间乘误差绝对值的积分(ITAE)作为评价控制系统性能优劣的指标，利用 ITAE 指标设计的系统具有超调量小、阻尼适中、动态性能好等优点。采用横向偏差和航向偏差的 ITAE 之和，作为粒子群优化模糊控制器的性能指标函数，如式(9-12)所示：

$$F=w_1\int_0^{\infty} t\ |y(t)|\ \mathrm{d}t+w_2\int_0^{\infty} t\ |\psi(t)|\ \mathrm{d}t \tag{9-12}$$

式中：$y(t)$为 t 时刻的横向偏差；$\psi(t)$为 t 时刻的航向偏差；w_1、w_2 为加权系数，分别代表横向偏差和航向偏差的 ITAE 指标在性能指标函数中所占比例。

在实际运算中，为了提高控制算法运行速度和实时性，对式(9-12)作如下改进：

$$F=w_1\Delta t\sum_{j=1}^{N}t_j\ |y(j)|+w_2\Delta t\sum_{j=1}^{N}t_j\ |\psi(j)| \tag{9-13}$$

式中：Δt 为分段积分区间长度，取为 0.1 s；$y(j)$为 $j\times\Delta t$ 时刻的横向偏差；$\psi(j)$为 $j\times\Delta t$ 时刻的航向偏差；$N=\langle 20v\rangle$，v 为车辆行驶速度。

粒子群算法中个体适应度越大，表示个体越优，所以将上述性能指标函数的倒数作为适应度函数，即

$$f=\frac{1}{F} \tag{9-14}$$

根据适应度函数逐渐增大的原则，不断调整输入、输出加权因子 α、β 的取值，最终求解出一组最佳加权因子。PSO 优化模糊控制的迭代流程如图 9-14 所示，相关参数设置可参考 9.3.2.4 中的内容。

9.3.3 试验结果与分析

9.3.3.1 农用车辆试验平台

农用车辆导航系统主要由拖拉机、视觉传感器、工业控制计算机、PLC 控制器、转向驱动机构、前轮转角传感器和速度传感器组成。系统原理框图和试验平台分别如图 9-15、图 9-16 所示。

视觉传感器选用 OK AC1310 型摄像头，摄像头距离地面高度为 1.2 m，与地面夹角为 25°，预瞄距离为 2.4 m；PLC 型号为 KSC-10；角度传感器型号为 WYH-1。为提高控制算法的

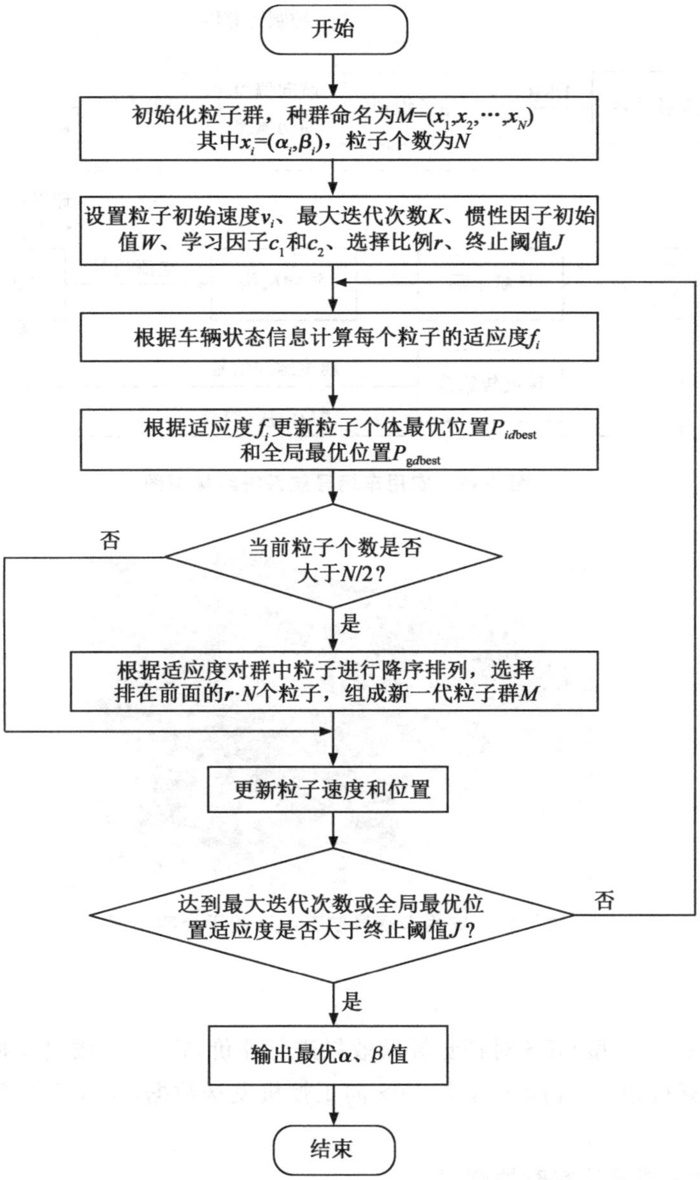

图 9-14　粒子群优化算法流程图

运行速度，工控机采用 Intel(R) HM65@ 3.0 GHz 处理器，2 GB 内存，Windows 7 操作系统；导航程序运行环境为 VS2010；导航控制周期为 150 ms；导航车辆为雷沃 M8 型拖拉机。

在粒子群优化模糊控制器算法中，粒子群最大迭代次数 $K=200$，初始化粒子数 $N=30$，惯性因子初始值 $W=0.8$，学习因子 $c_1=c_2=1$，选择比例 $r=0.9$；适应度函数的加权系数分别为 $w_1=0.7$ 和 $w_2=0.3$。选择终止阈值 $J=0.8$，此指标有利于抑制大误差的出现，同时也可防止系统输出超调造成剧烈波动。在导航跟踪过程中，车辆状态信息（横向偏差和航向偏差）不断变化，粒子群算法需要根据车辆状态信息不断优化迭代，对 α 和 β 进行调整，直到粒子群适应度函数值最大（横向偏差和航向偏差 ITAE 之和最小），或者满足控制算法终止条件（适应

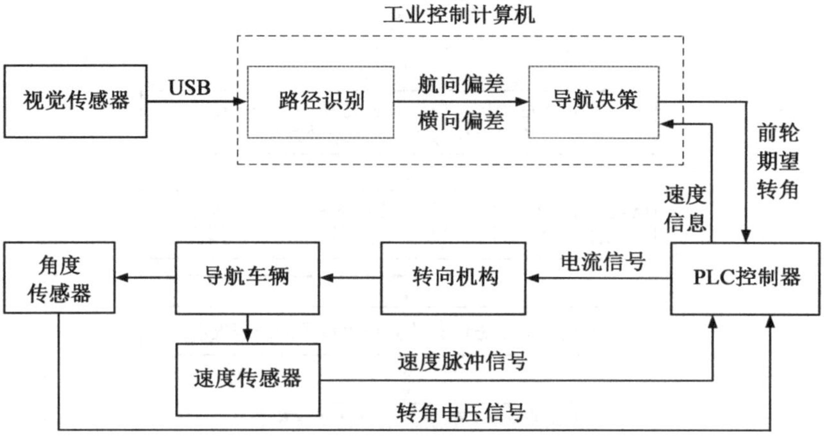

图 9-15　农用车辆导航系统结构框图

图 9-16　农用车辆导航系统试验平台实物图

度值大于 J）。

采用 Trimble 5700 型 GPS 对视觉导航效果进行评价，将 GPS 放置在拖拉机顶部，通过串口与工业控制计算机相连，导航过程中 GPS 向工控机发送数据，工控机对数据进行保存，用于后期试验分析。

9.3.3.2　改进粒子群算法实时性测试

在导航过程中，要求导航控制算法有较高的实时性。分别采用改进 PSO 算法和常规 PSO 算法对模糊控制器的 α 和 β 因子进行寻优求解，比较两种方法的迭代次数和迭代时间。改进 PSO 算法中 $r=0.9$，其他参数与常规 PSO 算法相同，按照 9.3.3.1 中进行设置，算法运行环境为 VS2010，每种算法进行 100 次试验。表 9-6 为两种方法的耗时。改进的 PSO 算法平均经过 26 代即可找到最优解，平均每代耗时 2.85 ms，导航控制周期为 150 ms，改进 PSO 算法的延时不会对控制造成影响；常规 PSO 算法平均要经过 38 代才能找到最优解，平均每代耗时 4.74 ms。改进算法的每代平均耗时小于常规算法，因为改进算法中随着迭代的进行粒子数不断减少，使得粒子更新的时间变短。

表 9-6 改进粒子群算法与常规粒子群算法耗时对比

算法	最大迭代次数	最小迭代次数	平均迭代次数	每代平均耗时/ms
常规 PSO 算法	55	24	38	4.74
改进 PSO 算法	33	17	26	2.85

9.3.3.3 PSO 优化模糊控制算法仿真

为验证设计算法的有效性和优越性，将 PSO 优化模糊控制器和常规模糊控制器的控制效果进行仿真分析，两种算法参数设置相同（包括模糊子集、模糊论域、量化因子和隶属函数），运行环境为 MATLAB 2010。导航车初始状态为[5 cm，1°]，即初始横向偏差为 5 cm，初始航向偏差为 1°。图 9-17 和图 9-18 分别为两种控制算法的横向偏差和航向偏差响应曲线。

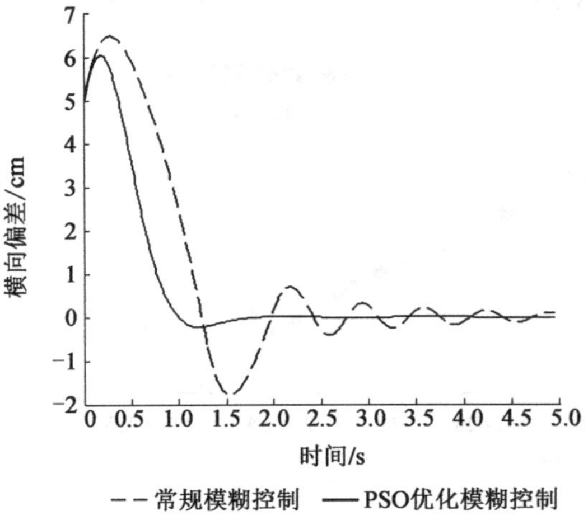

图 9-17 横向偏差响应曲线

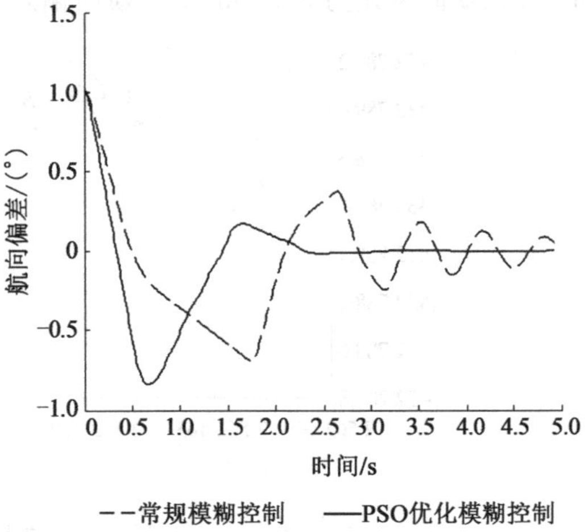

图 9-18 航向偏差响应曲线

由图可知，与常规模糊控制方法相比，优化模糊控制方法横向偏差响应曲线超调量小，响应速度快，能够快速消除横向偏差；航向偏差响应曲线很快可以达到平稳状态且不会出现上下波动，具有较好的稳定特性。

9.3.3.4 路径跟踪试验

1）直线路径跟踪试验

导航直线路径由 GPS 确定，用 Trimble 5700 在地面上选择 2 个点 A 和 B，两点距离 36 m。将 A、B 两点确定的直线作为导航路径，从 A 开始，导航车辆以 0.8 m/s 的速度开始跟踪，车辆初始状态为[−10 cm，−5°]。路径跟踪结果如图 9-19 所示，车辆行驶 2 m 的距离就可以跟踪到目标路径，具有较好的跟踪响应速度，跟踪到目标路径后最大横向偏差为 4.2 cm，平均横向偏差为 1.34 cm。航向偏差跟踪结果如图 9-20 所示，最大航向偏差 4.8°，平均航向偏差 1.76°，以 0°为基准上下波动，说明导航车辆不断调整前轮转角，并对目标路径进行跟踪，具有较快的响应速度。

2）曲线路径跟踪试验

农机视觉导航所用曲线路径由 GPS 确定，在平坦地面上选择 3 个点 A、B 和 C，C 点不在

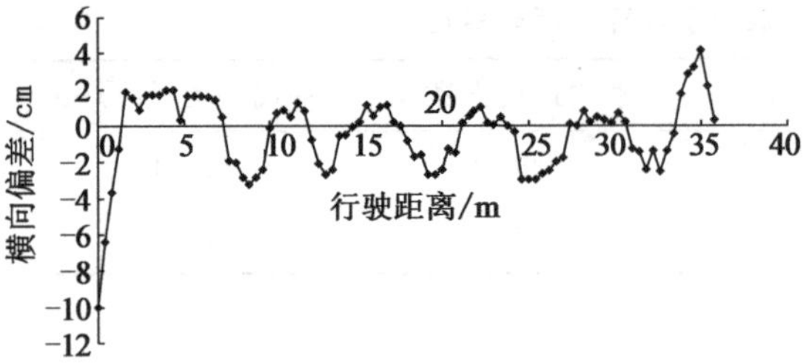

图 9-19 直线路径横向偏差

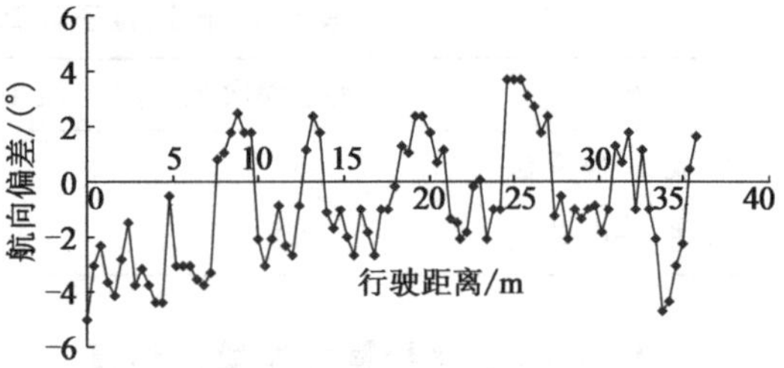

图 9-20 直线路径航向偏差

A、B 两点所确定的直线上，AB 段为直线，BC 段为曲线。试验前，由试验人员携带 GPS 移动站沿曲线路径行走，获取目标路径数据。导航车辆速度为 0.8 m/s，路径跟踪结果如图 9-21 所示，最大横向偏差为 5.9 cm，平均横向偏差 2.08 cm。

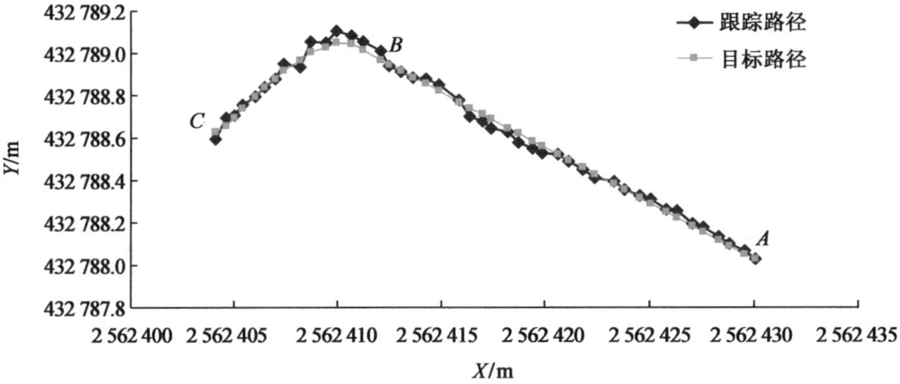

图 9-21 曲线路径跟踪结果

由试验结果可知，PSO 优化模糊控制方法的曲线跟踪精度略低于直线跟踪，原因是拖拉机转向过程中车轮角度变化率较大，转向执行机构也存在一定的滞后性，反应速度无法跟上这种变化。

3）与常规模糊控制算法比较试验

为验证优化控制算法与常规模糊控制算法在实际路径跟踪效果上的差异，在行驶速度分别为 0.6、1.0、1.2 m/s 的条件下，对两种方法的控制效果进行测试，利用放置在车顶的 GPS 记录车辆位置信息，GPS 工作频率为 2 Hz，跟踪路径为直线。为增强 2 种方法的可比性，优化算法与常规算法的基本参数相同（包括模糊子集、模糊论域、量化因子、比例因子和隶属函数），在相同物理硬件平台上进行测试。图 9-22 和图 9-23 分别为优化模糊控制和常规模糊控制的跟踪结果，表 9-7 和表 9-8 分别为两种算法在 3 种速度条件下的路径跟踪数据，可以看出常规模糊控制跟踪最大横向偏差和平均横向偏差均高于优化算法，而优化算法在不同速度条件下均有较好的结果。在 3 种速度条件下，优化算法导航精度分别提高了 31.2%、28.1%和 20%。

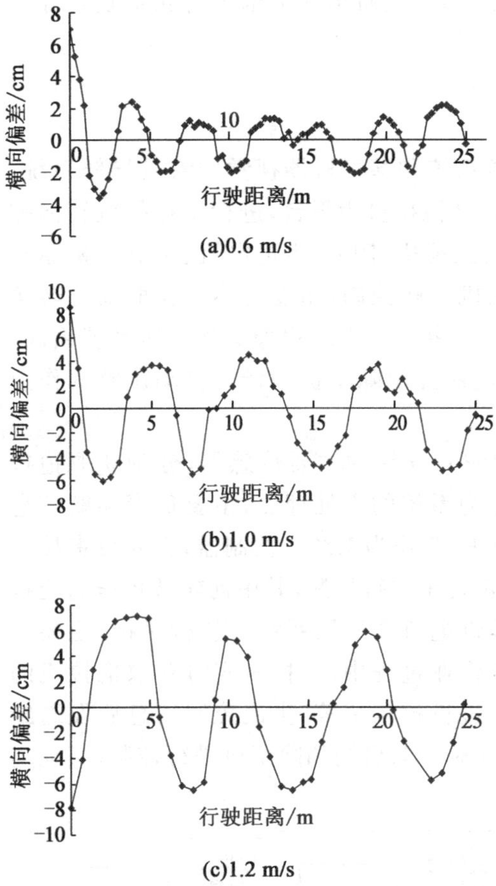

图 9-22　3 种不同速度条件下粒子群优化模糊控制试验结果

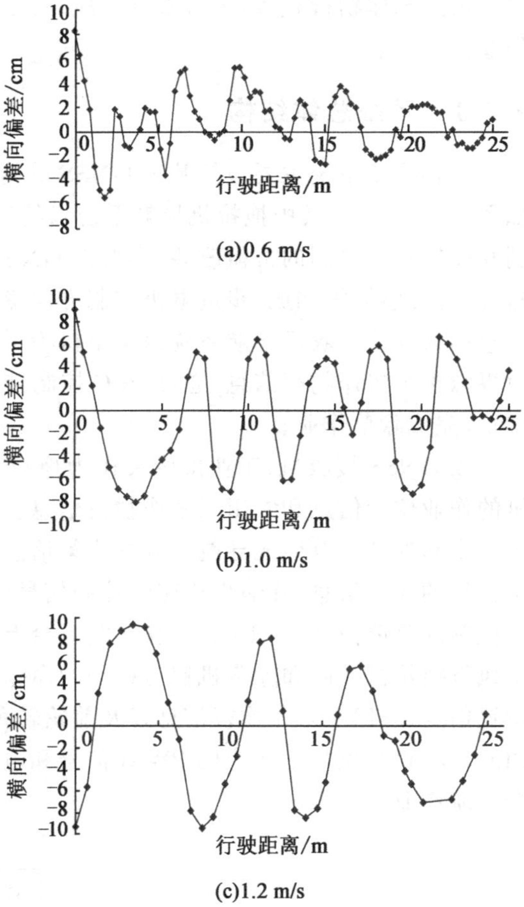

图 9-23　3 种不同速度条件下常规模糊控制试验结果

表 9-7　优化模糊控制算法试验数据

行驶速度/(m/s)	最大横向偏差/cm	平均横向偏差/cm	标准差/cm
0.6	3.58	1.45	1.08
1.0	6.05	3.22	1.81
1.2	7.08	4.32	2.26

表 9-8　常规模糊控制算法试验数据

行驶速度/(m/s)	最大横向偏差/cm	平均横向偏差/cm	标准差/cm
0.6	5.43	2.11	1.61
1.0	8.21	4.48	2.29
1.2	9.47	5.40	2.86

9.4　玉米中耕除草复合导航系统

为了实现玉米中耕除草过程中的智能导航作业，提高智能除草的效率和准确性，张漫等设计了一种玉米中耕除草复合导航系统。该系统将基于 GNSS 的拖拉机导航系统和基于机器视觉的农具导航系统相结合，控制拖拉机跟踪预定的路径进行 GNSS 导航，同时通过实时获取农田玉米作物行直线，进行农具导航，自动调节铲刀位置，从而实现玉米中耕除草复合导航作业。

9.4.1 系统总体结构

复合导航系统主要包括基于 GNSS 的拖拉机导航系统和基于机器视觉的农具导航系统，如图 9-24 所示。其中拖拉机导航系统以约翰迪尔 940 型拖拉机为平台，进行了拖拉机转向控制和前轮转角检测的机械改装，主要由 GNSS 接收机、工控机、PLC、步进电机、步进电机驱动器、角度传感器等构成，步进电机控制方向盘进行拖拉机导航控制，角度传感器获取前轮转角信息作为反馈。农具导航系统以除草机为平台，主要由工控机、PLC、摄像头和液压系统组成，由摄像头采集作物行信息，通过 PLC 控制液压系统，进而控制除草机的铲刀自动调整其作业位置，完成除草作业。

以 GNSS 接收机、工业摄像头作为拖拉机导航和农具导航的主要传感器，分别获取拖拉机的作业位置信息和农田玉米作物行信息。工控机作为系统的主处理器，主要负责导航信息的采集和处理以及生成导航控制的决策信息。下位机 PLC 作为系统的控制器，主要负责接收工控机的控制信息，并输出相应的控制信号以及对前轮转角进行检测，其中前轮转角作为拖拉机控制的反馈信号，由 PLC 获取并发送给上位机。步进电机和液压系统为执行机构，主要负责执行拖拉机转向和除草机铲刀移动的命令。在除草作业过程中，工控机实时获取拖拉机的位置信息、农田玉米作物行信息以及前轮转角信息，并进行控制决策，生成控制信息后发送给 PLC。PLC 分别生成相应的 PWM 信号和电流信号，并对转向机构和除草机进行控制，实现复合导航作业。

(a)系统实物图

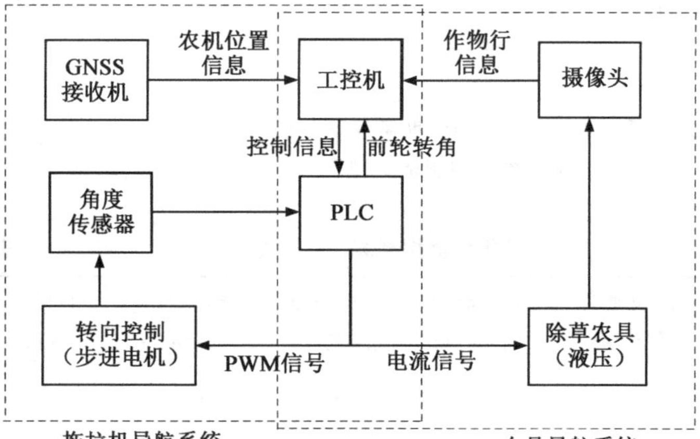

(b)系统结构图

图 9-24 复合导航系统总体结构

9.4.2 拖拉机导航系统硬件设计

9.4.2.1 转向控制机械模块

转向控制机械模块主要由步进电机、转台、上下压盘、套管托盘组成，如图 9-25 所示。转台通过套管托盘与拖拉机方向盘操作杆外壳固定，转台与方向盘同心，工作时这两部分保持相对静止，方向盘通过上下压盘与转台旋转部分连接。拖拉机方向盘转动力矩一般小于 10 N·m，步进电机的转矩为 2 N·m，通过减速比为 1∶10 的转台，可以输出最大 20 N·m 的转矩；当步进电机驱动器输出脉冲数设定为 800 个/r 时，经测定知车轮转动的角度与输出脉冲数的比例为 1∶454。步进电机的转速为 150～1 200 r/min，在控制频率为 1 Hz 时，减去设定的电机 0.2 s 的加速时间，理论上步进电机每秒最多可以带动车轮转 28°，能够满足拖拉机自动导航的要求。

9.4.2.2　前轮转角检测模块

拖拉机前轮转角检测模块主要由角度传感器、左右摆臂和传感器支架组成，如图 9-26 所示。拖拉机转向过程中，右侧摆臂随之转动，带动左摆臂随角度传感器的轴心转动，从而进行前轮转角的检测。此方法可以较好地防止因角度传感器与拖拉机转向轴不同心引起的传感器损坏。角度传感器采用北京通磁伟业公司的 WYT-AT-3 型，可以输出 4～20 mA 的检测电流，检测的角度范围为 0～90°，可以满足拖拉机前轮转角的测量要求。当转动方向盘使转向轮向左右偏转、与拖拉机中轴线的夹角达到 40°时，系统可以通过对前轮转角的检测来控制步进电机停止运行，以保证自动导航时的安全性。

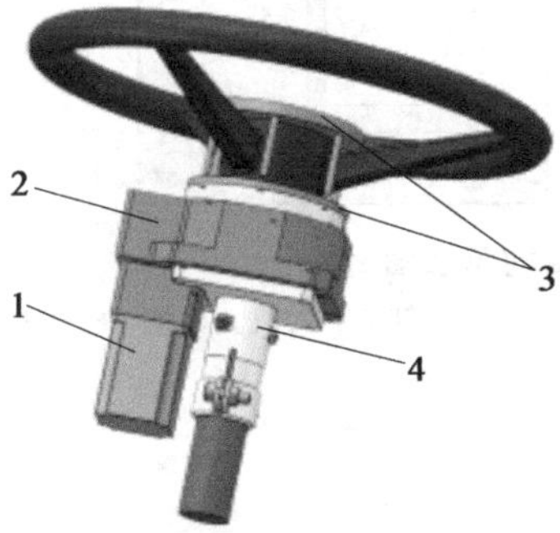

图 9-25　转向控制机械模块

1. 步进电机　2. 转台　3. 上下压盘
4. 套管托盘

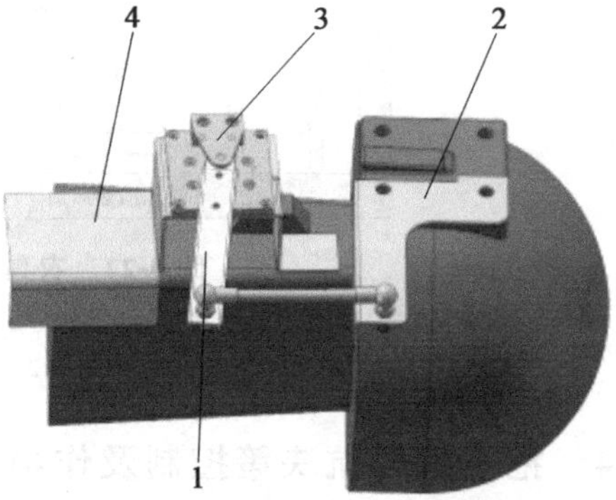

图 9-26　前轮转角检测模块

1. 左摆臂　2. 右摆臂
3. 角度传感器　4. 传感器支架

9.4.2.3　转向控制电路模块

拖拉机转向控制电路模块主要由 PLC、步进电机驱动器以及电源模块组成。其中 PLC 系统包括 PLC 主机、串口通信模块和 AD 转换模块。串口通信模块负责 PLC 和工控机之间的通信，并上传前轮转角信息以及接收控制命令；AD 转换模块用于检测角度传感器输出的电流；PLC 主机负责执行上位机控制指令，输出高频脉冲信号，对步进电机驱动器进行控制。电源模块为 PLC 主机、串口通信模块、AD 转换模块、步进电机驱动器提供 24 V 电源，为步进电机驱动模块、角度传感器提供 12 V 电源，并提供电路保护。

9.4.3　农具导航系统硬件设计

农具导航系统硬件结构如图 9-27 所示，摄像头固定在机具内框向外延伸的位置，除草铲刀固定在机具内框的后下方。液压比例换向阀、油缸、液压表、液压散热风扇、行程开关、运动导轨均固定在机具外框上。当进行玉米中耕除草作业时，摄像头采集作物行信息，获取作物行偏差，控制调整机具内框及固定在内框上的铲刀和摄像头的左右位置，进行玉米行间除草。系统通过液压比例换向阀控制机具内框在直线导轨上移动，液压比例换向阀的电阻为 7.6 Ω，可控制最大电流为 1.5 A，改变驱动电流的大小可改变铲刀移动的速度；内框的两侧分别安装一个行程开关作为系统的保护开关，当铲刀移动到两侧的边缘时触发行程开关，驱动电路断开，铲刀停止作业并只能往相反的方向移动。采用 PLC 的 AD 模块进行液压驱动，可以输出最大 10 V 的直流电压驱动液压比例阀。经试验验证，10 V 的电压驱动可以满足除草作业中的农具移动最大速度的设计需求。

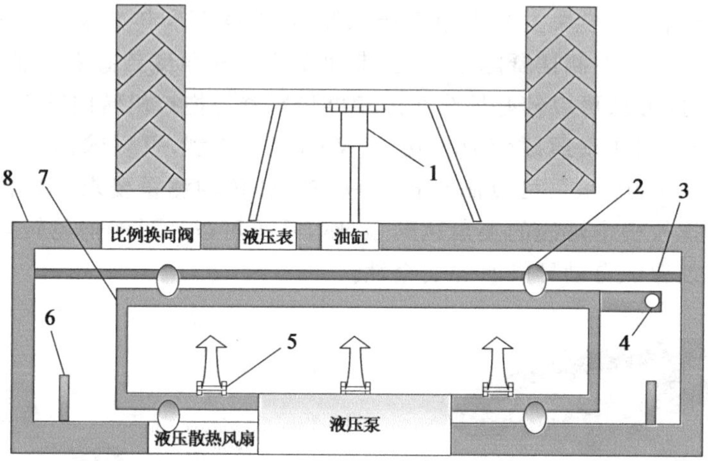

图 9-27 农具导航系统硬件结构示意图

1. 传动输出轴 2. 滑环 3. 直线运动导轨 4. 摄像头 5. 铲刀 6. 行程开关 7. 机具内框 8. 机具外框

9.4.4 拖拉机导航决策控制及作物行提取方法

9.4.4.1 拖拉机导航决策控制

在实际的导航控制中，系统在不同状态下对横向偏差和航向偏差的权重要求不同。采用拖拉机的横向偏差和航向偏差作为模糊控制的输入量，当横向偏差比较大时，为尽快消除偏差，加大横向偏差的权重；当横向偏差较小时，为使系统尽快达到稳定状态，加大航向偏差的权重，实现自适应调整。

1) 横向偏差模糊化

基本论域：[－30 cm，30 cm]；量化等级：{－6，－5，－4，－3，－2，－1，0，1，2，3，4，5，6}；量化因子：$K_e=6/30=0.2$。

2)航向偏差模糊化

基本论域：[－10°，10°]；量化等级：{－6，－5，－4，－3，－2，－1，0，1，2，3，4，5，6}；量化因子：$K_\psi=6/10=0.6$。

3)输出期望转角补偿量模糊化

基本论域：[－6°，6°]；量化等级：{－6，－5，－4，－3，－2，－1，0，1，2，3，4，5，6}；量化因子：$K_u=6/6=1$。

横向偏差、航向偏差和期望转角补偿量 3 个变量的模糊等级均为负大(NB)、负中(NM)、负小(NS)、零(ZO)、正小(PS)、正中(PM)、正大(PB)。横向偏差、航向偏差和期望转角的隶属函数均采用高斯函数。

4）自适应调整因子设定

模糊控制规则使用带修正因子的控制规则，公式为

$$U=\text{Fuzzy}\left[\alpha E,\ (1-\alpha)\ \Psi\right] \tag{9-15}$$

其中
$$\alpha=\frac{1}{M}(\alpha_{\mathrm{h}}-\alpha_{1})\cdot|E|+\alpha_{1}\qquad(0\leqslant\alpha_{1}\leqslant\alpha\leqslant\alpha_{\mathrm{h}}\leqslant1)$$

式中：U 为输出控制量（期望转角）；E 为横向偏差；Ψ 为航向偏差；Fuzzy（　）为模糊控制算法；αE 和 $(1-\alpha)\Psi$ 分别为模糊控制的自适应输入量，通过调整 α 的值改变横向偏差和航向偏差的加权程度。M 设定为横向偏差论域的最大值 30，修正因子调节参数 α_{h}、α_1 分别设定为 0.8 和 0.2。此时自适应模糊控制查询表如表 9-9 所示。

表 9-9　自适应模糊控制查询表

航向偏差量化等级	横向偏差量化等级												
	−6	−5	−4	−3	−2	−1	0	1	2	3	4	5	6
−6	6.0	5.7	5.4	4.9	4.5	4.8	5.3	4.0	2.8	2.0	0.0	−2.3	−4.0
−5	5.7	5.3	5.1	4.7	4.0	4.0	4.4	3.3	2.3	1.1	−1.1	−2.7	−4.2
−4	5.6	5.0	4.6	4.2	3.8	3.4	3.6	2.6	1.5	0.2	−1.7	−3.0	−4.4
−3	5.6	4.8	4.1	3.6	3.1	2.8	2.6	1.5	0.6	−0.3	−2.0	−3.3	−4.6
−2	5.6	4.7	3.7	3.1	2.5	2.1	1.6	0.8	0.0	−0.7	−2.3	−3.5	−4.9
−1	5.6	4.6	3.4	2.6	2.0	1.6	0.9	0.2	−0.3	−1.1	−2.7	−3.9	−5.2
0	5.6	4.5	3.2	1.9	1.2	0.5	0.0	−0.5	−1.2	−1.9	−3.2	−4.5	−5.6
1	5.2	3.9	2.7	1.1	0.3	−0.2	−0.9	−1.6	−2.0	−2.6	−3.4	−4.6	−5.6
2	4.9	3.5	2.3	0.7	0.0	−0.8	−1.6	−2.1	−2.5	−3.1	−3.7	−4.7	−5.6
3	4.6	3.3	2.0	0.3	−0.6	−1.5	−2.6	−2.8	−3.1	−3.6	−4.1	−4.8	−5.6
4	4.4	3.0	1.7	−0.2	−1.5	−2.6	−3.6	−3.4	−3.8	−4.2	−4.6	−5.0	−5.6
5	4.2	2.7	1.1	−1.1	−2.3	−3.3	−4.4	−4.0	−4.0	−4.7	−5.1	−5.3	−5.7
6	4.0	2.3	0.0	−2.0	−2.8	−4.0	−5.3	−4.8	−4.5	−4.9	−5.4	−5.7	−6.0

9.4.4.2　作物行提取

用 $2G-R-B$ 颜色特征因子对采集的图像进行灰度化处理，使用最大类间方差法进行图像分割，将作物行从土壤、杂草等背景中分离出来，得到玉米作物行的二值图像，然后用直线扫描滤波方法提取作物行直线。

①由于每个图像都可能包含多个作物行，因此采用垂直投影的方法来检测作物行数和位置。如图 9-28(a)所示，曲线为图像的灰度投影，将波形高度与其平均值（图中水平线）进行对比分析，大于平均值的部分可视为作物行，同时滤除伪作物行。根据作物行近端的位置信息，利用线性扫描提取作物行[图 9-28(b)]。

②作物行直线检测，首先在图像近端和远端选择 2 个点，然后控制近、远端点位置产生不

同斜率直线，统计落在直线一定区域范围内目标点个数，最后将包含目标点最多的直线作为作物行直线，并根据作物行直线计算得到导航线。将图像近端的作物行作为作物行直线起点选择范围，远端全部区域作为直线终点选择范围，进行作物行直线检测，如图 9-28(c)所示，提取结果如图 9-28(d)所示(参见二维码 9-1)。

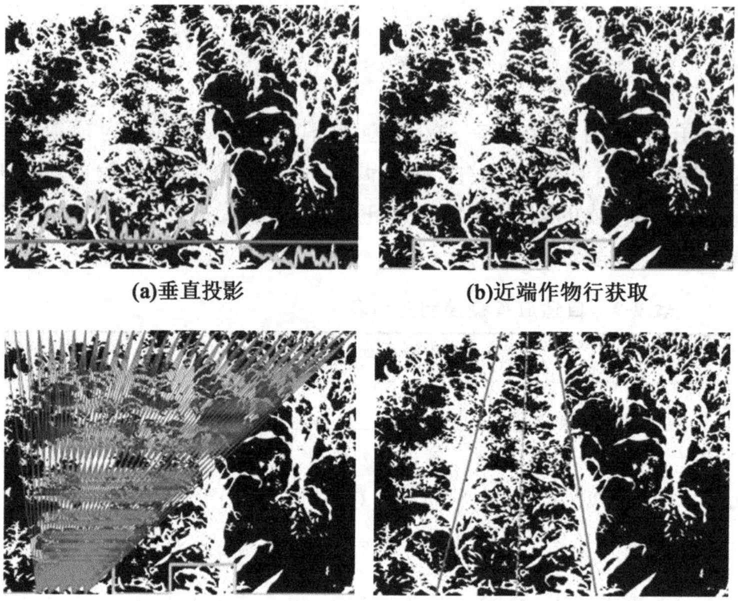

(a)垂直投影　(b)近端作物行获取

(c)直线扫描　(d)作物行提取

二维码 9-1

图 9-28　作物行提取过程

9.4.5　试验结果与分析

为了测试复合导航系统的精度，分别设计了拖拉机独立导航试验和复合导航试验。选用约翰迪尔 940 型拖拉机为试验平台，GNSS 接收机采用司南 M300 型，在差分状态其静态精度为±1 cm(95%)。工业摄像头型号为 OK AC1303。复合导航系统终端主界面如图 9-29 所示，其左侧为拖拉机导航部分，显示拖拉机的行驶轨迹；右侧为农具导航部分，显示摄像头采集的作业行信息；下方为拖拉机和农具状态信息和操作按钮。

9.4.5.1　拖拉机独立导航试验

拖拉机独立导航试验主要测试拖拉机导航作业情况下的横向偏差，农具以常规方式进行除草作业，不进行视觉导航控制除草。此时将 GNSS 天线置于拖拉机顶端中心，获取拖拉机导航位置信息，同时将另一套 GNSS 的天线置于铲刀上方，用于获取铲刀与作物行的横向偏差。假定作物行为一条标准的直线。作业时，首先设定 A、B 点，确定拖拉机导航预定的直线。导航开始后，系统根据预定路径自动调节方向盘，使拖拉机沿着 AB 直线行走。导航试验结果如图 9-30 所示，在作业速度为 0.6 m/s 时，铲刀的横向偏差最大值为 10.04 cm，平均横向偏差为 4.62 cm。

9.4.5.2　复合导航试验

复合导航试验主要测试拖拉机智能导航和农具视觉导航相结合时的除草作业精度。此时，GNSS 天线的位置不变，在农具上安装工业摄像头。将玉米苗模型按照实际种植方式插在

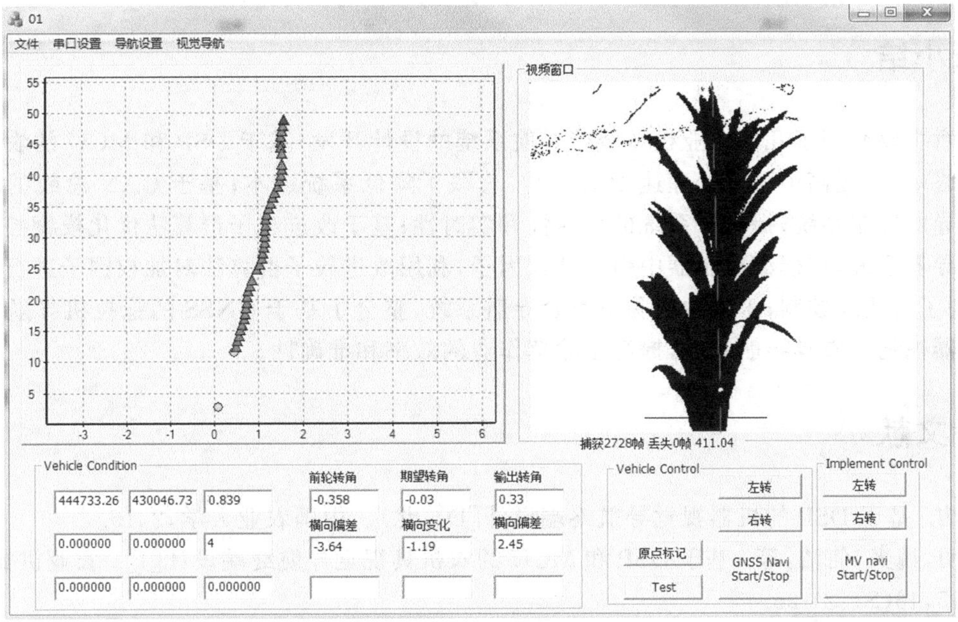

图 9-29　复合导航系统终端主界面

地上，作物行总长度为 40 m，株间距为 30 cm。导航试验结果如图 9-31 所示，在作业速度为 0.6 m/s 时，横向偏差最大值为 6.35 cm，平均值为 2.73 cm。

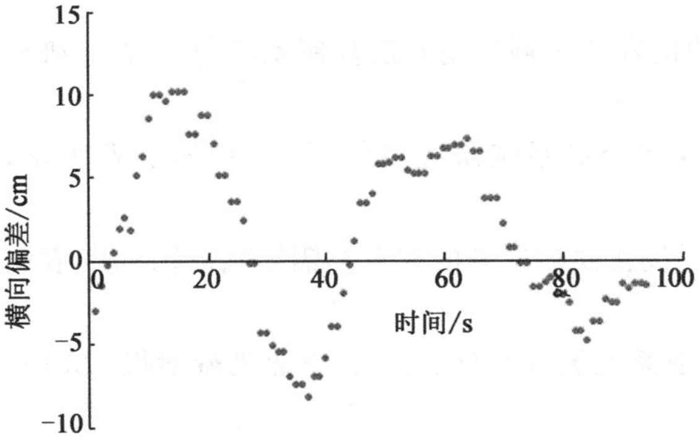

图 9-30　拖拉机独立导航时铲刀的横向偏差

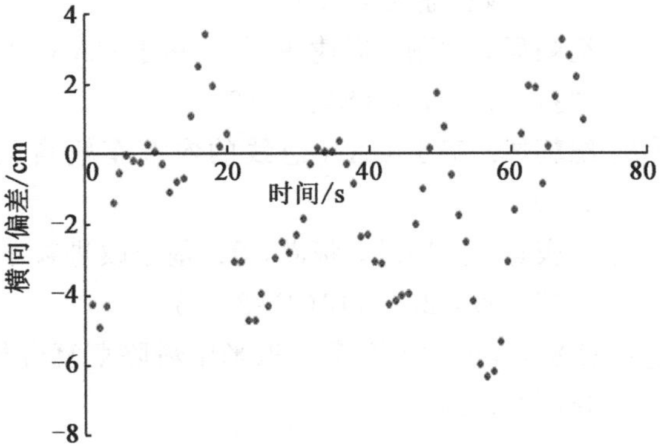

图 9-31　复合导航时铲刀的横向偏差

试验结果表明，在单独进行 GNSS 导航除草作业时，作业精度基本能满足农田作业的需求，但除草铲刀的位置无法针对作物行的位置进行实时调整，同时农具本身也存在一定的晃动，对除草作业精度造成一定的影响，可能会引起铲苗、伤苗等现象。所以拖拉机导航系统最主要的作用是控制拖拉机直线行走，跟随播种时的 GNSS 信息进行导航，除草作业控制由农具导航系统负责。农具的调节范围为 ±20 cm，因此理论上拖拉机导航的偏差只要小于 20 cm，农具导航系统都可以实时将铲刀调节到合适的位置，完成除草作业。

本章小结

本章主要介绍了几例农业机械智能导航系统的设计开发：基于 DSP 和 MCU 的农机具视觉导航终端，在提高了图像处理速度的同时，兼顾了降低系统成本；基于 CAN 总线的农用车辆智能导航控制系统，提高了系统的可靠性和实时性；基于改进粒子群算法优化模糊控制的农用车辆导航系统，在模糊控制器中引入加权因子，利用改进粒子群算法对加权因子进行在线优化，实现了自适应控制；玉米中耕除草复合导航系统，整合了基于 GNSS 的拖拉机导航系统和基于机器视觉的农具导航系统，提高了除草作业的效率和准确性。

参考文献

[1] 何洁. 基于 DSP 的机器视觉导航终端设计[D]. 北京：中国农业大学，2015.

[2] 项明，魏爽，何洁，等. 基于 DSP 和 MCU 的农机具视觉导航终端设计[J]. 农业机械学报，2015，46(S)：21-26.

[3] 项明. 基于 GNSS 和 MV 的车辆-农具组合导航系统设计与开发[D]. 北京：中国农业大学，2016.

[4] 籍颖. 农业机械导航系统定位方法研究[D]. 北京：中国农业大学，2011.

[5] 孟庆宽. 基于机器视觉的农业车辆-农具组合导航系统路径识别及控制方法研究[D]. 北京：中国农业大学，2014.

[6] 纪朝凤，刘刚，周建军，等. 基于 CAN 总线的农业车辆自动导航控制系统[J]. 农业机械学报，2009，40(S)：28-32.

[7] 纪朝凤. 基于 CAN 总线的农业车辆自动导航控制系统研究[D]. 北京：中国农业大学，2009.

[8] 孟庆宽，仇瑞承，张漫，等. 基于改进粒子群优化模糊控制的农业车辆导航系统[J]. 农业机械学报，2015，46(3)：29-36.

[9] 张漫，项明，魏爽，等. 玉米中耕除草复合导航系统设计与试验[J]. 农业机械学报，2015，46(S)：8-14.

第10章 多机协同及导航避障系统研究

10.1 多机协同作业导航系统及导航避障概述

多机协同作业通常以一台农机作为主机，另一台或多台农机为辅助机器（从机），构建复式作业系统，从机可以追随主机协同完成田间工作，如收获、耕地或播种。农业生产过程中有很多复式作业，采用多机协同作业方式，由一名农机操作人员控制多台农机共同完成多项作业任务，更有利于提高农业资源利用率和降低生产成本。

在多机协同作业农机智能导航系统中，主机和从机均可独立实现智能导航，需要协同工作时才构建主-从结构，共同完成工作任务，提高工作效率。主从系统协同工作通常有两种模式，一种是主机通知从机直接到达某一指定位置，另一种则是主从跟随式系统，如图 10-1 所示。比如，牧草收获智能导航系统中，收获机械作为主机，运送牧草的拖拉机作为从机，主机发出指令通知从机到达某一转运地点；谷物联合收割机智能导航系统中，联合收割机作为主机，运送收获谷物的拖拉机作为从机，在作业过程中主机顺序向从机发出保持一定相对角度和距离行走的命令以及自己的位置信息，从机按照主机的车辆信息及所指示的相对角度和距离自动跟随行走。

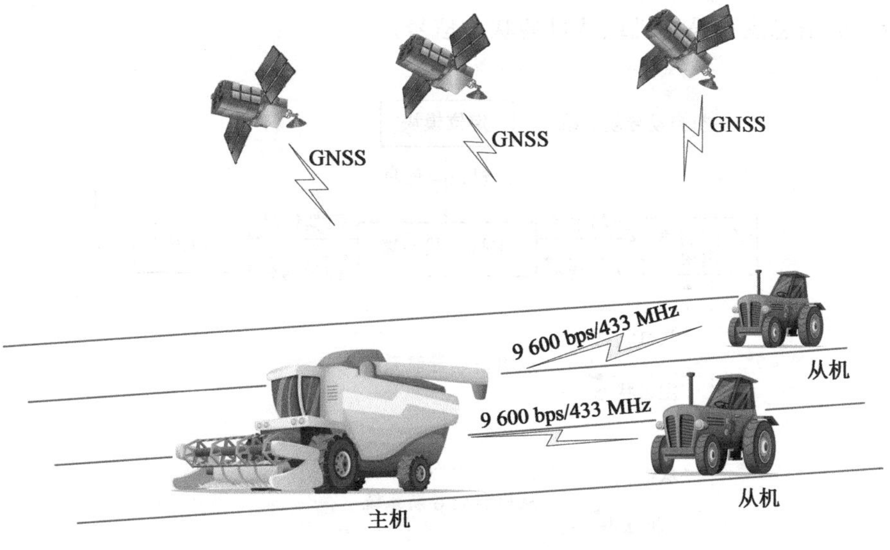

图 10-1　主从导航系统示意图

与独立导航系统相比，主-从协同作业系统除了要解决各自的定位和控制问题外，还需要解决以下问题：主从机间的通信模式和通信协议、多机协同的局部动态环境建模、从机的动态避障及导航路径规划等。①主机与从机通信时，存在命令、状态和请求 3 种信号模式，其中命令为主机向从机发送的具体动作指令，状态为主机根据必要性要求从机报告的目前作业状况，请求为主机根据从机的要求向从机发送的当前作业状况。主机与从机间实时、可靠的通信，是保证协同作业的前提。②多机协同作业时，针对某一台农机，其他的作业农机均被认为是动态障碍，环境建模变得更为复杂。因此，如何检测并分离动、静态障碍物，建立局部动态环境模型，并实现增量式局部地图的关联，是多机协同作业农机智能导航系统需要解决的一个重要问题。③动态避障是保证智能导航农机安全可靠工作的前提。由于导航系统所处环境比较复杂，缺乏精确、完整的全局信息，会导致环境信息具有不确定性，致使动态避障的安全性、实时性都难以保证。因此，导航环境探索过程中的动态避障策略，成为多机协同作业导航系统的另一个研究重点。常用的导航避障传感器包括激光雷达、毫米波雷达、机器视觉等。

本章主要介绍在跟随式多机协同导航系统及避障方面的研究进展。

10.2 跟随式农机主从导航系统

为提高导航系统的作业效率，李世超等设计了跟随式农机主从导航系统，系统中主机可选择自动导航或人工驾驶方式作业，从机跟随主机进行自动导航作业。

10.2.1 系统整体设计

主从导航系统总体框架如图 10-2 所示，包括主机自动导航系统和从机自动导航系统。主机和从机自动导航系统的硬件结构相同，包括定位模块、控制模块、车间通信模块和车载终端 4 部分。工作时，由定位模块采集位置信息，车载终端设备获取采集的数据后进行分析、处理并发送决策指令，控制模块执行命令并反馈控制结果。主机与从机之间采用无线方式进行数据通信，传输的信息主要是主机或从机的状态信号。

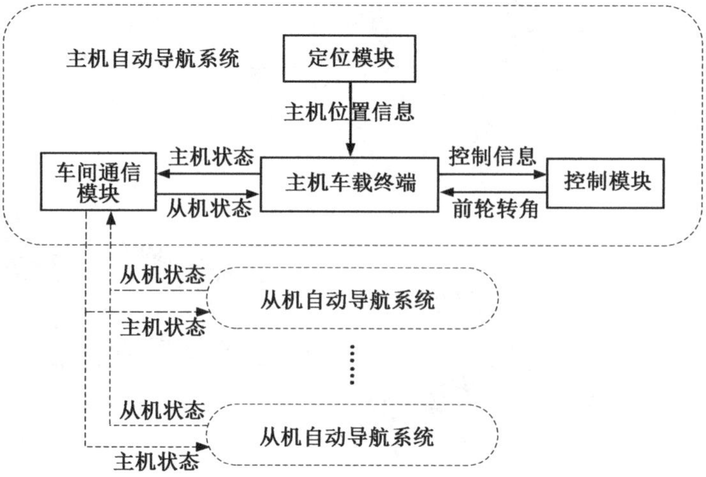

图 10-2 跟随式农机主从导航系统总体框架

导航系统的试验平台选择雷沃欧豹 M904-D 型拖拉机，根据主从导航系统的技术要求，对拖拉机进行了改装，如图 10-3 所示。接收机天线安置于车顶，定位模块采用上海华测导航技术有限公司的 i60 GNSS 接收机，安装于驾驶室内，用于获取农机位置信息。控制模块采用可编程逻辑控制器(PLC)，对安装在方向盘上的电机转台进行转动控制，实现农机自动转向，并将前轮转角信息反馈至车载终端。车载终端采用工控机，可以方便地进行多个串口连接，实现信息的采集和决策控制。车间通信模块选用深圳市艾夫林科技开发有限公司的无线数传电台，与工控机通过 RS232 串口连接，进行主、从机之间状态信息的交互，工作频率为 433 MHz，信道速率与串口速率均为 9 600 bps。

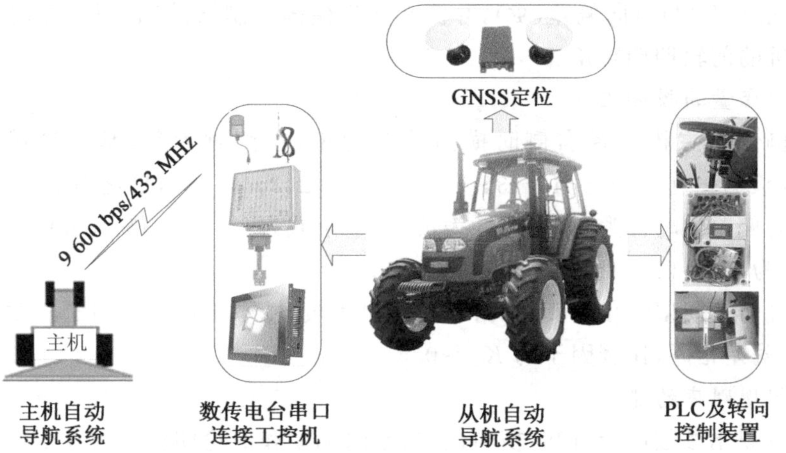

图 10-3　跟随式农机主从导航系统实物图

10.2.2　车间通信协议设计

如何定义主从导航系统的通信协议依赖于主从导航系统的工作模式，跟随式系统主机与从机间保持一定的距离和速度，主机向从机发送自身状态信息，进而使从机能够建立跟踪路径，与主机协同完成田间作业。从机位于主机正后方，考虑到突发情况以及作业安全问题，设定主、从农机作业车间距离在 6～10 m 之间。

从机建立跟踪路径需要主机的位姿等信息，安全车距标定试验需要系统时间、车速等信息，因此状态信息包括主机的绝对位置、航向和速度等。车间通信协议数据结构如图 10-4 所示，采用 string 定义的字符串数组方式，以符号“\$”起始，以 CRC 校验结束，用‘,’将数据分隔开。数据包括车辆 ID，当前时刻，高斯投影平面坐标 X、Y，高程 Z，航向，前轮转角，卫星状态，车体方向，车辆速度，错误码。车辆 ID 为标识符，共 1 位；数据位共 80 位，为传输的有效信息。

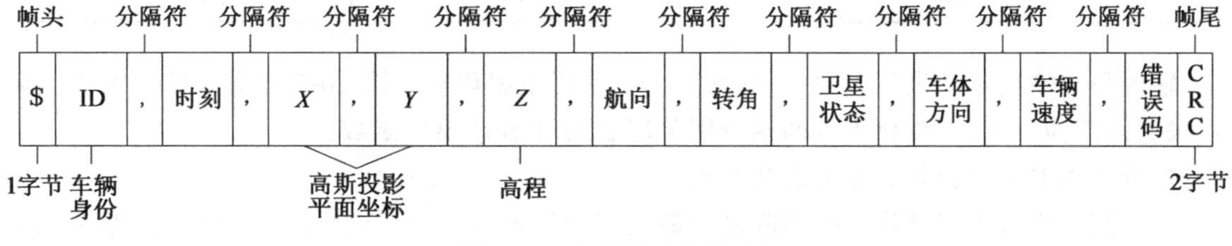

图 10-4　车间通信数据结构

10.2.3 主从导航自主跟随控制方法

系统采用模糊控制方法，分 4 步实现：

①确定控制器的输入、输出变量，并模糊化；

②根据基本论域、量化等级与量化因子建立模糊控制规则；

③进行推理判决生成模糊控制查询表；

④从输出量的模糊集合中提取出精确的输出量。

通过将从机的实际位置与主机作业路径对比，计算得到从机自主跟随导航时与主机相应位置点的横向偏差(E)与航向偏差(Ψ)，并依次作为模糊控制器的输入量；控制器的输出量为自主跟随时从机的前轮期望转角。

1)输入输出变量的模糊化

①规定从机位于主机路径右侧时横向偏差为正，左侧时为负，基本论域为[－30 cm，30 cm]，量化等级为{－6，－5，－4，－3，－2，－1，0，1，2，3，4，5，6}，量化因子为 $K_e=0.2$。

②规定航向偏差顺时针为正，逆时针为负，基本论域为[－15°，15°]，量化等级与横向偏差相同，量化因子为 $K_\psi=0.4$。

③规定从机前轮期望转角右转时为正，左转时为负，基本论域为[－12°，12°]，量化等级与横向偏差、航向偏差相同，比例因子为 $K_u=0.5$。

2)模糊控制规则库的建立

根据上述模糊化参数设计可知，横向偏差、航向偏差和前轮期望转角 3 个变量的模糊等级均可划分为 7 个模糊子集，即负大(NB)、负中(NM)、负小(NS)、零(ZO)、正小(PS)、正中(PM)、正大(PB)。按两个输入参数的 7 个模糊子集进行排列组合，可得到 49 种模糊规则，构成模糊规则表，如表 10-1 所示。

表 10-1 模糊控制规则表

航向偏差 Ψ	横向偏差 E						
	NB	NM	NS	ZO	PS	PM	PB
NB	PB	PB	PB	PB	PM	PM	PS
NM	PB	PB	PB	PM	PM	ZO	NS
NS	PB	PB	PS	PS	ZO	NM	NM
ZO	PB	PM	PS	ZO	NS	NM	NM
PS	PM	PS	ZO	NS	NM	NM	NB
PM	PS	ZO	NM	NM	NB	NB	NB
PB	NS	NM	NB	NB	NB	NB	NB

输入量与输出量的隶属函数相同，均采用三角形隶属函数。图 10-5 为横向偏差的隶属函数，隶属函数为 7 个，在量化等级两端分别采用 Z 形和 S 形隶属函数。

3)带修正因子模糊控制查询表的生成

考虑到从机自主跟随作业时消除横向偏差较为重要，引入修正因子调节横向偏差和航向偏差权重。带修正因子的控制规则公式为

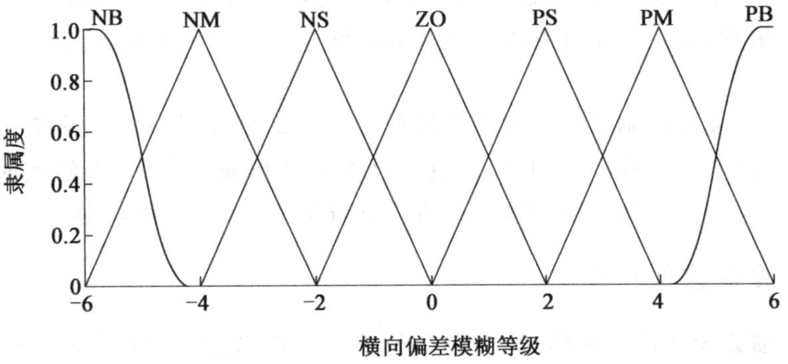

图 10-5　横向偏差隶属函数

$$U = -\langle \alpha E + (1-\alpha)\Psi \rangle \qquad \alpha \in (0,1) \tag{10-1}$$

式中〈 〉表示取整。选取修正因子 $\alpha=0.6$，根据横向偏差和航向偏差的量化等级计算可得带修正因子的模糊控制查询表，如表 10-2 所示。

表 10-2　修正因子 $\alpha=0.6$ 时的模糊控制查询表

横向偏差量化等级	航向偏差量化等级												
	−6	−5	−4	−3	−2	−1	0	1	2	3	4	5	6
−6	6.0	5.6	5.2	4.8	4.4	4.0	3.6	3.2	2.8	2.4	2.0	1.6	1.2
−5	5.4	5.0	4.6	4.2	3.8	3.4	3.0	2.6	2.2	1.8	1.4	1.0	0.6
−4	4.8	4.4	4.0	3.6	3.2	2.8	2.4	2.0	1.6	1.2	0.8	0.4	0
−3	4.2	3.8	3.4	3.0	2.6	2.2	1.8	1.4	1.0	0.6	0.2	−0.2	−0.6
−2	3.6	3.2	2.8	2.4	2.0	1.6	1.2	0.8	0.4	−0	−0.4	−0.8	−1.2
−1	3.0	2.6	2.2	1.8	1.4	1.0	0.6	0.2	−0.2	−0.6	−1.0	−1.4	−1.8
0	2.4	2.0	1.6	1.2	0.8	0.4	0	−0.4	−0.8	−1.2	−1.6	−2.0	−2.4
1	1.8	1.4	1.0	0.6	0.2	−0.2	−0.6	−1.0	−1.4	−1.8	−2.2	−2.6	−3.0
2	1.2	0.8	0.4	0	−0.4	−0.8	−1.2	−1.6	−2.0	−2.4	−2.8	−3.2	−3.6
3	0.6	0.2	−0.2	−0.6	−1.0	−1.4	−1.8	−2.2	−2.6	−3.0	−3.4	−3.8	−4.2
4	0	−0.4	−0.8	−1.2	−1.6	−2.0	−2.4	−2.8	−3.2	−3.6	−4.0	−4.4	−4.8
5	−0.6	−1.0	−1.4	−1.8	−2.2	−2.6	−3.0	−3.4	−3.8	−4.2	−4.6	−5.0	−5.4
6	−1.2	−1.6	−2.0	−2.4	−2.8	−3.2	−3.6	−4.0	−4.4	−4.8	−5.2	−5.6	−6.0

4）输出变量的解模糊

根据模糊控制规则，采用重心法（COA）从输出的前轮期望转角模糊集合中解算出精确值，计算公式如下：

$$u_{fc}(x_k, y_k) = \frac{\sum_i u_i \times f_u(x_k, y_k, u_i)}{\sum_i f_u(x_k, y_k, u_i)} \tag{10-2}$$

式中：$u_{fc}(x_k, y_k)$为模糊控制器的输出精确值，u_i 为输出模糊集合的离散元素，$f_u(x_k, y_k, u_i)$为 u_i 的隶属函数，x_k、y_k 分别为从机跟随主机作业路径时的横向偏差和航向偏差，模糊控制器的输入量。

通过上述设计，模糊控制器对从机前轮转角进行自动控制，使从机能够稳定地跟随主机作业路径，实现对主机的自主跟踪。同时，从机在自主跟随导航过程中，能够实时显示主机和自身的作业路径，紧急情况下还可以切换到单机自动导航模式，脱离跟随导航模式。

10.2.4 车载终端软件系统

根据主从导航系统田间作业需求，开发车载终端软件系统，对数据进行采集、处理、显示、存储，并确保主从机间实时、可靠的通信。

车载终端软件按功能可分为农机位置信息获取、车间通信和导航跟踪控制 3 个部分。采用 MFC/C＋＋进行多线程串口通信编程，主要用于各传感器、通信设备与车载终端的数据收发，包括打开串口、配置串口、串口收发和关闭串口等功能。工作过程中，定位设备 GNSS、通信设备无线电台(RS)和控制设备 PLC 进行串口通信，车间通信按设计的通信协议，将农机状态信息写入 RS 无线电台，进行信息交互。

主从导航时，需要存储主机和从机的位置信息、路径信息、通信数据和偏差信息等，方便后续进行系统分析。通过 MFC 的文件操作基本类 CFile，将以上信息保存在 txt 文件中，分为农机状态文档、农机路径文档、车间通信文档和主从导航偏差信息文档 4 份数据。其中，农机状态文档保存主机和从机作业过程中的时间、位置、航向、前轮转角，农机路径文档保存主机预设的路径位置点、主机和从机作业行驶过的路径位置点，车间通信文档实时保存车间通信数据包，偏差信息文档保存主从导航过程中的横向偏差和航向偏差信息。车载终端界面显示内容包括实时位置、作业路径、通信质量和导航状态等。

导航过程中，车载终端软件首先提取坐标和进行坐标转换；然后连接 RS 无线电台实现车间通信，包括数据解析、车距计算等；最后生成导航决策与控制指令。

主、从机车载终端数据处理流程如图 10-6 所示，主机和从机并行作业，既可以单独导航，也可以实现从机跟随主机协同作业。主机和从机车载终端软件处理流程均可分为导航定位部分、导航通信部分和导航控制部分。不同的是，主机无论是直线导航、曲线导航，都需要获取预设作业路径。而从机在进行车间通信的同时，将主机行驶的实时位置坐标存入链表，进而得到主机行驶的路径，并可以进行主从车距的计算和通信质量的检测。主机和从机车载终端均通过点击实时导航按钮控件，对相应的导航方式进行路径搜索，并计算当前自身位置点与搜索到的路径的横向偏差和航向偏差，作为模糊控制规则的输入量，获得农机期望转角，最后通过串口连接 PLC 输出前轮转角控制量。

10.2.5 试验结果与分析

针对开发的跟随式农机主从导航系统，进行了软件功能测试、车间通信测试和自主跟随导航试验，旨在测试车间通信的可靠性与实时性，并对自主跟随导航系统的性能进行验证。试验现场如图 10-7 所示，由人工驾驶试验电瓶车模拟主机，拖拉机作为从机，对主机进行自主跟随。

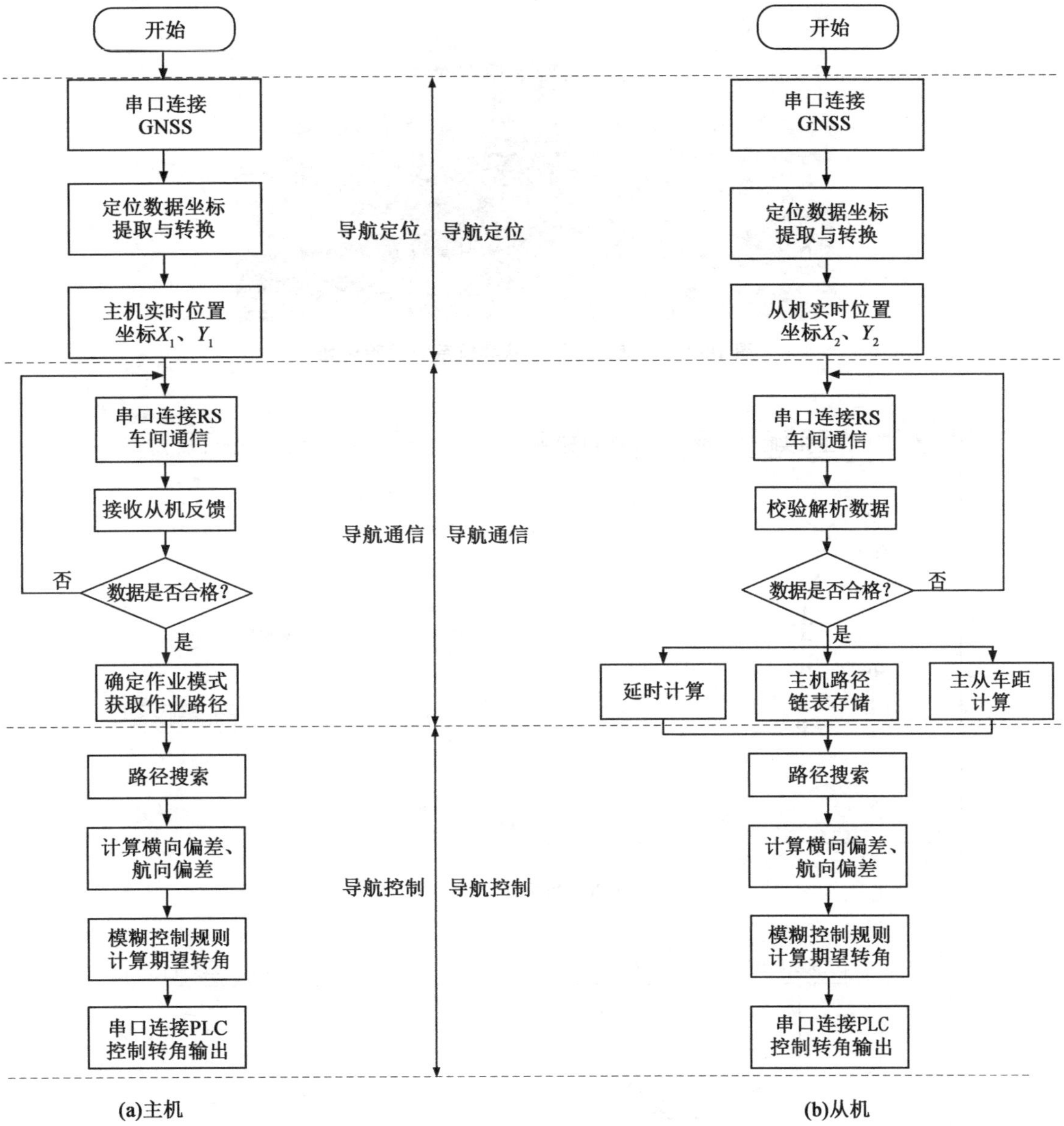

图 10-6　主、从机车载终端数据处理流程

1)软件功能测试

主机和从机车载终端软件界面如图 10-8 所示。相同之处是,主机和从机软件界面的右上方均可显示农机自身导航状态信息,包括定位信息、姿态信息、航向信息、转角信息、偏差信息以及车辆速度;界面右下方为导航控制按钮,包括左转、右转、原点标记和单机自动导航开始停止等按钮。不同之处在于,从机软件界面左下方可以观察到主机部分导航状态信息,右下方可以进行主机原点标记和主从导航开始/暂停/追踪等操作。从机既可以选择主从导航模式,也可以脱离主机单机自动驾驶。此外,主机车载终端软件在作业之前先对作业区域进行全局路径规划,作业时按规划好的路径自动导航,而从机车载终端通过车间通信实时获取主机作业路径,并进行跟随导航。

图 10-7 跟随式农机主从导航系统试验现场

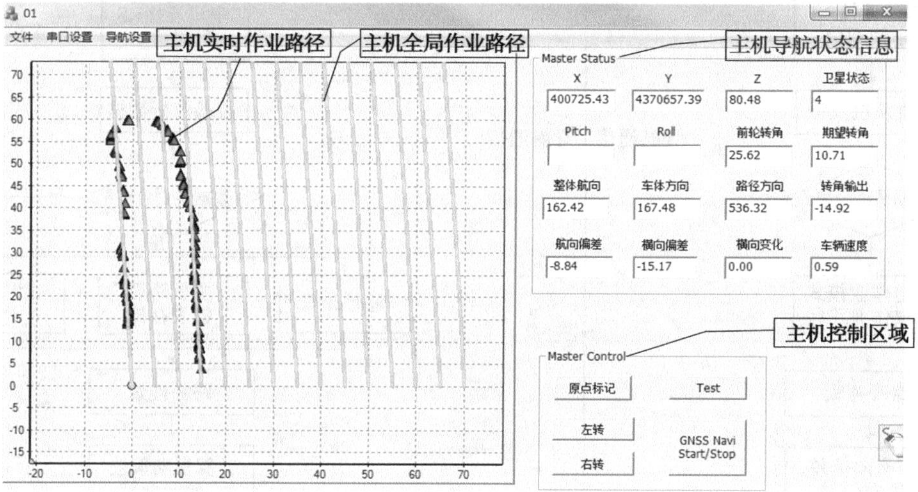

(a)主机终端界面

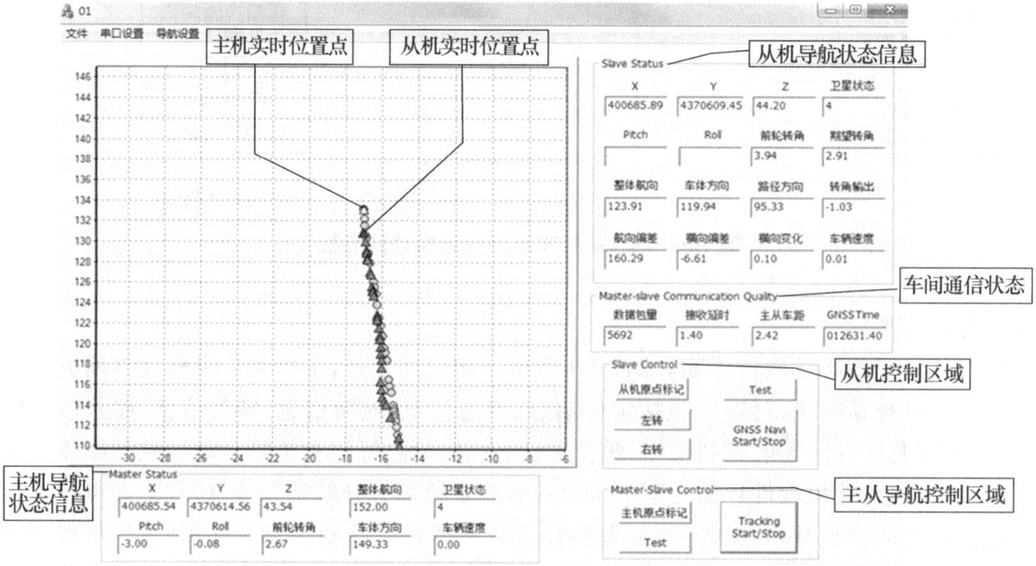

(b)从机终端界面

图 10-8 主、从机车载终端软件界面

2)车间通信性能测试

车间通信测试的目的是验证不同车间距下车间通信的可靠性与实时性。

以从机车载终端软件界面显示的主从车距为通信距离,测量不同距离下的车间通信效果,首先将主机和从机上的车间通信电台天线、GNSS移动站定位天线放置在同一位置处。然后以GNSS数据获取频率来设置车间通信频率,在主机上设置状态信息发送间隔时间为200 ms,即设定车间通信频率为5 Hz,在主从车距分别为10、50、100、150、200 m时,主机连续向从机发送400 s数据,共2 000组数据。

从机接收数据的丢包数和丢包率如表10-3所示。由试验结果知,在不同车距下车间通信系统稳定,丢包率均不大于0.3%。接收延时小于1 s,可以满足跟随式农机主从导航作业的需要。

表10-3　车间通信的丢包数和丢包率

通信距离/m	发送包数/个	接收包数/个	丢包数/个	丢包率/%
10	2 000	1 995	5	0.25
50	2 000	1 994	6	0.30
100	2 000	1 996	4	0.20
150	2 000	1 995	5	0.25
200	2 000	1 994	6	0.30

3)自主跟随导航试验

自主跟随导航试验的目的是测试基于车间通信的主从导航路径搜索效果和控制精度。

首先配置华测基站i60 GNSS接收机获取基站定位信息,电台DL5-C1选择Low(低频)发射,4频道(458.050 MHz)用于与移动站通信。然后在主机(电瓶车)和从机(拖拉机)上各安装一套华测移动站N71J-AU GNSS接收机,用于获取差分定位信息。

将车间通信电台工作频率选为433 MHz,使其与定位通信电台互不干扰。在工控机上进行GNSS、IMU、PLC和RS无线电台的串口连接,使主机和从机建立稳定的车间通信。选择主从导航方式,在从机车载终端先进行主机原点标记,当主机行驶超过10 m距离时再进行从机原点标记,点击开始跟随按钮,使从机开始主从导航自主跟随作业,记录并保存主从导航过程中主机和从机的实时位置点坐标、车间通信数据包、主从导航自主跟随的横向偏差和航向偏差等信息。

4组试验的横向偏差如表10-4所示,跟随效果如图10-9所示。

表10-4　主从导航系统自主跟随试验横向偏差统计结果

试验组别	数据点数/个	最大误差/cm	最小误差/cm	平均误差/cm	均方根误差/cm
1	100	11.38	1.88	7.79	7.47
2	125	14.02	0.18	6.86	7.66
3	125	12.72	0.05	4.26	5.20
4	125	12.77	0.13	5.59	6.57
总体				5.88	6.76

由表 10-4 可知,从机在车辆速度为 0.8 m/s 左右时,4 次跟随试验最大误差分别为 11.38、14.02、12.72 和 12.77 cm,总体平均误差为 5.88 cm,总体均方根误差为 6.76 cm。控制效果较好,可以满足主从导航作业的需要。

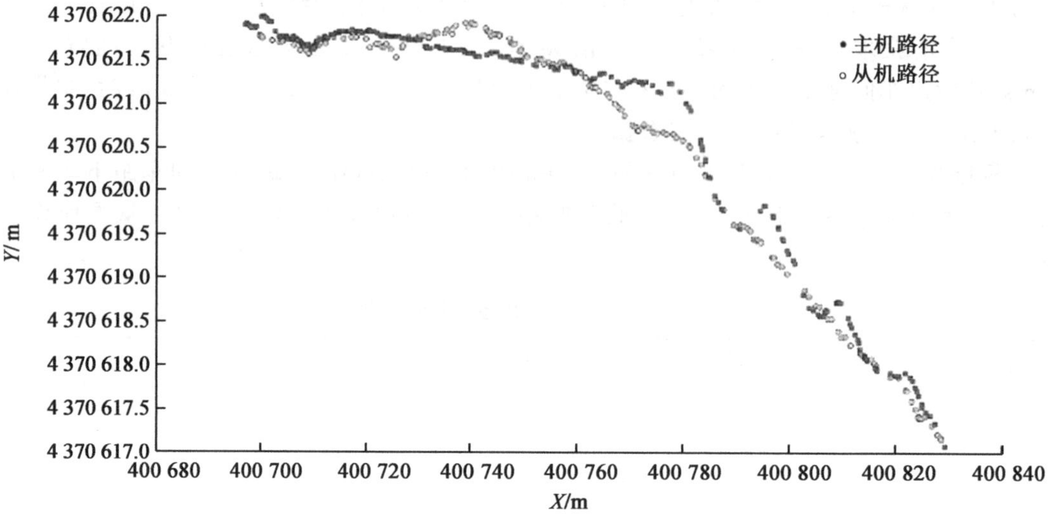

图 10-9 主从导航系统路径跟随效果

10.3 基于激光雷达的农田环境点云采集系统

准确的农田环境感知是实现农机自主导航避障的前提,稳定、可靠的环境数据采集系统是准确感知的必要条件。季宇寒等设计了基于激光雷达的农田环境点云采集系统,可实现农田环境点云与农机位置姿态的稳定、可靠采集,其中多传感器数据的采集软件可实现准确、一致的全局点云数据获取。

10.3.1 采集系统硬件构成

点云采集系统硬件包括功能模块、传感器安装结构、传感器与数据融合终端间的通信及供电通路,为数据采集提供稳定、可靠的硬件条件。

10.3.1.1 功能模块

点云采集系统以拖拉机为移动载体,由点云数据采集模块、车体位姿采集模块和数据融合模块组成,如图 10-10 所示。

点云数据采集模块可获取多角度、多层次的环境点云信息。其中,安装于车体顶部的 Velodyne HDL-32 型三维 LiDAR(light detection and ranging),可获取车体周围水平 360°、竖直 32 层的立体点云数据,提供丰富的环境信息;安装于车体前端的 Hokuyo UTM-30LX-EW 型二维 LiDAR,可获取车体前方水平 270°的平面点云数据,消除三维 LiDAR 在车体前方的近距离盲区。

车体位姿采集模块可获取车体准确的绝对位置与相对姿态信息。其中,华测 P3-DT 型 GNSS 移动站通过与基站信号进行自主差分,可获取车顶天线的厘米级精度定位数据;安装于

图 10-10　点云采集系统功能模块

车顶中央的 Xsens MTi-300 型航姿参考系统(attitude and heading reference system ,AHRS)可获取车体相对初始姿态的横滚角、俯仰角、航向角信息。具体参数如表 10-5 所示。

数据融合模块可接收并融合环境点云数据与车体位姿数据,进而获取位姿补偿后的点云数据。其中,车载移动工作站可实现数据的时间同步与空间配准,补偿环境点云数据由于车体位姿变化产生的误差,提高点云数据一致性。以太网交换机提供稳定的网络数据通路。

表 10-5　点云采集系统传感器主要参数

传感器	主要参数
三维 LiDAR (HDL-32 型)	距离:100 m;精度:±2 cm;扫描帧频率:5～20 Hz; 视场:水平 360°,垂直 41.33°;分辨率:水平 0.1°～0.4°,垂直 1.33°
二维 LiDAR (UTM-30LX-EW 型)	距离:30 m;精度:±0.5 cm;扫描帧频率:40 Hz; 视场:水平 270°;分辨率:水平 0.25°
GNSS (P3-DT 型)	卫星:GPS、BDS、GLONASS、GALILEO、SBAS、QZSS; RTK 精度:水平 0.8 cm,垂直 1.5 cm
AHRS (MTi-300 型)	横滚角(RMS):静态 0.2°,动态 0.3°;俯仰角(RMS):静态 0.2°,动态 0.3°; 航向角(RMS):1.0°

10.3.1.2　传感器安装结构

为保证采集系统在不平整农田环境中能安全、可靠工作,且位姿采集模块获取的位姿变化可代表点云采集模块所在坐标系中的运动状态,各传感器均需要与车体进行稳固的刚性连接。季宇寒等以雷沃欧豹 M904-D 型拖拉机为平台,设计了适配的传感器安装结构,该结构由顶端结构和前端结构组成,如图 10-11 所示。

顶端结构采用四角支撑架与拖拉机钢架紧固,前后两根支撑杆用于固定纵向高强度型材。三维 LiDAR、AHRS、GNSS 天线等分别安装在特制的安装底板上,并与型材紧固。

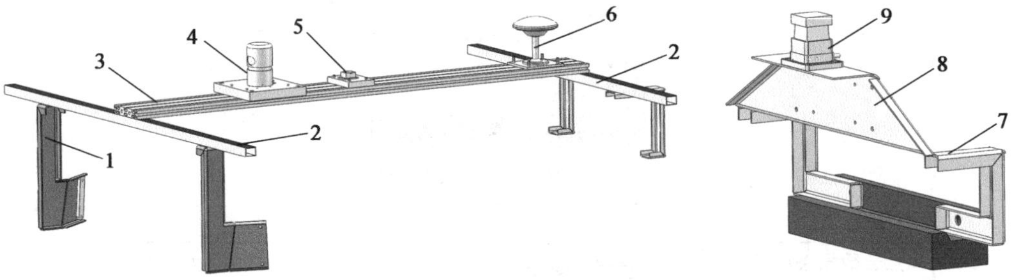

(a)顶端结构　　(b)前端结构

图 10-11　点云采集系统传感器安装结构示意图

1. 四角支撑架　2. 支撑杆　3. 纵向型材　4. 三维 LiDAR 及其安装底板　5. AHRS 及其安装底板
6. GNSS 天线及其安装底板　7. 支撑架　8. 梯形梁　9. 二维 LiDAR 及其安装底板

前端结构采用两侧支撑架与拖拉机前配重连接处紧固。安装梯形梁是为了避免安装位置与拖拉机前配重或机箱盖板等产生相互干扰。二维 LiDAR 安装于特制的安装底板上，并与梯形梁紧固。

10.3.1.3　通信与供电通路

三维与二维 LiDAR 均通过以太网口输出数据，故使用以太网交换机与车载移动工作站桥接，并配置各 LiDAR 与工作站处于相同网络段，实现局域网通信。GNSS 移动站与 AHRS 均通过 RS232 串口输出数据，通过 RS232/USB 转换线缆与移动工作站的 USB 接口连接，实现串行通信。

点云采集系统的各传感器均可在 12 V 直流电下可靠工作。拖拉机车载电瓶可提供 12 V 直流电源，通过 12 V 稳压单元为各传感器供电。同时，12 V 稳压单元串联转 5 V 的降压单元，为以太网交换机供电。

点云采集系统的通信与供电通路如图 10-12 所示。

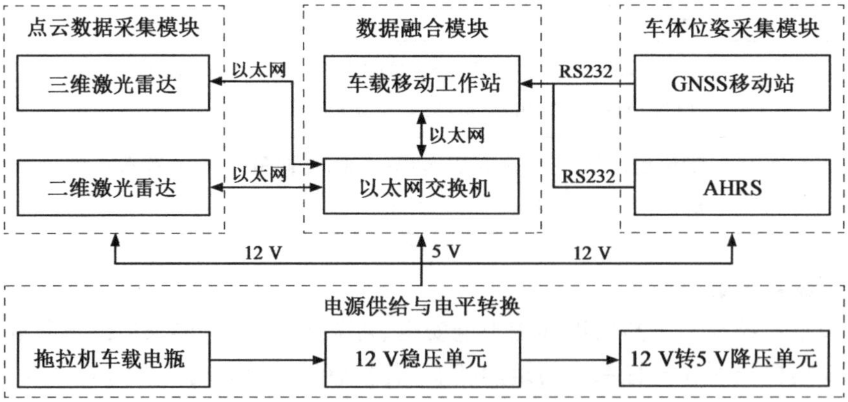

图 10-12　点云采集系统的通信与供电通路

10.3.2　采集系统软件构成

点云采集系统软件在 Visual Studio 2015 环境下以 C++为编程语言开发，由传感器接口模块、时间同步模块、空间配准模块和数据显示存储模块 4 部分组成，各模块间的逻辑关系如图 10-13 所示。

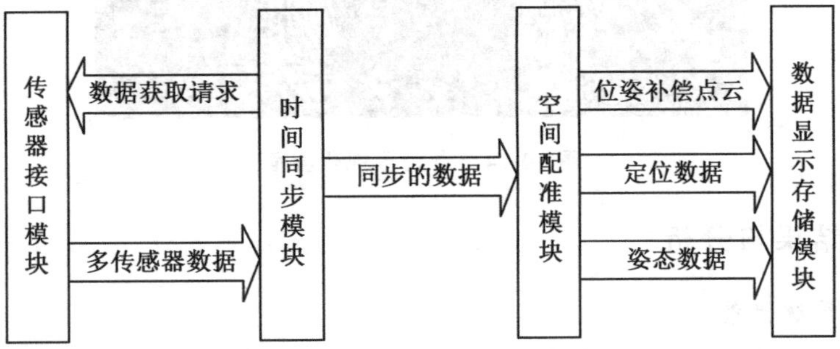

图 10-13　点云采集系统软件模块的逻辑关系

(1)传感器接口模块：传感器接口模块根据各传感器输出方式构建适配的接口，实现数据获取。其中，三维 LiDAR 接口使用 PCAP(packet capture)抓取并解析 UDP(user datagram protocol)网络包；二维 LiDAR 接口使用 SDK(software development kit)请求并解析 TCP(transmission control protocol)网络包；GNSS 接口使用串口接收并解析 ASCII 字符串；AHRS 接口使用串口接收、解析并缓冲二进制数据。

(2)时间同步模块：为保证各传感器数据具有较强的时间相关性，需控制采样频率与时序，使各传感器的数据在同一时隙下获取，即时间同步。时间同步需要传感器与采集软件配合实现。在传感器端，根据各传感器的采集频率范围，结合实际农田点云采集要求，统一各传感器同步采集频率为 5 Hz。其中，三维 LiDAR 与 GNSS 接收机采样频率设置为 5 Hz；二维 LiDAR 采用单步触发采样模式，由采集软件控制以 5 Hz 触发；AHRS 设置采样频率为 100 Hz，由采集软件进行中值滤波。

(3) 空间配准模块：采集系统获取的三维与二维 LiDAR 的点云数据需要统一坐标。此外，车体的倾斜会造成 GNSS 定位误差与点云数据偏差，需要通过车体姿态信息进行误差补偿。空间配准模块的作用是补偿 GNSS 与点云数据的误差，并将点云数据全局化。

(4) 数据显示存储模块：数据显示存储模块实现位姿补偿后点云的可视化，以及原始点云、位姿补偿后点云、GNSS 定位数据、AHRS 姿态数据的存储。其中，经过位姿补偿的点云数据，可通过基于 VTK(visualization toolkit)的窗口实现可视化，以 pcd 格式保存，原始点云数据以 PCAP 网络包格式存储；GNSS 定位数据包含经纬度、高程等信息，以 txt 文本格式存储；AHRS 姿态数据包含横滚角、俯仰角、航向角信息，以 txt 文本格式存储。点云可视化界面如图 10-14 所示。

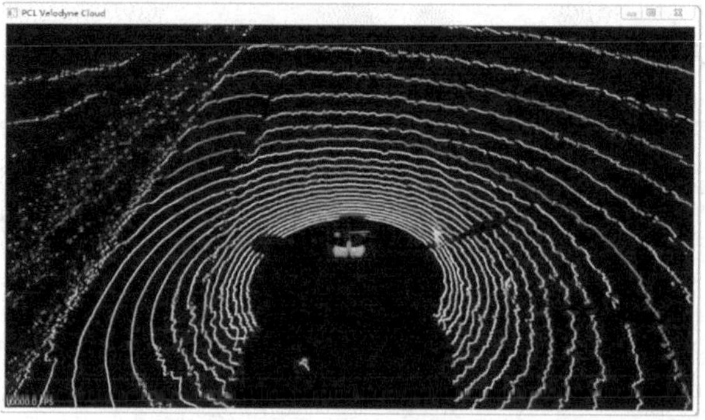

图 10-14 点云可视化界面

10.3.3 试验结果与分析

1)点云采集系统性能

为测试点云采集系统的性能,在中国农业大学涿州教学实验场进行了农田采集试验。全天的农田点云数据采集试验表明,采集系统工作状态良好,未受到户外光线及土地沟坎等环境因素的干扰,具有良好的稳定性。

在不同时间条件下进行了相互独立的采集试验,将在线采集的点云数据帧数与理论获取帧数进行比较,计算在线丢帧率。同时,对 PCAP 文件进行离线解析,将离线解析的点云数据帧数与 PCAP 文件帧数进行比较,计算离线丢帧率。结果表明,采集系统在线典型丢帧率不大于 1%,离线典型丢帧率不大于 0.47%,具有良好的工作稳定性与数据可靠性,能满足农田点云数据采集的性能要求。

2) 点云数据质量

点云采集系统获取的点云数据,经过时间同步与空间配准,具有全局坐标一致性,有利于提高点云处理的准确性,降低对算法鲁棒性的要求。季宇寒等设计了不同的试验场景,以行人为目标障碍物(图 10-15)采集数据,并对采集的点云数据进行地面点滤波处理。

图 10-15 农田环境点云采集试验场景

对于未经位姿补偿的 LiDAR 原始点云[图 10-16(a)]进行垂直方向的直通滤波,获得非地面点云[图 10-16(b)],可见,由于农田沟坎导致车体倾斜,会有较多地面点残留。通过位姿补偿,将点云变换到全局坐标系,地面点云在竖直方向波动范围较小,通过直通滤波,地面点被基本滤除,而试验中预设的行人障碍物清晰可辨[图 10-16(c)]。

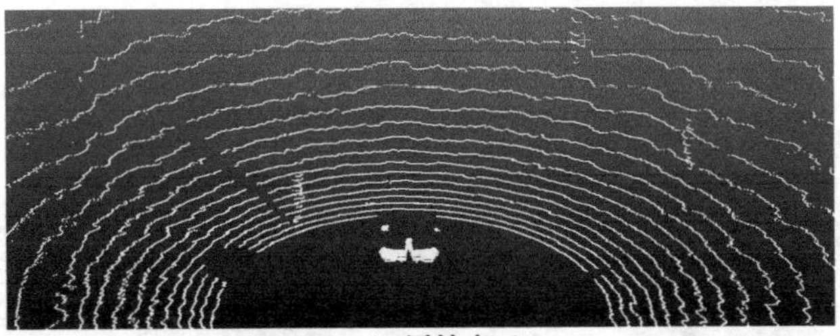

（a）原始点云

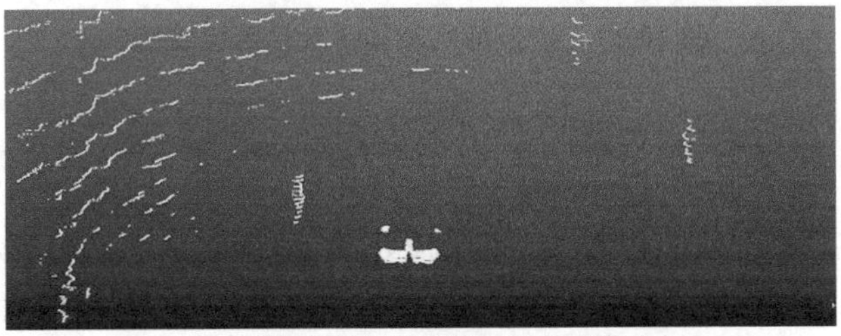

（b）原始点云直通滤波后的非地面点云

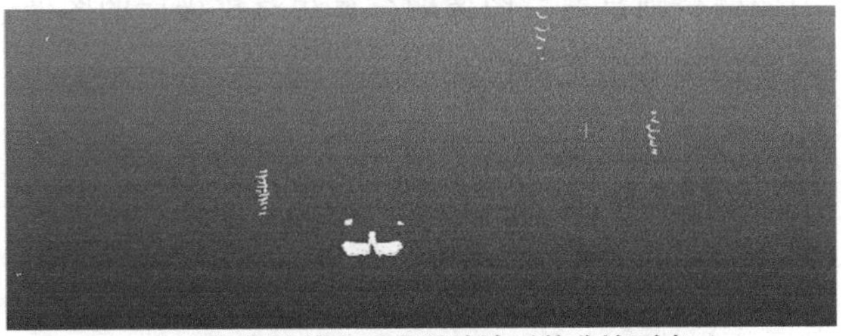

（c）位姿补偿点云直通滤波后的非地面点云

图 10-16　点云地面点滤除效果对比

10.4　基于特征点匹配的全景相机图像拼接方法

全景相机可获取农机周围360°范围内的图像信息，覆盖范围大，但需要对多镜头获取的图像进行拼接与融合，才能生成全景图像，为农机避障提供技术支持。徐弘祯等对全景图像的拼接及融合方法进行了研究。

10.4.1　系统构成

试验平台选择雷沃欧豹M904-D型拖拉机，根据自动导航系统的技术要求对拖拉机进行了改装，如图10-17所示。全景相机采用灰点公司生产的Ladybug 5，有6个SONY CCD镜头，5个分布在侧面，1个在顶部，能够获取农机360°范围内的图像信息。该相机拍摄所得的全景图像能够覆盖90%的球面范围，每个摄像头的最高像素为500万。全景相机安装在拖拉机顶部的支架上。

使用全景相机的官方软件LadybugCapPro进行数据采集操作，获取农田图像信息，用MATLAB R2016a软件对采集到的农田图像进行拼接，统计分析图像处理时的各参数值。

图 10-17 全景相机及其搭载平台实物图

10.4.2 全景图像拼接方法

全景图像的拼接主要包括图像获取、图像预处理、图像配准和图像融合 4 个步骤，如图 10-18 所示。通过 LadybugCapPro 操控 Ladybug 5 全景相机拍摄，获取图像，然后对图像进行畸变校正、曝光校正等，同时进行图像坐标投影转换。图像配准主要是通过图像的匹配算法获取图像之间的变换关系，图像融合则是通过图像融合算法对拼接后的图像进行像素融合，消除拼接痕迹，最终生成符合人眼视觉的全景图像。

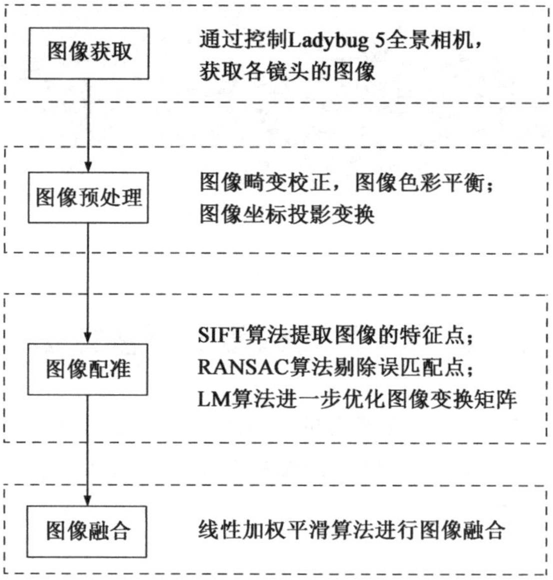

图 10-18 全景图像拼接流程

1)图像预处理

使用官方软件 LadybugCapPro 完成对畸变图像的校正，并进行图像色彩的平衡，完成对图像的初步预处理。同时，由于在采集多幅图像时，相机镜头的空间位置、朝向不同，故拍摄得到的图像的二维投影坐标系也会产生差异，若直接对图像进行拼接，则不能满足视觉一致性要求，会产生拼接错误。故在进行图像拼接前，需对图像进行投影变换，统一坐标系。由于柱面投影坐标系计算简单，且在水平方向上不会改变图像的特征，易于计算机储存，故选择这种坐标系。

2）图像配准

图像配准是生成全景图像的重要环节，即通过寻找两幅图像的相似之处，找到两幅图像的重叠区域，从而确定两幅图像之间的变换关系，实现图像的配准。图像配准相关的算法大致可以分为两类，一类是基于图像特征，常用的有尺度不变特征变换（scale-invariant feature transform，SIFT）算法、加速稳健特征（speeded up robust features，SURF）算法等，该类算法是通过计算图像中具有明显特征的像素点，并匹配两幅图像之间的像素点，从而获得变换关系，实现图像配准；另一类是基于图像区域的算法，即根据图像之间像素的灰度关系，确定两幅图像之间的重叠区域，从而获得两幅图像之间的变换关系。

这里采用 SIFT 算法对图像进行配准，提取图像的特征点，即对不同尺度下的图片，寻找其相邻图层的像素极值点，并对其特征进行相应描述，生成特征点。SIFT 算法检测生成的特征点具有尺度不变、旋转不变等特性，适用于多种类型的图片，能够检测生成稳定的特征点。利用 SIFT 算法生成特征点需要 4 个步骤：①构建不同的尺度空间，得到高斯差分金字塔；②在每一组高斯差分金字塔中，寻找相邻图层的极值点；③对极值点进行精确定位；④生成极值点特征描述符。SIFT 算法在经过特征描述符之间的匹配后，采用特征点之间的欧氏距离作为筛选匹配的标准，计算特征点至另一图像对应的特征点的欧式距离，选取其中欧氏距离最小的和仅次于最小的两个特征点，计算二者欧氏距离的比值，若比值小于某一特定阈值，则认可这是一对匹配点，反之则剔除。

为减少误匹配点，改善图像的拼接效果，采用 RANSAC（random sample consensus）算法，对匹配结果进行进一步优化，通过不断的迭代，对匹配的特征点对进行筛选，最终得出正确的匹配点对，获得图像的变换矩阵。采用 RANSAC 算法提纯匹配点对后，再利用线性最小二乘法，生成图像的变换矩阵。

采用非线性优化算法——Levenberg-Marquard 算法（简称 LM 算法）进一步精炼变换矩阵。该算法是一种经典的非线性无条件约束优化算法，可用于解决非线性最小二乘问题，同时也可对输入的误差函数进行优化。其基本思想是从输入的起始目标点开始，先给定一个初始的可信赖的最大位移量，即“步长”，以该“步长”为半径，在此范围内计算误差函数的值，寻找最优解，不断改变“步长”，直至求得最优解。

3）图像融合

若对图像直接进行拼接，则在重叠区域的拼接部分有明显的拼接痕迹，会有一种断裂感，影响拼接质量与视觉体验。通常情况下，需采用图像融合算法对重叠部分进行融合处理。采用线性加权平滑算法进行图像融合，计算简便，融合效果较好，计算公式如下：

$$I(x,y)=\alpha I_1(x_1,y_1)+(1-\alpha)I_2(x_2,y_2) \tag{10-3}$$

式中：$I(x,y)$为融合后重叠区域对应的像素点的像素值；$I_1(x_1,y_1)$ 为融合前待处理图像位于重叠区域的像素点(x_1,y_1)的像素值；$I_2(x_2,y_2)$ 为融合前位于重叠区域与(x_1,y_1)对应的像素点(x_2,y_2)的像素值；α 为融合权重，随像素点至重叠区域边缘的距离改变而线性改变，范围为 0～1。

10.4.3 图像拼接性能评价

通过计算两幅图像拼接后重叠区域的相关系数 r，来定量描述图像拼接质量，计算公式如下：

$$r=\frac{\sum_{i=1}^{N}(I_{1i}-\bar{I}_1)(I_{2i}-\bar{I}_2)}{\sqrt{\sum_{i=1}^{N}(I_{1i}-\bar{I}_1)^2}\sqrt{\sum_{i=1}^{N}(I_{2i}-\bar{I}_2)^2}} \tag{10-4}$$

式中：N 为重叠区域像素点的总数，I_{1i}、I_{2i} 分别为两幅拼接图像重叠区域相对应的序号为 i 的像素点的像素值，$\bar{I}_1$、$\bar{I}_2$ 分别为两幅拼接图像重叠区域的像素平均值。

r 值最大为 1。$r=1$ 表示两幅图像的重叠区域完全相同；r 值越接近 1，则两幅图像重叠区域相关性越强，图像拼接质量越高。

10.4.4 试验结果与分析

试验地点为河北省涿州市中国农业大学涿州教学实验场，主要拍摄实验场中的农田环境，尽量使获取的图像色彩、纹理存在一定差异，且获取的图像种类覆盖范围较广。使用其中的 30 组相邻镜头图像，共计 60 幅单镜头图像，原图像大小均为 1 024 像素×1 224 像素。

1）图像采集与预处理

通过 Ladybug 5 全景相机的官方软件对全景相机进行操控，获取农田图像，并通过该软件处理生成每个镜头的原图像，以及畸变校正和色彩平衡后的图像，如图 10-19 所示（参见二维码 10-1）。

2）RANSAC 算法剔除误匹配点

通过对比 RANSAC 算法剔除误匹配点前后图像相关系数和平均几何距离偏移量的变化，来定量判断 RANSAC 算法对图像拼接质量的影响。

将图 10-19 中经过柱面投影处理后的两幅图像进行拼接，得到如图 10-20 所示的结果（参见二维码 10-2）。图 10-20(a)为未经 RANSAC 算法处理前利用 SIFT 算法生成特征点进行匹配处理得到的图像，图中标记的红色点为 SIFT 算法生成的特征点，绿色点为相对应的 SIFT 算法成功匹配的特征点，黄色的线段为二者之间的连接线，表示二者成功匹配。由红圈标记出来的为明显的错误匹配点对，此外还有不明显的错误匹配点对。图 10-20(b)为经过 RANSAC 算法处理后特征点的匹配情况，可以看到错误的匹配点对已被剔除。

表 10-6 为采用 RANSAC 算法处理前后各参数统计表，从中可以看出，匹配点数平均值从 62.8 减少为 30.1；平均几何距离偏移量明显减小，平均值由 39.40 像素减小为 0.58 像素；相关系数明显提高，平均值由 0.29 提高到 0.72。证明此方法能够剔除误匹配点，提高图像拼接质量。

（a）原图像1　　（b）原图像2

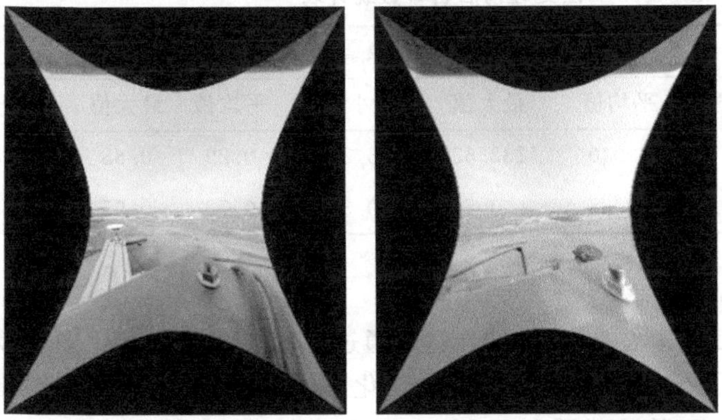

（c）处理后图像1　　（d）处理后图像2

（e）柱面投影后图像1　　（f）柱面投影后图像2

图 10-19　全景相机获得的原图像与预处理后图像

二维码 10-1

二维码 10-2

(a)处理前

(b)处理后

图 10-20 RANSAC 算法处理前后的特征点匹配情况

表 10-6 RANSAC 算法处理前后各参数统计表

项目	匹配点数/个			平均几何距离偏移量/像素			相关系数 r		
	平均值	最大值	最小值	平均值	最大值	最小值	平均值	最大值	最小值
处理前	62.8	111	24	39.40	132.63	3.23	0.29	0.88	0.08
处理后	30.1	69	10	0.58	0.76	0.39	0.72	0.95	0.38

3)LM 算法优化变换矩阵

以平均几何距离偏移量作为 LM 算法的输入误差函数,通过对比 LM 算法优化图像变换矩阵前后图像相关系数的变化,以及输入误差函数的值的变化,来定量判断 LM 算法对变换矩阵的优化效果。表 10-7 为采用 LM 算法对图 10-19 处理前后的数据统计表。

表 10-7 LM 算法处理前后各参数统计表

项目	平均几何距离偏移量/像素			相关系数 r		
	平均值	最大值	最小值	平均值	最大值	最小值
处理前	0.58	0.76	0.39	0.72	0.95	0.38
处理后	0.57	0.74	0.37	0.73	0.95	0.38

可以看出,经过 LM 算法对变换矩阵进行优化后,平均几何距离偏移量减小,平均值由 0.58 减小为 0.57,相关系数略有增加,证明 LM 算法对图像的变换矩阵具有优化效果,可提高图像的拼接质量。

本章小结

多机协同作业可以大大提高农机作业的效率,但多机协同作业对导航路径规划和避障提出了更高的要求。本章主要介绍了跟随式主从导航系统、基于激光雷达的点云数据采集系统以及基于特征点匹配的全景相机图像拼接方法,前者实现了主从导航模式,后二者为丰富传感器信息、更好地识别障碍物从而实现农机避障提供了技术支持。

参考文献

[1] NOGUCHI N, WILL J, REID J, et al. Development of a master-slave robot system for farm operations[J]. Computers and Electronics in Agriculture, 2004, 44(1):1-19.

[2] 近藤直, 门田充司, 野口伸. 农业机器人：Ⅰ 基础与理论[M]. 乔军, 陈兵旗, 译. 北京：中国农业大学出版社, 2009.

[3] 近藤直, 门田充司, 野口伸. 农业机器人：Ⅱ 机构与实例[M]. 孙明, 李民赞, 译. 北京：中国农业大学出版社, 2009.

[4] 李世超. 跟随式农机主从导航系统设计与开发[D]. 北京：中国农业大学, 2018.

[5] 季宇寒, 徐弘祯, 张漫, 等. 基于激光雷达的农田环境点云采集系统设计[J]. 农业机械学报, 2019, 50(S):1-7.

[6] LI Shichao, XU Hongzhen, JI Yuhan, et al. Development of a following agricultural machinery automatic navigation system[J]. Computers and Electronics in Agriculture, 2019, 158: 335-344.

[7] 徐弘祯, 张漫, 李世超, 等. 基于特征点匹配的全景相机图像拼接方法研究[J]. 农业机械学报, 2019, 50(S):150-158.

[8] 文伟东, 张明. 基于 SIFT 算法的全景图像拼接技术研究[J]. 计算机系统应用, 2017, 26(7):227-231.

[9] 赵辉, 陈辉, 于泓. 一种改进的全景图自动拼接算法[J]. 中国图象图形学报, 2018, 12(2):336-342.

[10] 朱忠祥, 宋正河, 谢斌, 等. 拖拉机队列自动控制系统[J]. 农业机械学报, 2009, 40(8):149-154.